線形代数

行列と数ベクトル空間

竹山美宏
Takeyama Yoshihiro
［著］

NBS
Nippyo
Basic Series
日評ベーシック・シリーズ

日本評論社

はじめに

本書は大学初年級の学生を対象とする線形代数の教科書である．前提とする知識は，高校数学の必修課程で学習する内容と，和の記号 Σ の使い方，および数学的帰納法である．数学的帰納法については巻末の付録で簡単に解説している．さらに付録では，集合と論理および複素数に関する基礎的な事項についても，本書で必要となる範囲に限定して説明してあるので，多様な背景をもつ人々に読んでいただけると思う．

本書では，扱う対象を行列と数ベクトル空間に限定し，以下の四つの主題を通して，線形代数の基礎的な事項を解説する．

(1)　連立 1 次方程式の一般的な解法

(2)　方程式と未知数の個数が等しい連立 1 次方程式の解の公式

(3)　連立 1 次方程式の解が含む任意定数の個数

(4)　正方行列のべき乗の計算

これらについて考察するなかで，諸概念を意味づけながら，線形代数の理論を展開する．数学に詳しい人のなかには，概念の意味を固定するかのような解説には，嫌悪感を覚える人もいるかもしれない．それも一理ある．線形代数の偉力は，数学に限らず物理学や統計学，工学などのさまざまな分野の問題に応用できる高い汎用性にあるからだ．しかし，意味が分からない概念を頭に叩きこむのは，初学者にとって辛い作業であることも確かである．問題意識や関心がなければ意味は生じない．もちろん「数学の美しさに触れるのは楽しい」という意味もあり得るけれども，線形代数の理論はそのような感受性の有無を越えて広く学ばれるべきものであろう．以上の理由から，本書では上述の方針を採用することにした．

そして，読者のみなさんがさらに学習を進め，概念の意味をそれぞれの現場で再構築されることを期待したい．

残念ながら，線形代数の理論は，図やグラフを見ればひと目で理解できる，という類いのものではない．線形代数の理論は，行列やベクトルの演算に潜む構造を，あざやかに記述していく．それを実感するには，自分の手でさまざまな計算をしてみるのが最善であろう．本書では，なるべく多くの具体例を扱い，理解の助けとなるようにした．これらの例をノートなどに書き写して，計算を実行してほしい．

命題や定理の証明は，かなり噛み砕いて書いたので，議論をていねいに追いながら読んでもらいたい．数学の命題や定理が正しいのは，それが教科書に書かれているからではない．証明に疑う余地はまったくないと心の底から納得すること，それが正しさの根拠でなければならない．証明をきちんと読んで理解し，自信をもって自分のなかに正しさを構築することを，数学を学ぶ多くの人に体験してほしいと思う．

各章の末尾に演習問題をつけた．本文の内容に関連する問題を節ごとにまとめてある．いたずらに難しい問題は扱っていないので，できる限り解いてもらいたい．もし，本書の問題だけでは足りないと感じたら，**命題や定理の内容およびその証明を，本書を見ないで再現し，他者に伝わるように文章として書くこと**にも取り組んでほしい．数学に限らず，学問とは，正しさの根拠を自分のなかにもち，それを他者と共有する営みである．よって，「自分は理解できた」と満足するだけでは不十分で，その理解を他者の下に開くことが求められる．読み手を想定して文章で説明することは，その疑似体験となるはずだ．ここまで深く読み込むことを目標とすれば，それほど厚くないこの教科書でも，やるべきことは十分たくさん見つかるだろう．

本書と同じシリーズの『微分積分』の著者である川平友規氏からは，本書の草稿について助言をいただいた．また，内藤 聡氏には，第 10 章の内容に関して相談に乗っていただいた．そして，日本評論社の筧裕子さんには，執筆から出版までさまざまな形でご協力をいただいた．ここでみなさんに感謝の意を表したい．

2015 年 6 月

竹山 美宏

本書で用いる記号

- $\mathbb{Z}$：整数全体のなす集合.
- $\mathbb{R}$：実数全体のなす集合.
- $\mathbb{C}$：複素数全体のなす集合. 複素数に関する用語については付録 B.1 項を参照のこと.
- O：零行列 (成分がすべて 0 の行列).
- I：単位行列. 型を明示するときには, n 次の単位行列を I_n と表す.
- $\boldsymbol{e}_k$：基本ベクトル (第 k 成分のみが 1 で, ほかの成分は 0 の列ベクトル).
- K：数ベクトル空間を考えるときの数の範囲. 本書では $K = \mathbb{R}$ もしくは $K = \mathbb{C}$ の場合のみ扱う.
- K^n：K 上の n 次元数ベクトル空間.
- $W(\alpha)$：固有値 α に対する固有空間.

本書で用いるギリシャ文字

文字	読み方	文字	読み方
α	アルファ	μ	ミュー
β	ベータ	ν	ニュー
γ	ガンマ	ξ	クシー (クサイ)
δ	デルタ	ρ	ロー
η	エータ	σ	シグマ
θ	テータ (シータ)	τ	タウ
λ	ラムダ		

上記の小文字のほかに, 和の記号 Σ (シグマの大文字) と積の記号 Π (パイ π の大文字) も用いる.

演習問題の番号について

章末の演習問題には「問 $m.n.l$」と番号がついている. これは $m.n$ 節の内容に関する l 番目の問題であることを意味する. たとえば, 問 2.3.1 は本文 2.3 節の内容に関する問題の 1 問目である.

目次

はじめに … i

第 1 章から第 3 章までの概要 … 1

第 1 章　**ガウスの消去法** … 3
1.1　加減法からガウスの消去法へ … 3
1.2　連立 1 次方程式の解の状況 … 8

第 2 章　**行列とその演算** … 13
2.1　行列 … 13
2.2　行列の和と定数倍 … 15
2.3　行列の積 … 17

第 3 章　**ガウスの消去法と基本変形** … 31
3.1　拡大係数行列と基本変形 … 31
3.2　階段行列と簡約階段行列 … 35
3.3　基本行列 … 38

第 4 章から第 6 章までの概要 … 43

第 4 章　**グラスマン変数と行列式** … 45
4.1　グラスマン変数を使った連立 1 次方程式の解法 … 45
4.2　行列式 … 54

第 5 章　**行列式の性質** … 61
5.1　転置行列とその行列式 … 61
5.2　行列式の多重線形性と交代性 … 66
5.3　行列式の次数下げ … 72
5.4　行列式の計算法 … 73
5.5　行列の積と行列式 … 77

第 6 章　**行列式の余因子展開と逆行列** … 82
6.1　逆行列 … 82
6.2　行列式の余因子展開 … 85
6.3　逆行列の明示公式とクラメールの公式 … 89
6.4　逆行列の計算法 … 93

第 7 章から第 10 章までの概要 … 100

第 7 章 **数ベクトル空間** … 102
7.1 ベクトルとその演算 … 102
7.2 部分空間 … 104
7.3 線形独立性 … 109
7.4 部分空間の基底 … 113
7.5 基底の存在の証明 … 114
7.6 次元に関する性質 … 120

第 8 章 **数ベクトル空間 $\mathbb{R}^3$ の幾何学的描像** … 123
8.1 空間ベクトル … 123
8.2 空間ベクトルの和と定数倍 … 125
8.3 空間ベクトルの成分表示 … 127
8.4 部分空間の幾何学的描像 … 128

第 9 章 **線形写像** … 132
9.1 写像に関する基本事項 … 132
9.2 線形写像 … 138
9.3 線形写像の核と像 … 142
9.4 次元定理 … 146

第 10 章 **行列の階数** … 151
10.1 階数の定義と基本的な性質 … 151
10.2 行列の階数と基本変形 … 154
10.3 行列の階数と連立 1 次方程式 … 163

第 11 章から第 14 章までの概要 … 166

第 11 章 **行列の固有値と固有ベクトル** … 168
11.1 行列の対角化と固有ベクトルの役割 … 168
11.2 固有値と固有ベクトル … 176
11.3 固有ベクトルの線形独立性と行列の対角化 … 184

第 12 章 **部分空間の和と直和** … 189
12.1 部分空間の和 … 189
12.2 部分空間の直和 … 196
12.3 固有空間と行列の対角化 … 199

第 13 章 **数ベクトル空間の標準内積** … 207
13.1 標準内積とその性質 … 207

13.2 正規直交基底 … 212
13.3 直交補空間 … 222

第 14 章 **実対称行列の対角化** … 228
14.1 2 次形式と極値問題 … 228
14.2 実対称行列の対角化 … 230

付録 … 237
A 集合と論理 … 237
B 複素数と多項式 … 239
C 数学的帰納法 … 241
D グラスマン変数の性質 … 243

演習問題の解答 … 245
参考文献 … 260
索引 … 261

第１章から第３章までの概要

線形代数の理論への導入として，どのような連立１次方程式にも適用できる一般的な解法を考える．「一般的」という言葉の意味を説明するために，ここでは「一般的ではない」解法の例を挙げよう．次の二つの連立１次方程式を考える．

$$
(1)\quad \begin{cases} x + y = 4 \\ x + z = 5 \\ \phantom{x+{}} y + z = 3 \end{cases}
\qquad
(2)\quad \begin{cases} 2x - y + 3z = 7 \\ x + 3y - z = 1 \\ 3x - y + 5z = 11 \end{cases}
$$

(1) は次のようにすれば簡単に解ける．すべての等式の辺々を加えれば $2(x+y+z)=12$ が得られ，この両辺を 2 で割れば $x+y+z=6$ となる．ここから，連立方程式のそれぞれの等式を引けば，解が順に $z=2, y=1, x=3$ と求まる．

では，(2) の方程式に対して，上と同じ操作を行ってみよう．すべての等式の辺々を加えると $6x+y+7z=19$ という等式が得られる．しかし，これから方程式のそれぞれの等式を引いても，すぐに解が求まるわけではない．したがって「最初にすべての等式を加える」という操作は，連立１次方程式の一般的な解法とは言えないだろう．

数学においては，個々の方程式に対して最善の (きれいな) 解法を見つけることも重要であるが，どのような方程式にも必ず適用できる一般的な解法を構築することも大きな意味をもつ．

第１章では，連立１次方程式の一般的な解法であるガウスの消去法について説明する．さらにこれを利用して，連立１次方程式の解の現れ方には，どのような状況がありうるのかについて考察する．

連立１次方程式の一般的な形は次のように表される．

$$\begin{cases} a_{11}x_1 + a_{12}x_2 + \cdots + a_{1n}x_n = b_1 \\ a_{21}x_1 + a_{22}x_2 + \cdots + a_{2n}x_n = b_2 \\ \quad\vdots \qquad\quad \vdots \qquad\quad \vdots \qquad\quad \vdots \\ a_{m1}x_1 + a_{m2}x_2 + \cdots + a_{mn}x_n = b_m \end{cases}$$

m は方程式の個数で，n は未知数の個数である．方程式の係数 $a_{11}, a_{12}, \ldots, a_{mn}$ と右辺の値 $b_1, b_2, \ldots, b_m$ は前もって与えられている．最も簡単なのは $m = n = 1$ の場合，すなわち単独の 1 次方程式 $a_{11}x_1 = b_1$ である．この方程式は (係数)×(未知数)=(定数) という単純な形をしているから容易に解ける．しかし，未知数が 2 個以上になると，方程式が 1 個の場合 ($m = 1$) であっても，方程式の左辺 $a_{11}x_1 + a_{12}x_2 + \cdots + a_{1n}x_n$ が因数分解するわけではないから，このままでは (係数)×(未知数)=(定数) の形に書けない．

そこで第 2 章では，行列という数学的対象 (数学的なモノ) とその演算規則を導入する．行列を使うと一般の連立 1 次方程式は

$$A\boldsymbol{x} = \boldsymbol{b}$$

と単純な形に書き直せる．ここで $A, \boldsymbol{x}, \boldsymbol{b}$ は

$$A = \begin{pmatrix} a_{11} & a_{12} & \cdots & \cdots & a_{1n} \\ a_{21} & a_{22} & \cdots & \cdots & a_{2n} \\ \vdots & \vdots & \vdots & \vdots & \vdots \\ a_{m1} & a_{m2} & \cdots & \cdots & a_{mn} \end{pmatrix}, \quad \boldsymbol{x} = \begin{pmatrix} x_1 \\ x_2 \\ \vdots \\ \vdots \\ x_n \end{pmatrix}, \quad \boldsymbol{b} = \begin{pmatrix} b_1 \\ b_2 \\ \vdots \\ b_m \end{pmatrix}$$

という行列である．連立 1 次方程式を $A\boldsymbol{x} = \boldsymbol{b}$ という形に書き直すことにより，解の公式を導出したり，解の状況を記述することが可能になる．ここから線形代数の理論が始まる．

第 3 章では，ガウスの消去法と行列による表示 $A\boldsymbol{x} = \boldsymbol{b}$ を結びつける．連立 1 次方程式 $A\boldsymbol{x} = \boldsymbol{b}$ から拡大係数行列と呼ばれる行列が定まる．ガウスの消去法は拡大係数行列の変形 (行に関する基本変形) として実現される．さらにこの変形は，特別な形の行列 (基本行列) を掛けることと同等であり，この事実が連立 1 次方程式の解の記述に重要な役割を果たす．この点については第 10 章で詳しく説明する．

第1章

ガウスの消去法

1.1 加減法からガウスの消去法へ

1.1.1 未知数が2個の場合

中学校では，連立1次方程式を解く方法として，代入法と加減法を学ぶ．それぞれの方法で，次の連立1次方程式を解いてみよう．

$$\begin{cases} x - 4y = -2 \\ 2x + 3y = 7 \end{cases} \tag{1.1}$$

以下，二つの等式を上から第1式，第2式と呼ぶ．たとえば (1.1) の第1式は $x-4y=-2$ で，第2式は $2x+3y=7$ である．

まず，代入法で解く．第1式より $x=4y-2$ なので，これを第2式に代入して

$$2(4y-2)+3y=7$$

を得る．左辺を展開して解くと $y=1$ であることがわかり，この結果から $x=4\cdot1-2=2$ を得る．よって解は $x=2, y=1$ である．

次に，加減法で解く．加減法では二つの等式から片方の未知数を消去する．第1式の両辺を2倍して第2式から引くと

$$(2x+3y)-2(x-4y)=7-2(-2)$$

となる．この両辺を計算すれば $11y=11$ となって未知数 x が消えて，$y=1$ と求まる．これをもとの方程式の第1式もしくは第2式に代入すれば，$x=2$ が得られる．

方程式の解を求めることだけが目的であれば，代入法でも加減法でも構わない．

しかし，未知数が 3 個以上の場合も含めて，一般の連立 1 次方程式の解の状況を記述するためには，代入法よりも加減法が適している．そこで，加減法による解法をより詳しく見直そう．

加減法では，(1.1) の第 1 式の 2 倍を第 2 式から引いて等式 $11y = 11$ を作る．このとき，後で x の値を求めるために，もとの第 1 式もしくは第 2 式を残しておかなければならない．そこで，第 1 式を残したまま，その 2 倍を第 2 式から引いたと考えて，方程式の変形を次のように書く．

$$\begin{cases} x - 4y = -2 \\ 2x + 3y = 7 \end{cases} \longrightarrow \begin{cases} x - 4y = -2 \\ 11y = 11 \end{cases}$$

この変形は同値変形である．すなわち，未知数 x, y について左の二つの等式が成り立つことと，右の二つの等式が成り立つことは必要十分である．

計算を続けよう．新しく得られた第 2 式 $11y = 11$ の両辺を 11 で割ると $y = 1$ となる．この操作を

$$\begin{cases} x - 4y = -2 \\ 11y = 11 \end{cases} \longrightarrow \begin{cases} x - 4y = -2 \\ y = 1 \end{cases}$$

と書く．新たに得られた第 2 式 $y = 1$ の 4 倍を第 1 式に加えると

$$\begin{cases} x - 4y = -2 \\ y = 1 \end{cases} \longrightarrow \begin{cases} x = 2 \\ y = 1 \end{cases}$$

となって，第 1 式から未知数 y が消える．結果として解 $x = 2, y = 1$ が得られる．

以上の操作を続けて書くと次のようになる．

$$\begin{cases} x - 4y = -2 \\ 2x + 3y = 7 \end{cases} \longrightarrow \begin{cases} x - 4y = -2 \\ 11y = 11 \end{cases}$$
$$\longrightarrow \begin{cases} x - 4y = -2 \\ y = 1 \end{cases} \longrightarrow \begin{cases} x = 2 \\ y = 1 \end{cases}$$

2 倍して引くことは (-2) 倍して加えることであり，11 で割ることは $\dfrac{1}{11}$ 倍するのと同じだから，上の変形は次の 2 種類の操作からなると言える．

- 一つの等式の両辺の定数倍を，別の等式に加える．
- 一つの等式の両辺に，0 でない定数を掛ける．

加減法ではこれらの操作を使って，方程式を以下の方針に沿って変形する．

(1)　第 1 式を使って第 2 式から未知数 x を消去する．

(2) 新たに得られた第 2 式を使って第 1 式から未知数 y を消去する.
未知数が 2 個の連立 1 次方程式は (もし解をもつならば) この手続きで解ける.

例 1.1 $\begin{cases} x + 3y = 7 \\ 3x - 2y = -12 \end{cases}$

上で述べた方針で方程式を変形すると

$$\begin{cases} x + 3y = 7 \\ 3x - 2y = -12 \end{cases} \longrightarrow \begin{cases} x + 3y = 7 \\ -11y = -33 \end{cases}$$
$$\longrightarrow \begin{cases} x + 3y = 7 \\ y = 3 \end{cases} \longrightarrow \begin{cases} x = -2 \\ y = 3 \end{cases}$$

となるので, 解は $x = -2, y = 3$ である.

例 1.2 $\begin{cases} 4x + 2y = 5 \\ 3x - 5y = 7 \end{cases}$

中学校では係数を整数の範囲に保つために工夫することを習うが, ここでは上で述べた方針に従って方程式を変形してみよう.

$$\begin{cases} 4x + 2y = 5 \\ 3x - 5y = 7 \end{cases} \longrightarrow \begin{cases} 4x + 2y = 5 \\ -\dfrac{13}{2}y = \dfrac{13}{4} \end{cases} \longrightarrow \begin{cases} 4x + 2y = 5 \\ y = -\dfrac{1}{2} \end{cases}$$
$$\longrightarrow \begin{cases} 4x = 6 \\ y = -\dfrac{1}{2} \end{cases} \longrightarrow \begin{cases} x = \dfrac{3}{2} \\ y = -\dfrac{1}{2} \end{cases}$$

よって解は $x = \dfrac{3}{2}, y = -\dfrac{1}{2}$ である.

1.1.2 未知数が 3 個以上の場合

加減法を未知数が 3 個以上の場合に拡張する. 以下では未知数を表すのに個別の文字 $x, y, z, w, \ldots$ ではなく, x に添字をつけた文字 $x_1, x_2, x_3, x_4, \ldots$ を使う.

例 1.3 $\begin{cases} x_1 + 3x_2 - x_3 = -4 \\ 3x_1 + 4x_2 + 2x_3 = 8 \\ 2x_1 - x_2 + 3x_3 = 14 \end{cases}$

未知数が 3 個の場合は以下の手順で変形する. まず, 第 1 式を使って, 第 2 式・第 3 式から未知数 x_1 を消去する. いまの場合は, 第 1 式の両辺を 3 倍して第 2

式から引き，2 倍して第 3 式から引けばよい．

$$\begin{cases} x_1 + 3x_2 - x_3 = -4 \\ 3x_1 + 4x_2 + 2x_3 = 8 \\ 2x_1 - x_2 + 3x_3 = 14 \end{cases} \longrightarrow \begin{cases} x_1 + 3x_2 - x_3 = -4 \\ -5x_2 + 5x_3 = 20 \\ -7x_2 + 5x_3 = 22 \end{cases}$$

次に，第 2 式を使って第 3 式から未知数 x_3 を消去する．ここでは計算を簡単にするために，第 2 式の両辺を (-5) で割ってから，7 倍して第 3 式に加える．

$$\longrightarrow \begin{cases} x_1 + 3x_2 - x_3 = -4 \\ x_2 - x_3 = -4 \\ -7x_2 + 5x_3 = 22 \end{cases} \longrightarrow \begin{cases} x_1 + 3x_2 - x_3 = -4 \\ x_2 - x_3 = -4 \\ -2x_3 = -6 \end{cases}$$

以上で，方程式の左辺の左下半分が消えた．ここまでが変形の前半である．

この後は，方程式を下から上に変形して，x_3, x_2, x_1 の順に値を求めていく．まず，第 3 式の両辺を (-2) で割れば

$$\longrightarrow \begin{cases} x_1 + 3x_2 - x_3 = -4 \\ x_2 - x_3 = -4 \\ x_3 = 3 \end{cases}$$

となって，$x_3 = 3$ と求まる．この式を使って，第 1 式・第 2 式から x_3 を消去する．第 3 式を第 1 式と第 2 式に加えて

$$\longrightarrow \begin{cases} x_1 + 3x_2 = -1 \\ x_2 = -1 \\ x_3 = 3 \end{cases}$$

となる．この時点で $x_2 = -1$ であることが分かった．最後に，第 2 式を 3 倍して第 1 式から引くと，第 1 式から x_2 が消える．

$$\longrightarrow \begin{cases} x_1 = 2 \\ x_2 = -1 \\ x_3 = 3 \end{cases}$$

以上より，解は $x_1 = 2, x_2 = -1, x_3 = 3$ である．

例 1.3 の解法の方針をおおまかに述べると，次のようになる．

(1) 方程式を上から下に変形して，左下半分を消す．

(2) 次に下から上に変形して，右上半分を消していく．

(3) 最後に対角線の部分が残って解が求まる．

例 1.3 では，この変形を行うのに「一つの等式の定数倍を別の等式に加える」「一つの等式に 0 でない定数を掛ける」という 2 種類の操作があれば十分であった．しかし，一般の連立 1 次方程式を上の方針 (1)〜(3) に沿って変形するためには，さらに「二つの等式を入れかえる」という操作を許さなければならない．次の例で見てみよう．

例 1.4
$$\begin{cases} x_1 - x_2 + 3x_3 - x_4 = 2 \\ 2x_1 - 2x_2 + 4x_3 + 2x_4 = -6 \\ 3x_1 + 3x_2 - x_3 + x_4 = 0 \\ x_1 + x_2 - 2x_3 - 2x_4 = 3 \end{cases}$$

第 1 式を使って第 2 式から第 4 式までの未知数 x_1 を消去すると

$$\longrightarrow \begin{cases} x_1 - x_2 + 3x_3 - x_4 = 2 \\ -2x_3 + 4x_4 = -10 \\ 6x_2 - 10x_3 + 4x_4 = -6 \\ 2x_2 - 5x_3 - x_4 = 1 \end{cases}$$

となる．ここで，第 2 式は未知数 x_2 を含まないから，これを使って第 3 式と第 4 式から未知数 x_2 を消去することはできない．そこで第 2 式を，それより下にあって x_2 を含む等式と入れかえる．ここでは第 4 式と入れかえよう．

$$\longrightarrow \begin{cases} x_1 - x_2 + 3x_3 - x_4 = 2 \\ 2x_2 - 5x_3 - x_4 = 1 \\ 6x_2 - 10x_3 + 4x_4 = -6 \\ -2x_3 + 4x_4 = -10 \end{cases}$$

この形にすれば，第 2 式を使ってそれより下にある x_2 を消去できる．第 2 式の 3 倍を第 3 式から引くと

$$\longrightarrow \begin{cases} x_1 - x_2 + 3x_3 - x_4 = 2 \\ 2x_2 - 5x_3 - x_4 = 1 \\ 5x_3 + 7x_4 = -9 \\ -2x_3 + 4x_4 = -10 \end{cases}$$

となる．以降はこれまでと同様に計算する．ここでは計算を簡単にするために，第 4 式を (−2) で割って第 3 式と入れ換えてから，第 4 式の未知数 x_3 を消去する．

$$\longrightarrow \begin{cases} x_1 - \ \ x_2 + 3x_3 - \ \ x_4 = \ \ 2 \\ \qquad 2x_2 - 5x_3 - \ \ x_4 = \ \ 1 \\ \qquad\qquad\quad x_3 - 2x_4 = \ \ 5 \\ \qquad\qquad 5x_3 + 7x_4 = -9 \end{cases} \longrightarrow \begin{cases} x_1 - \ \ x_2 + 3x_3 - \ \ x_4 = \ \ 2 \\ \qquad 2x_2 - 5x_3 - \ \ x_4 = \ \ 1 \\ \qquad\qquad\quad x_3 - 2x_4 = \ \ 5 \\ \qquad\qquad\qquad 17x_4 = -34 \end{cases}$$

あとは例 1.3 の後半と同様に，下から上に未知数を消していく．結果として

$$\longrightarrow \begin{cases} x_1 \qquad\qquad\qquad = -1 \\ \quad x_2 \qquad\qquad = \ \ 2 \\ \qquad x_3 \qquad = \ \ 1 \\ \qquad\quad x_4 = -2 \end{cases}$$

となって，解 $x_1 = -1, x_2 = 2, x_3 = 1, x_4 = -2$ が得られる．

以上のように，連立 1 次方程式は次の操作を繰り返して解ける．

- 一つの等式の両辺の定数倍を，別の等式に加える．
- 一つの等式の両辺に，0 でない定数を掛ける．
- 二つの等式を入れかえる．

これらの操作を使って，まず上から下に方程式を変形し，左下半分を消す．ここまでの過程を**前進消去**と呼ぶ．そして，下から上に未知数を消去して左辺を対角線の形にすれば解が得られる．この過程を**後退代入**という．以上のようにして解く方法を**ガウス (Gauss) の消去法** (もしくは**掃き出し法**) と呼ぶ．

1.2　連立 1 次方程式の解の状況

これまでの例では，すべて解が一つに求まったが，そうならないこともある．ここではガウスの消去法を使って，連立 1 次方程式の解にはどのような状況がありうるのかを見ておこう．さらに，未知数と方程式の個数が異なる連立 1 次方程式についても考察する．

1.2.1　解をもたない場合

例 1.5

$$\begin{cases} \ \ x_1 + 2x_2 - 3x_3 = \ \ 1 \\ -2x_1 + 3x_2 + \ \ x_3 = -1 \\ \ \ 3x_1 - 8x_2 + \ \ x_3 = \ \ 2 \end{cases}$$

ガウスの消去法の手順に従って未知数 x_1 と x_2 を消去していくと

$$\longrightarrow \begin{cases} x_1 + 2x_2 - 3x_3 = 1 \\ 7x_2 - 5x_3 = 1 \\ -14x_2 + 10x_3 = -1 \end{cases} \longrightarrow \begin{cases} x_1 + 2x_2 - 3x_3 = 1 \\ 7x_2 - 5x_3 = 1 \\ 0 = 1 \end{cases}$$

となる．ここで第 3 式に，成り立たない等式 $0 = 1$ が現れた．これはどう考えればよいだろうか．

そもそも方程式を解くとは，最初に与えられた等式すべてを満たす未知数を求めることである．ガウスの消去法の操作は同値変形だから，計算過程に現れる連立方程式を満たすことは，最初の方程式を満たすための必要十分条件である．そして，この例では，未知数の値をどう定めても成り立たない等式 $0 = 1$ が現れた．よって，最初の等式を満たす未知数は存在しない．したがって，この連立方程式は解をもたない．

1.2.2 解が任意定数を含む場合

例 1.6
$$\begin{cases} -x_1 + x_2 + 2x_3 = 1 \\ 3x_1 - x_2 - x_3 = 1 \\ 5x_1 - x_2 = 3 \end{cases}$$

未知数 x_1 と x_2 を消去していくと

$$\longrightarrow \begin{cases} -x_1 + x_2 + 2x_3 = 1 \\ 2x_2 + 5x_3 = 4 \\ 4x_2 + 10x_3 = 8 \end{cases} \longrightarrow \begin{cases} -x_1 + x_2 + 2x_3 = 1 \\ 2x_2 + 5x_3 = 4 \\ 0 = 0 \end{cases}$$

となる．この例では第 3 式に自明に成り立つ等式 $0 = 0$ が得られたので，解がないとは言えない．第 1 式と第 2 式を満たせば何でも解である．このような値の組 x_1, x_2, x_3 を記述する方法にはいろいろあり得るが，以下のように各行の先頭にある未知数に着目して，下から順に消していけば，一つの記述が得られる．

第 2 式の左端にある未知数 x_2 に着目する．この係数を 1 にするために，両辺を 2 で割る．

$$\longrightarrow \begin{cases} -x_1 + x_2 + 2x_3 = 1 \\ x_2 + \dfrac{5}{2}x_3 = 2 \\ 0 = 0 \end{cases}$$

そして，第 2 式を (-1) 倍して第 1 式に加える．

$$\longrightarrow \begin{cases} -x_1 \qquad - \dfrac{1}{2}x_3 = -1 \\ \qquad x_2 + \dfrac{5}{2}x_3 = 2 \\ \qquad\qquad 0 = 0 \end{cases}$$

続いて第 1 式の両辺を (-1) 倍すれば

$$\longrightarrow \begin{cases} x_1 \qquad + \dfrac{1}{2}x_3 = 1 \\ \qquad x_2 + \dfrac{5}{2}x_3 = 2 \\ \qquad\qquad 0 = 0 \end{cases}$$

となる．この表示より，各行の先頭にある未知数 x_1 と x_2 は，それ以外の未知数 x_3 を使って表される．そこで $x_3 = t$ とおけば，解が $x_1 = 1 - \dfrac{1}{2}t,\ x_2 = 2 - \dfrac{5}{2}t,\ x_3 = t$ と求まる．このようにして導入する定数 t は勝手な値に決めてよいので，以下では**任意定数**[1]と呼ぶことにする．

1.2.3　未知数と方程式の個数が異なる連立 1 次方程式

ここまでは未知数と方程式の個数が等しい場合を扱った．ガウスの消去法はこれらの個数が違う場合にも使える．以下ではそのような例について考察する．

例 1.7　次の連立 1 次方程式を考える．ただし c は定数である．

$$\begin{cases} x_1 \qquad\quad + 2x_3 = 4 \\ -2x_1 - x_2 \qquad = c \\ 3x_1 + x_2 - x_3 = 2 \\ 2x_1 \qquad\quad + x_3 = 5 \end{cases}$$

ガウスの消去法を使って，未知数 x_1, x_2, x_3 を消去していくと

$$\longrightarrow \begin{cases} x_1 \qquad + 2x_3 = 4 \\ \quad - x_2 + 4x_3 = c + 8 \\ \qquad x_2 - 7x_3 = -10 \\ \qquad\quad - 3x_3 = -3 \end{cases} \longrightarrow \begin{cases} x_1 \qquad + 2x_3 = 4 \\ \quad - x_2 + 4x_3 = c + 8 \\ \qquad\quad - 3x_3 = c - 2 \\ \qquad\quad - 3x_3 = -3 \end{cases}$$

1] arbitrary constant の和訳．

$$\longrightarrow \begin{cases} x_1 \qquad\quad + 2x_3 = 4 \\ \quad - x_2 + 4x_3 = c+8 \\ \qquad\quad - 3x_3 = c-2 \\ \qquad\qquad\quad 0 = -c-1 \end{cases}$$

となる．よって，$-c-1 \neq 0$ のとき，すなわち $c \neq -1$ のときは解が存在しない．

$c = -1$ のとき，後退代入を行って

$$\longrightarrow \begin{cases} x_1 \qquad\quad + 2x_3 = 4 \\ \quad - x_2 + 4x_3 = 7 \\ \qquad\qquad\quad x_3 = 1 \\ \qquad\qquad\quad 0 = 0 \end{cases} \longrightarrow \begin{cases} x_1 \qquad\qquad = 2 \\ \quad x_2 \qquad = -3 \\ \qquad\quad x_3 = 1 \\ \qquad\quad 0 = 0 \end{cases}$$

となる．以上より，$c \neq -1$ のときは解なし，$c = -1$ のとき解は $x_1 = 2, x_2 = -3, x_3 = 1$ である．

例 1.8 次の連立 1 次方程式を解く．

$$\begin{cases} x_1 + x_2 - 2x_3 + x_4 = 1 \\ -x_1 - x_2 + 3x_3 - 4x_4 = -2 \\ -x_1 - x_2 \qquad\quad + 5x_4 = 1 \end{cases}$$

ガウスの消去法を使って変形すると

$$\longrightarrow \begin{cases} x_1 + x_2 - 2x_3 + x_4 = 1 \\ \qquad\qquad x_3 - 3x_4 = -1 \\ \qquad\quad - 2x_3 + 6x_4 = 2 \end{cases} \longrightarrow \begin{cases} x_1 + x_2 - 2x_3 + x_4 = 1 \\ \qquad\qquad x_3 - 3x_4 = -1 \\ \qquad\qquad\qquad 0 = 0 \end{cases}$$

$$\longrightarrow \begin{cases} x_1 + x_2 \qquad - 5x_4 = -1 \\ \qquad\quad x_3 - 3x_4 = -1 \\ \qquad\qquad\quad 0 = 0 \end{cases}$$

が得られる．例 1.6 と同様に，各行の先頭にある未知数 x_1 と x_3 を，それ以外の未知数 x_2 と x_4 を使って書く．$x_2 = s, x_4 = t$ とおくと $x_1 = -1 - s + 5t, x_3 = -1 + 3t$ となる．以上より，解は $x_1 = -1 - s + 5t, x_2 = s, x_3 = -1 + 3t, x_4 = t$ (s, t は任意定数) である．

これまでの例において，連立 1 次方程式の解の状況は

- 解がただ一つ存在する．
- 解は任意定数を含む．

● 解がない．

の三つのいずれかであった．第 10 章において，解の状況は上のいずれかしかないことを証明する．さらに，解が任意定数を含む場合には，任意定数の個数が解の表示には実質的に依らないことも証明する．

演習問題

問 1.1.1 次の連立 1 次方程式を，ガウスの消去法を使って解け．

(1) $\begin{cases} x_1 - 2x_2 + x_3 = -5 \\ 3x_1 + 2x_2 + 5x_3 = 7 \\ 2x_1 + x_2 + 4x_3 = 3 \end{cases}$ (2) $\begin{cases} x_1 - 2x_2 + 3x_3 + x_4 = 1 \\ 2x_1 - 4x_2 + 7x_3 + 2x_4 = 2 \\ x_1 + 3x_2 + x_4 = 1 \\ 2x_1 + 3x_3 + x_4 = 0 \end{cases}$

問 1.1.2 $a \neq -1, 0, 1$ のとき，次の連立 1 次方程式を解け．

$$\begin{cases} x_1 + x_2 + x_3 = 1 \\ x_1 + ax_2 + a^2x_3 = a^3 \\ x_1 + a^2x_2 + a^4x_3 = a^6 \end{cases}$$

(ヒント：n が正の整数のとき $a^n - 1 = (a-1)(a^{n-1} + a^{n-2} + \cdots + a + 1)$ である．)

問 1.2.1 次の連立方程式を解け．ただし c は定数である．

(1) $\begin{cases} 2x_1 - x_2 + 4x_3 = 3 \\ x_1 - 2x_2 + 2x_3 = 2 \\ 2x_1 + 5x_2 + 4x_3 = 1 \end{cases}$ (2) $\begin{cases} 3x_1 + 2x_2 - x_3 = 1 \\ 2x_1 + x_2 - 3x_3 = -1 \\ x_2 + 7x_3 = 4 \end{cases}$

(3) $\begin{cases} 3x_1 + 6x_2 - x_3 - 9x_4 = 7 \\ x_1 + 2x_2 - 2x_4 = 2 \\ 2x_1 + 4x_2 + x_3 - x_4 = 3 \end{cases}$ (4) $\begin{cases} 2x_1 - x_2 + x_3 = 3 \\ -2x_1 + 4x_2 = c \\ x_1 + 2x_3 = 1 \\ 3x_1 - 6x_2 + 4x_3 = 3 \end{cases}$

第2章

行列とその演算

2.1 行列

連立1次方程式

$$\left\{\begin{array}{rcrcccrcl} a_{11}x_1 &+& a_{12}x_2 &+& \cdots &+& a_{1n}x_n &=& b_1 \\ a_{21}x_1 &+& a_{22}x_2 &+& \cdots &+& a_{2n}x_n &=& b_2 \\ \vdots && \vdots && && \vdots && \vdots \\ a_{m1}x_1 &+& a_{m2}x_2 &+& \cdots &+& a_{mn}x_n &=& b_m \end{array}\right. \tag{2.1}$$

の左辺の係数だけを取り出して，次のように並べる．

$$\begin{pmatrix} a_{11} & a_{12} & \cdots & a_{1n} \\ a_{21} & a_{22} & \cdots & a_{2n} \\ \vdots & \vdots & \ddots & \vdots \\ a_{m1} & a_{m2} & \cdots & a_{mn} \end{pmatrix}$$

このように数を長方形型に並べたものを**行列**という[1]．

行列のなかにある横の数の並びを**行**といい，縦の数の並びを**列**という．上の行列のように，m 個の行と n 個の列からなる行列は (m,n) **型行列**であるという．$(1,1)$ 型の行列，つまり，一つの要素だけからなる行列 $\begin{pmatrix} a_{11} \end{pmatrix}$ は，しばしば定数 a_{11} と同一視する．行は上から第1行，第2行，$\cdots$ と呼び，列は左から第1列，第2列，$\cdots$ と呼ぶ．そして，第 i 行と第 j 列が交わるところにある数を，その行列の (i,j) **成分**という．成分がすべて実数である行列を**実行列**と呼び，成分がすべて複素数である行列を**複素行列**と呼ぶ．複素数の集合は実数をすべて含むので，

1］ 数学では関数や作用素を並べた行列を考えることもあるが，本書では数の行列だけを扱う．

複素行列といっても成分がすべて実数の場合もあり得ることに注意しよう.

例 2.1 行列 $A = \begin{pmatrix} 2 & -3 & 5 \\ -1 & -2 & 3 \end{pmatrix}$ は $(2,3)$ 型行列である. A の第 2 行は $\begin{pmatrix} -1 & -2 & 3 \end{pmatrix}$ であり, 第 3 列は $\begin{pmatrix} 5 \\ 3 \end{pmatrix}$ である. また, A の $(1,2)$ 成分は -3 である.

以下, (i,j) 成分を a_{ij} とおいた行列を (a_{ij}) と略記する. たとえば「$(3,2)$ 型行列 $B = (b_{ij})$ について $\cdots$」と書いたときは, B の各成分を

$$B = \begin{pmatrix} b_{11} & b_{12} \\ b_{21} & b_{22} \\ b_{31} & b_{32} \end{pmatrix}$$

とおくことを意味する.

二つの行列 $A = (a_{ij}), B = (b_{ij})$ が同じ型をもち, すべての i と j について $a_{ij} = b_{ij}$ が成り立つとき, A と B は**等しい**という.

$(1,n)$ 型行列を n 次の**行ベクトル**といい, $(m,1)$ 型行列を m 次の**列ベクトル**という. すなわち, 行ベクトルとはただ一つの行からなる行列のことで, 列ベクトルとはただ一つの列からなる行列のことである. 以下, 行ベクトルと列ベクトルは $\boldsymbol{a}, \boldsymbol{x}$ など太字の記号で表す. 行ベクトルの左から k 番目の成分, もしくは列ベクトルの上から k 番目の成分を第 k 成分と呼ぶ.

行ベクトルを表すときには, 見やすくするためにカンマを打って $(a_1, a_2, \ldots, a_n)$ のように書くことも多い. ただしこの表記では点の座標と区別がつかないので, 前後の文脈から座標なのか行ベクトルなのかを判断しなければならない[2].

(m,n) 型行列 $A = (a_{ij})$ について, その第 j 列を取り出した列ベクトルを $\boldsymbol{a}_j$ とおく. すなわち

$$\boldsymbol{a}_j = \begin{pmatrix} a_{1j} \\ a_{2j} \\ \vdots \\ a_{mj} \end{pmatrix} \qquad (j = 1, 2, \ldots, n)$$

2] 点の座標と行ベクトルは, 無関係ではないが, 数学的対象としてはまったく別のものである.

である．このとき，行列 A は列ベクトル $\boldsymbol{a}_1, \boldsymbol{a}_2, \ldots, \boldsymbol{a}_n$ を横に並べたものと見なせるので

$$A = \begin{pmatrix} \boldsymbol{a}_1 & \boldsymbol{a}_2 & \cdots & \boldsymbol{a}_n \end{pmatrix}$$

と表す．これを行列 A の**列ベクトル表示**という．同様に，A の第 i 行を取り出した行ベクトル

$$\boldsymbol{a}^i = \begin{pmatrix} a_{i1} & a_{i2} & \cdots & a_{in} \end{pmatrix} \qquad (i = 1, 2, \ldots, m)$$

を考えると，$\boldsymbol{a}^1, \boldsymbol{a}^2, \ldots, \boldsymbol{a}^m$ を縦に並べれば行列 A が得られるから

$$A = \begin{pmatrix} \boldsymbol{a}^1 \\ \boldsymbol{a}^2 \\ \vdots \\ \boldsymbol{a}^m \end{pmatrix}$$

と書く．これを行列 A の**行ベクトル表示**という．

2.2 行列の和と定数倍

2.2.1 和と定数倍の定義

行列の和と定数倍を以下のように定義する．

定義 2.2 $A = (a_{ij}), B = (b_{ij})$ を (m, n) 型行列とする．このとき，和 $A + B$ を

$$A + B = \begin{pmatrix} a_{11} + b_{11} & a_{12} + b_{12} & \cdots & a_{1n} + b_{1n} \\ a_{21} + b_{21} & a_{22} + b_{22} & \cdots & a_{2n} + b_{2n} \\ \vdots & \vdots & \ddots & \vdots \\ a_{m1} + b_{m1} & a_{m2} + b_{m2} & \cdots & a_{mn} + b_{mn} \end{pmatrix}$$

で定義する．すなわち，$A + B$ は (i, j) 成分が $a_{ij} + b_{ij}$ である行列である．行列 A と B の型が異なるときには，それらの和は定義しない．

定義 2.3　λ を定数とする．(m,n) 型行列 $A=(a_{ij})$ の λ 倍を

$$\lambda A = \begin{pmatrix} \lambda a_{11} & \lambda a_{12} & \cdots & \lambda a_{1n} \\ \lambda a_{21} & \lambda a_{22} & \cdots & \lambda a_{2n} \\ \vdots & \vdots & \ddots & \vdots \\ \lambda a_{m1} & \lambda a_{m2} & \cdots & \lambda a_{mn} \end{pmatrix}$$

で定義する．すなわち，λA の (i,j) 成分は λa_{ij} と定める．

例 2.4　行列 $A=\begin{pmatrix} 3 & 2 \\ 1 & -5 \\ 0 & 4 \end{pmatrix}, B=\begin{pmatrix} 1 & -8 \\ 0 & 2 \\ 7 & -2 \end{pmatrix}$ について

$$A+B=\begin{pmatrix} 3+1 & 2+(-8) \\ 1+0 & -5+2 \\ 0+7 & 4+(-2) \end{pmatrix}=\begin{pmatrix} 4 & -6 \\ 1 & -3 \\ 7 & 2 \end{pmatrix},$$

$$3A=\begin{pmatrix} 3\cdot 3 & 3\cdot 2 \\ 3\cdot 1 & 3\cdot(-5) \\ 3\cdot 0 & 3\cdot 4 \end{pmatrix}=\begin{pmatrix} 9 & 6 \\ 3 & -15 \\ 0 & 12 \end{pmatrix}.$$

2.2.2　定数倍と和の法則

すべての成分が 0 である行列を**零行列**と呼び，記号 O で表す．このとき，次のことが成り立つ．

命題 2.5　行列の定数倍と和の法則　A,B,C が同じ型の行列で，λ,μ が定数であるとき，以下の等式が成り立つ．

(1) $(A+B)+C=A+(B+C)$　**(和の結合法則)**

(2) $A+B=B+A$　**(和の交換法則)**

(3) $A+O=A$

(4) $A+(-1)A=O$

(5) $\lambda(A+B)=\lambda A+\lambda B$

(6) $(\lambda+\mu)A=\lambda A+\mu A$

(7) $\lambda(\mu A)=(\lambda\mu)A$

(8) $1A=A$

証明 いずれの等式も，両辺の行列の各成分を比較して，それらが等しいことを示せばよい．ここでは (1) の証明だけを述べよう．$A=(a_{ij}), B=(b_{ij}), C=(c_{ij})$ とおく．行列の和の定義から，$(A+B)+C$ の (i,j) 成分は，$A+B$ の (i,j) 成分と C の (i,j) 成分の和である．$A+B$ の (i,j) 成分は $a_{ij}+b_{ij}$ なので，$(A+B)+C$ の (i,j) 成分は $(a_{ij}+b_{ij})+c_{ij}$ である．同様に，$A+(B+C)$ の (i,j) 成分は $a_{ij}+(b_{ij}+c_{ij})$ である．a_{ij}, b_{ij}, c_{ij} は定数だから，$(a_{ij}+b_{ij})+c_{ij}=a_{ij}+(b_{ij}+c_{ij})$ が成り立つ．よって $(A+B)+C$ と $A+(B+C)$ の (i,j) 成分は等しい．したがって (1) の等式が成り立つ． ■

注意 命題 2.5 (1) より，3 個以上の行列の和を計算するときには，どの二つの和から計算してもよい．よって，たとえば行列 A, B, C の和を表すのに，和を取る順序をカッコで指定する必要はなく，単に $A+B+C$ と書いてよい．以下，3 個以上の行列の和はカッコを省略して書く．

行列 A の (-1) 倍を $-A$ で表し，行列の和 $A+(-B)$ を $A-B$ と書く．$A=(a_{ij}), B=(b_{ij})$ が同じ型の行列であるとき，$A-B$ の (i,j) 成分は $a_{ij}-b_{ij}$ である．

例 2.6 行列 $A=\begin{pmatrix} 2 & 1 \\ -3 & 5 \end{pmatrix}$, $B=\begin{pmatrix} 3 & -2 \\ 1 & 2 \end{pmatrix}$ について

$$-A=\begin{pmatrix} -2 & -1 \\ 3 & -5 \end{pmatrix}, \quad A-B=\begin{pmatrix} 2-3 & 1-(-2) \\ (-3)-1 & 5-2 \end{pmatrix}=\begin{pmatrix} -1 & 3 \\ -4 & 3 \end{pmatrix}.$$

2.3 行列の積

2.3.1 行列の積の定義

行列の積を定義する．まず，行ベクトルと列ベクトルの積を定義し，それを使って一般の行列の積を定義する．

n 次の行ベクトルと列ベクトルの積を

$$\begin{pmatrix} a_1 & a_2 & \cdots & a_n \end{pmatrix}\begin{pmatrix} b_1 \\ b_2 \\ \vdots \\ b_n \end{pmatrix}=a_1b_1+a_2b_2+\cdots+a_nb_n \tag{2.2}$$

と定義する[3]. 後で説明するように, 行列の積では掛ける順序を変えられないから, 左辺を (列ベクトル)×(行ベクトル) の順に書いてはならない.

例 2.7 $\boldsymbol{a} = \begin{pmatrix} 3 & 1 & -2 \end{pmatrix}, \boldsymbol{b} = \begin{pmatrix} -2 \\ 5 \\ 4 \end{pmatrix}$ のとき

$$\boldsymbol{a}\boldsymbol{b} = 3 \cdot (-2) + 1 \cdot 5 + (-2) \cdot 4 = -9.$$

次に一般の行列の積を定義する. 行列 A と B の積 AB は, A の列の個数と B の行の個数が等しいときに限り, 以下のように定義する.

定義 2.8 $A = (a_{ij})$ は (m, n) 型行列, $B = (b_{ij})$ は (n, l) 型行列であるとする. A と B をそれぞれ行ベクトル表示, 列ベクトル表示して

$$A = \begin{pmatrix} \boldsymbol{a}^1 \\ \boldsymbol{a}^2 \\ \vdots \\ \boldsymbol{a}^m \end{pmatrix}, \quad B = \begin{pmatrix} \boldsymbol{b}_1 & \boldsymbol{b}_2 & \cdots & \boldsymbol{b}_l \end{pmatrix}$$

とおくとき, 積 AB を次で定義する.

$$AB = \begin{pmatrix} \boldsymbol{a}^1\boldsymbol{b}_1 & \boldsymbol{a}^1\boldsymbol{b}_2 & \cdots & \boldsymbol{a}^1\boldsymbol{b}_l \\ \boldsymbol{a}^2\boldsymbol{b}_1 & \boldsymbol{a}^2\boldsymbol{b}_2 & \cdots & \boldsymbol{a}^2\boldsymbol{b}_l \\ \vdots & \vdots & \ddots & \vdots \\ \boldsymbol{a}^m\boldsymbol{b}_1 & \boldsymbol{a}^m\boldsymbol{b}_2 & \cdots & \boldsymbol{a}^m\boldsymbol{b}_l \end{pmatrix}$$

すなわち, 積 AB は (m, l) 型行列で, その (i, j) 成分は

$$\boldsymbol{a}^i\boldsymbol{b}_j = \begin{pmatrix} a_{i1} & a_{i2} & \cdots & a_{in} \end{pmatrix} \begin{pmatrix} b_{1j} \\ b_{2j} \\ \vdots \\ b_{nj} \end{pmatrix} = a_{i1}b_{1j} + a_{i2}b_{2j} + \cdots + a_{in}b_{nj}$$

である.

3] 正確には右辺は $(1, 1)$ 型行列であるが, 定数と同一視する.

例 2.9 $A = \begin{pmatrix} 2 & 0 & -1 \\ 4 & 5 & 3 \end{pmatrix}$, $\boldsymbol{x} = \begin{pmatrix} -2 \\ 6 \\ 1 \end{pmatrix}$, $\boldsymbol{y} = \begin{pmatrix} 3 & 2 \end{pmatrix}$ のとき

$$A\boldsymbol{x} = \begin{pmatrix} 2 & 0 & -1 \\ 4 & 5 & 3 \end{pmatrix} \begin{pmatrix} -2 \\ 6 \\ 1 \end{pmatrix} = \begin{pmatrix} 2 \cdot (-2) + 0 \cdot 6 + (-1) \cdot 1 \\ 4 \cdot (-2) + 5 \cdot 6 + 3 \cdot 1 \end{pmatrix} = \begin{pmatrix} -5 \\ 25 \end{pmatrix},$$

$$\boldsymbol{y}A = \begin{pmatrix} 3 & 2 \end{pmatrix} \begin{pmatrix} 2 & 0 & -1 \\ 4 & 5 & 3 \end{pmatrix} = \begin{pmatrix} 3 \cdot 2 + 2 \cdot 4, & 3 \cdot 0 + 2 \cdot 5, & 3 \cdot (-1) + 2 \cdot 3 \end{pmatrix}$$
$$= \begin{pmatrix} 14 & 10 & 3 \end{pmatrix}.$$

$A\boldsymbol{y}$ と $\boldsymbol{x}A$ は定義されない.

例 2.10 $A = \begin{pmatrix} 1 & -2 & 4 \\ -3 & 1 & 5 \end{pmatrix}$, $B = \begin{pmatrix} 6 & 1 \\ -2 & 3 \\ 1 & -1 \end{pmatrix}$ のとき

$$AB = \begin{pmatrix} 1 & -2 & 4 \\ -3 & 1 & 5 \end{pmatrix} \begin{pmatrix} 6 & 1 \\ -2 & 3 \\ 1 & -1 \end{pmatrix}$$
$$= \begin{pmatrix} 1 \cdot 6 + (-2) \cdot (-2) + 4 \cdot 1 & 1 \cdot 1 + (-2) \cdot 3 + 4 \cdot (-1) \\ (-3) \cdot 6 + 1 \cdot (-2) + 5 \cdot 1 & (-3) \cdot 1 + 1 \cdot 3 + 5 \cdot (-1) \end{pmatrix}$$
$$= \begin{pmatrix} 14 & -9 \\ -15 & -5 \end{pmatrix},$$

$$BA = \begin{pmatrix} 6 & 1 \\ -2 & 3 \\ 1 & -1 \end{pmatrix} \begin{pmatrix} 1 & -2 & 4 \\ -3 & 1 & 5 \end{pmatrix}$$
$$= \begin{pmatrix} 6 \cdot 1 + 1 \cdot (-3) & 6 \cdot (-2) + 1 \cdot 1 & 6 \cdot 4 + 1 \cdot 5 \\ (-2) \cdot 1 + 3 \cdot (-3) & (-2) \cdot (-2) + 3 \cdot 1 & (-2) \cdot 4 + 3 \cdot 5 \\ 1 \cdot 1 + (-1) \cdot (-3) & 1 \cdot (-2) + (-1) \cdot 1 & 1 \cdot 4 + (-1) \cdot 5 \end{pmatrix}$$
$$= \begin{pmatrix} 3 & -11 & 29 \\ -11 & 7 & 7 \\ 4 & -3 & -1 \end{pmatrix}.$$

例 2.11 連立 1 次方程式 (2.1) を，行列を使って書き換える．まず，方程式を列ベクトルの等式に書き直す．

$$\begin{pmatrix} a_{11}x_1 + a_{12}x_2 + \cdots + a_{1n}x_n \\ a_{21}x_1 + a_{22}x_2 + \cdots + a_{2n}x_n \\ \vdots \\ a_{m1}x_1 + a_{m2}x_2 + \cdots + a_{mn}x_n \end{pmatrix} = \begin{pmatrix} b_1 \\ b_2 \\ \vdots \\ b_m \end{pmatrix}$$

左辺は (m,n) 型行列 $A=(a_{ij})$ と n 次の列ベクトル $\boldsymbol{x}=(x_i)$ の積に書き直せて

$$\begin{pmatrix} a_{11} & a_{12} & \cdots & \cdots & a_{1n} \\ a_{21} & a_{22} & \cdots & \cdots & a_{2n} \\ \vdots & \vdots & \vdots & \vdots & \vdots \\ a_{m1} & a_{m2} & \cdots & \cdots & a_{mn} \end{pmatrix} \begin{pmatrix} x_1 \\ x_2 \\ \vdots \\ \vdots \\ x_n \end{pmatrix} = \begin{pmatrix} b_1 \\ b_2 \\ \vdots \\ b_m \end{pmatrix}$$

となる．このように，一般の連立 1 次方程式は行列を使うと (係数)×(未知数)=(定数) の形に書き直される．

次の公式は本書の後半で繰り返し用いる．

命題 2.12 (m,n) 型行列 A の列ベクトル表示を $A=\begin{pmatrix}\boldsymbol{a}_1 & \boldsymbol{a}_2 & \cdots & \boldsymbol{a}_n\end{pmatrix}$ とする．A と n 次の列ベクトル $\boldsymbol{c}=\begin{pmatrix} c_1 \\ c_2 \\ \vdots \\ c_n \end{pmatrix}$ の積 $A\boldsymbol{c}$ は

$$A\boldsymbol{c} = c_1\boldsymbol{a}_1 + c_2\boldsymbol{a}_2 + \cdots + c_n\boldsymbol{a}_n$$

と表される．

証明 $A=(a_{ij})$ とすると，積の定義から

$$A\boldsymbol{c} = \begin{pmatrix} a_{11}c_1 + a_{12}c_2 + \cdots + a_{1n}c_n \\ a_{21}c_1 + a_{22}c_2 + \cdots + a_{2n}c_n \\ \vdots \\ a_{m1}c_1 + a_{m2}c_2 + \cdots + a_{mn}c_n \end{pmatrix}$$

である．行列の和と定数倍の定義から，右辺は

$$\begin{pmatrix} a_{11}c_1 \\ a_{21}c_1 \\ \vdots \\ a_{m1}c_1 \end{pmatrix} + \begin{pmatrix} a_{12}c_2 \\ a_{22}c_2 \\ \vdots \\ a_{m2}c_2 \end{pmatrix} + \cdots + \begin{pmatrix} a_{1n}c_n \\ a_{2n}c_n \\ \vdots \\ a_{mn}c_n \end{pmatrix}$$

$$= c_1 \begin{pmatrix} a_{11} \\ a_{21} \\ \vdots \\ a_{m1} \end{pmatrix} + c_2 \begin{pmatrix} a_{12} \\ a_{22} \\ \vdots \\ a_{m2} \end{pmatrix} + \cdots + c_n \begin{pmatrix} a_{1n} \\ a_{2n} \\ \vdots \\ a_{mn} \end{pmatrix}$$

と書き直せる．これは $c_1\boldsymbol{a}_1 + c_2\boldsymbol{a}_2 + \cdots + c_n\boldsymbol{a}_n$ に等しい． ■

命題 2.12 は，行列と列ベクトルの積について

$$\begin{pmatrix} \boldsymbol{a}_1 & \boldsymbol{a}_2 & \cdots & \boldsymbol{a}_n \end{pmatrix} \begin{pmatrix} c_1 \\ c_2 \\ \vdots \\ c_n \end{pmatrix} = c_1\boldsymbol{a}_1 + c_2\boldsymbol{a}_2 + \cdots + c_n\boldsymbol{a}_n$$

という計算を行ってよいことを意味している．この等式は (2.2) とよく似ているが，$\boldsymbol{a}_1, \boldsymbol{a}_2, \ldots, \boldsymbol{a}_n$ は列ベクトルであって定数ではないことに注意する．

2.3.2 行列の積に関する注意

行列の積が通常の数の積と異なる点を二つ挙げる．

(I) 掛ける順序を変えられない

例 2.13 n 次の行ベクトルと列ベクトルの積は，順序によって

$$\begin{pmatrix} a_1 & a_2 & \cdots & a_n \end{pmatrix} \begin{pmatrix} b_1 \\ b_2 \\ \vdots \\ b_n \end{pmatrix} = a_1b_1 + \cdots + a_nb_n,$$

$$\begin{pmatrix} b_1 \\ b_2 \\ \vdots \\ b_n \end{pmatrix} \begin{pmatrix} a_1 & a_2 & \cdots & a_n \end{pmatrix} = \begin{pmatrix} b_1a_1 & b_1a_2 & \cdots & b_1a_n \\ b_2a_1 & b_2a_2 & \cdots & b_2a_n \\ \vdots & \vdots & \ddots & \vdots \\ b_na_1 & b_na_2 & \cdots & b_na_n \end{pmatrix}$$

と異なる型の行列となる．

例 2.10 と例 2.13 のように，積 AB と BA の型が異なる場合は，明らかに $AB \neq BA$ である．積 AB と BA がともに定義されて，型が同じになるのは，A と B が同じ大きさの正方形の行列である場合に限る．一般に，正方形の形をした行列，つまり行と列の個数が等しい行列を**正方行列**といい，それが (n, n) 型行列のとき n 次の正方行列という．A と B が n 次の正方行列のとき，積 AB と BA はともに n 次の正方行列である．しかし，これらは一般には等しくない[4]．

例 2.14　$A = \begin{pmatrix} 3 & -2 \\ 1 & 4 \end{pmatrix}, B = \begin{pmatrix} -2 & 5 \\ -3 & 1 \end{pmatrix}$ はともに 2 次の正方行列である．積 AB, BA を計算すると

$$AB = \begin{pmatrix} 3 \cdot (-2) + (-2) \cdot (-3) & 3 \cdot 5 + (-2) \cdot 1 \\ 1 \cdot (-2) + 4 \cdot (-3) & 1 \cdot 5 + 4 \cdot 1 \end{pmatrix} = \begin{pmatrix} 0 & 13 \\ -14 & 9 \end{pmatrix},$$

$$BA = \begin{pmatrix} (-2) \cdot 3 + 5 \cdot 1 & (-2) \cdot (-2) + 5 \cdot 4 \\ (-3) \cdot 3 + 1 \cdot 1 & (-3) \cdot (-2) + 1 \cdot 4 \end{pmatrix} = \begin{pmatrix} -1 & 24 \\ -8 & 10 \end{pmatrix}$$

となって，$AB \neq BA$ である．

二つの行列 A, B について $AB = BA$ であるとき A と B は**可換**であるといい，$AB \neq BA$ であるとき**非可換**であるという．一般に，行列の積は非可換である．

(II)　零因子がある

行列 A と B が零行列でなくても，その積 AB が零行列となる場合がある．このような行列 A, B は**零因子**と呼ばれる．

例 2.15　$A = \begin{pmatrix} 1 & 0 \\ 0 & 0 \end{pmatrix}, B = \begin{pmatrix} 0 & 0 \\ 0 & 1 \end{pmatrix}$ のとき，$A \neq O, B \neq O$ であるが

$$AB = \begin{pmatrix} 1 \cdot 0 + 0 \cdot 0 & 1 \cdot 0 + 0 \cdot 1 \\ 0 \cdot 0 + 0 \cdot 0 & 0 \cdot 0 + 0 \cdot 1 \end{pmatrix} = \begin{pmatrix} 0 & 0 \\ 0 & 0 \end{pmatrix} = O$$

である．よって A, B は零因子である．

4]　「一般には等しくない」とは「特殊な場合には等しくなることもあるが，ほとんどの場合は等しくない」という意味である．

行列の積については零因子が存在するので，$AB=O$ であっても「$A=O$ または $B=O$」であるとは限らない．

2.3.3 行列の積の列ベクトル表示・行ベクトル表示

$A=(a_{ij})$ を (m,n) 型行列とし，$B=(b_{ij})$ を (n,l) 型行列とする．A の行ベクトル表示と B の列ベクトル表示を

$$A=\begin{pmatrix}\boldsymbol{a}^1\\\boldsymbol{a}^2\\\vdots\\\boldsymbol{a}^m\end{pmatrix},\quad B=\begin{pmatrix}\boldsymbol{b}_1 & \boldsymbol{b}_2 & \cdots & \boldsymbol{b}_l\end{pmatrix}$$

とおくと

$$AB=\begin{pmatrix}\boldsymbol{a}^1\,\boldsymbol{b}_1 & \boldsymbol{a}^1\,\boldsymbol{b}_2 & \cdots & \boldsymbol{a}^1\,\boldsymbol{b}_l\\\boldsymbol{a}^2\,\boldsymbol{b}_1 & \boldsymbol{a}^2\,\boldsymbol{b}_2 & \cdots & \boldsymbol{a}^2\,\boldsymbol{b}_l\\\vdots & \vdots & \ddots & \vdots\\\boldsymbol{a}^m\,\boldsymbol{b}_1 & \boldsymbol{a}^m\,\boldsymbol{b}_2 & \cdots & \boldsymbol{a}^m\,\boldsymbol{b}_l\end{pmatrix}$$

である．ここで，B の列ベクトル $\boldsymbol{b}_j\ (j=1,2,\ldots,l)$ は $(n,1)$ 行列であるから，積 $A\boldsymbol{b}_j$ が定義される．

$$A\boldsymbol{b}_j=\begin{pmatrix}\boldsymbol{a}^1\boldsymbol{b}_j\\\boldsymbol{a}^2\boldsymbol{b}_j\\\vdots\\\boldsymbol{a}^m\boldsymbol{b}_j\end{pmatrix}\qquad (m\text{ 次の列ベクトル})$$

であるから，積 AB は

$$AB=\begin{pmatrix}A\boldsymbol{b}_1 & A\boldsymbol{b}_2 & \cdots & A\boldsymbol{b}_l\end{pmatrix}$$

と表される．これは AB の列ベクトル表示である．

また，A の行ベクトル $\boldsymbol{a}^i\ (i=1,2,\ldots,m)$ は $(1,n)$ 行列だから，積 $\boldsymbol{a}^iB$ が定義されて

$$\boldsymbol{a}^iB=\begin{pmatrix}\boldsymbol{a}^i\boldsymbol{b}_1 & \boldsymbol{a}^i\boldsymbol{b}_2 & \cdots & \boldsymbol{a}^i\boldsymbol{b}_l\end{pmatrix}\qquad (l\text{ 次の行ベクトル})$$

である．よって積 AB は

$$AB = \begin{pmatrix} \boldsymbol{a}^1 B \\ \boldsymbol{a}^2 B \\ \vdots \\ \boldsymbol{a}^m B \end{pmatrix}$$

とも表される．これは AB の行ベクトル表示である．

2.3.4 単位行列とその性質

正方行列の成分で，左上から右下への対角線上にあるものを**対角成分**と呼ぶ．対角成分以外のすべての成分が 0 である正方行列を**対角行列**という．対角成分がすべて 1 である n 次の対角行列を，n 次の**単位行列**という．単位行列は記号 I (もしくは E) で表すことが多い．具体的には

$$I = \begin{pmatrix} 1 & & & \\ & 1 & & \\ & & \ddots & \\ & & & 1 \end{pmatrix}$$

である．ただし空白の部分の成分は 0 とする[5]．単位行列の型を明示する必要があるときは，(n, n) 型の単位行列を I_n のように添字をつけて書く．

n 次の列ベクトルに単位行列 I_n を左から掛けても

$$\begin{pmatrix} 1 & 0 & \cdots & 0 \\ 0 & 1 & \cdots & 0 \\ \vdots & \vdots & \ddots & \vdots \\ 0 & 0 & \cdots & 1 \end{pmatrix} \begin{pmatrix} a_1 \\ a_2 \\ \vdots \\ a_n \end{pmatrix} = \begin{pmatrix} a_1 \\ a_2 \\ \vdots \\ a_n \end{pmatrix}$$

となるので変わらない．また，m 次の行ベクトルに単位行列 I_m を右から掛けても

$$\begin{pmatrix} a'_1 & a'_2 & \cdots & a'_m \end{pmatrix} \begin{pmatrix} 1 & 0 & \cdots & 0 \\ 0 & 1 & \cdots & 0 \\ \vdots & \vdots & \ddots & \vdots \\ 0 & 0 & \cdots & 1 \end{pmatrix} = \begin{pmatrix} a'_1 & a'_2 & \cdots & a'_m \end{pmatrix}$$

となって，やはり変わらない．このことから次の命題が得られる．

5] 行列の成分に 0 が並ぶ部分を空白で表す略記はよく使われる．慣れておくとよい．

命題 2.16 A が (m,n) 型行列のとき，$I_mA=A,\ AI_n=A$ である．

証明 A の列ベクトル表示を $A=\begin{pmatrix}\boldsymbol{a}_1 & \boldsymbol{a}_2 & \cdots & \boldsymbol{a}_n\end{pmatrix}$ とおけば

$$I_mA=\begin{pmatrix}I_m\boldsymbol{a}_1 & I_m\boldsymbol{a}_2 & \cdots & I_m\boldsymbol{a}_n\end{pmatrix}=\begin{pmatrix}\boldsymbol{a}_1 & \boldsymbol{a}_2 & \cdots & \boldsymbol{a}_n\end{pmatrix}=A$$

である．同様に，A の行ベクトル表示を使えば $AI_n=A$ がわかる．■

2.3.5 行列の積の性質

命題 2.17 λ は定数で，A,B,C は行列とする．このとき次の等式が成り立つ．

(1) $(\lambda A)B=\lambda(AB),\ A(\lambda B)=\lambda(AB)$

(2) $(A+B)C=AC+BC,\ A(B+C)=AB+AC$ （積の分配法則）

(3) $(AB)C=A(BC)$ （積の結合法則）

ただし，A,B,C は両辺の積が定義される型の行列であるとする．

命題 2.17 の等式は，文字 A,B,C が数を表すのであれば明らかに成り立つ．しかし，これらは行列であるから決して自明な等式ではない．特に，(3) は次の例のように見た目ほど明らかではない．

例 2.18 $A=\begin{pmatrix}1\\2\end{pmatrix},\ B=\begin{pmatrix}3 & 4\end{pmatrix},\ C=\begin{pmatrix}5 & 6\\7 & 8\end{pmatrix}$ のとき，$AB=\begin{pmatrix}3 & 4\\6 & 8\end{pmatrix}$ だから

$$(AB)C=\begin{pmatrix}3 & 4\\6 & 8\end{pmatrix}\begin{pmatrix}5 & 6\\7 & 8\end{pmatrix}=\begin{pmatrix}43 & 50\\86 & 100\end{pmatrix}$$

である．一方，$BC=\begin{pmatrix}43 & 50\end{pmatrix}$ となるので

$$A(BC)=\begin{pmatrix}1\\2\end{pmatrix}\begin{pmatrix}43 & 50\end{pmatrix}=\begin{pmatrix}43 & 50\\86 & 100\end{pmatrix}$$

である．よって確かに $(AB)C=A(BC)$ が成り立っている．

証明 命題 2.17 (1) ここでは第一の等式 $(\lambda A)B=\lambda(AB)$ を証明する．第二の等式 $A(\lambda B)=\lambda(AB)$ の証明も以下と同様である．

まず，A が行ベクトルで B が列ベクトルの場合に証明する．n 次の行ベクトル

$\boldsymbol{a} = \begin{pmatrix} a_1 & a_2 & \cdots & a_n \end{pmatrix}$ と列ベクトル $\boldsymbol{b} = \begin{pmatrix} b_1 \\ b_2 \\ \vdots \\ b_n \end{pmatrix}$ について

$$\begin{aligned}(\lambda\boldsymbol{a})\boldsymbol{b} &= \begin{pmatrix} \lambda a_1 & \lambda a_2 & \cdots & \lambda a_n \end{pmatrix}\begin{pmatrix} b_1 \\ b_2 \\ \vdots \\ b_n \end{pmatrix} \\ &= (\lambda a_1)b_1 + (\lambda a_2)b_2 + \cdots + (\lambda a_n)b_n \\ &= \lambda(a_1b_1 + a_2b_2 + \cdots + a_nb_n) = \lambda(\boldsymbol{ab})\end{aligned}$$

となるから，$(\lambda\boldsymbol{a})\boldsymbol{b} = \lambda(\boldsymbol{ab})$ である．

次に，A, B が一般の行列の場合を考える．A, B をそれぞれ (m, n) 型，(n, l) 型行列とする．A の行ベクトル表示と B の列ベクトル表示をそれぞれ

$$A = \begin{pmatrix} \boldsymbol{a}^1 \\ \boldsymbol{a}^2 \\ \vdots \\ \boldsymbol{a}^m \end{pmatrix}, \qquad B = \begin{pmatrix} \boldsymbol{b}_1 & \boldsymbol{b}_2 & \cdots & \boldsymbol{b}_l \end{pmatrix}$$

とおく．このとき λA の第 i 行は $\lambda\boldsymbol{a}^i$ であるから，$(\lambda A)B$ の (i, j) 成分は $(\lambda\boldsymbol{a}^i)\boldsymbol{b}_j$ に等しい．$\boldsymbol{a}^i$ と $\boldsymbol{b}_j$ はそれぞれ行ベクトル・列ベクトルだから，上で示したことより $(\lambda\boldsymbol{a}^i)\boldsymbol{b}_j = \lambda(\boldsymbol{a}^i\boldsymbol{b}_j)$ である．一方，AB の (i, j) 成分は $\boldsymbol{a}^i\boldsymbol{b}_j$ だから，$\lambda(AB)$ の (i, j) 成分は $\lambda(\boldsymbol{a}^i\boldsymbol{b}_j)$ である．したがって，$(\lambda A)B$ と $\lambda(AB)$ の (i, j) 成分は等しい．以上より $(\lambda A)B = \lambda(AB)$ である．

(2) こちらも第一の等式 $(A + B)C = AC + BC$ のみ証明する．

(1) と同様に，まず A, B が行ベクトルで C が列ベクトルの場合に証明する．n 次の行ベクトル $\boldsymbol{a} = \begin{pmatrix} a_1 & a_2 & \cdots & a_n \end{pmatrix}, \boldsymbol{b} = \begin{pmatrix} b_1 & b_2 & \cdots & b_n \end{pmatrix}$ と n 次の列ベクトル $\boldsymbol{c} = \begin{pmatrix} c_1 \\ c_2 \\ \vdots \\ c_n \end{pmatrix}$ について，$(\boldsymbol{a} + \boldsymbol{b})\boldsymbol{c}$ を計算すると

$$(\boldsymbol{a}+\boldsymbol{b})\boldsymbol{c} = \begin{pmatrix} a_1+b_1 & a_2+b_2 & \cdots & a_n+b_n \end{pmatrix} \begin{pmatrix} c_1 \\ c_2 \\ \vdots \\ c_n \end{pmatrix}$$
$$= (a_1+b_1)c_1 + (a_2+b_2)c_2 + \cdots + (a_n+b_n)c_n$$
$$= (a_1c_1 + a_2c_2 + \cdots + a_nc_n) + (b_1c_1 + b_2c_2 + \cdots + b_nc_n)$$
$$= \boldsymbol{ac} + \boldsymbol{bc}$$

となる．したがって $(\boldsymbol{a}+\boldsymbol{b})\boldsymbol{c} = \boldsymbol{ac}+\boldsymbol{bc}$ である．

A, B, C が一般の行列の場合については，(1) と同様に A, B の行ベクトル表示と C の列ベクトル表示を考えればよい．

(3) まず，A が行ベクトルで C が列ベクトルである場合に証明する．n 次の行ベクトル $\boldsymbol{a}$, (n, l) 型行列 B, および l 次の列ベクトル $\boldsymbol{c}$ について，$(\boldsymbol{a}B)\boldsymbol{c} = \boldsymbol{a}(B\boldsymbol{c})$ が成り立つことを示す．B の列ベクトル表示を $B = \begin{pmatrix} \boldsymbol{b}_1 & \boldsymbol{b}_2 & \cdots & \boldsymbol{b}_l \end{pmatrix}$ とおく．このとき $\boldsymbol{a}B = \begin{pmatrix} \boldsymbol{ab}_1 & \boldsymbol{ab}_2 & \cdots & \boldsymbol{ab}_l \end{pmatrix}$ である ($\boldsymbol{ab}_1, \boldsymbol{ab}_2, \ldots, \boldsymbol{ab}_l$ はすべて定数であることに注意する)．よって $\boldsymbol{c}$ の成分を上から $c_1, c_2, \ldots, c_l$ とおくと

$$(\boldsymbol{a}B)\boldsymbol{c} = (\boldsymbol{ab}_1)c_1 + (\boldsymbol{ab}_2)c_2 + \cdots + (\boldsymbol{ab}_l)c_l$$
$$= c_1(\boldsymbol{ab}_1) + c_2(\boldsymbol{ab}_2) + \cdots + c_l(\boldsymbol{ab}_l)$$

である．(1), (2) の結果を使うと，右辺は次のように変形できる．

$$c_1(\boldsymbol{ab}_1) + c_2(\boldsymbol{ab}_2) + \cdots + c_l(\boldsymbol{ab}_l) = \boldsymbol{a}(c_1\boldsymbol{b}_1) + \boldsymbol{a}(c_2\boldsymbol{b}_2) + \cdots + \boldsymbol{a}(c_l\boldsymbol{b}_l)$$
$$= \boldsymbol{a}(c_1\boldsymbol{b}_1 + c_2\boldsymbol{b}_2 + \cdots + c_l\boldsymbol{b}_l)$$

命題 2.12 より $c_1\boldsymbol{b}_1 + c_2\boldsymbol{b}_2 + \cdots + c_l\boldsymbol{b}_l = B\boldsymbol{c}$ である．よって $(\boldsymbol{a}B)\boldsymbol{c} = \boldsymbol{a}(B\boldsymbol{c})$ が成り立つ．

次に，A, B, C が一般の行列の場合を考える．A, B, C はそれぞれ (m, n) 型，(n, l) 型，(l, p) 型の行列であるとする．A の行ベクトル表示と C の列ベクトル表示を

$$A = \begin{pmatrix} \boldsymbol{a}^1 \\ \boldsymbol{a}^2 \\ \vdots \\ \boldsymbol{a}^m \end{pmatrix}, \quad C = \begin{pmatrix} \boldsymbol{c}_1 & \boldsymbol{c}_2 & \cdots & \boldsymbol{c}_p \end{pmatrix}$$

とする．このとき

$$(AB)C = \begin{pmatrix} \boldsymbol{a}^1 B \\ \boldsymbol{a}^2 B \\ \vdots \\ \boldsymbol{a}^m B \end{pmatrix} \begin{pmatrix} \boldsymbol{c}_1 & \boldsymbol{c}_2 & \cdots & \boldsymbol{c}_p \end{pmatrix},$$

$$A(BC) = \begin{pmatrix} \boldsymbol{a}^1 \\ \boldsymbol{a}^2 \\ \vdots \\ \boldsymbol{a}^m \end{pmatrix} \begin{pmatrix} B\boldsymbol{c}_1 & B\boldsymbol{c}_2 & \cdots & B\boldsymbol{c}_p \end{pmatrix}$$

であるから，$(AB)C$ と $A(BC)$ の (i,j) 成分はそれぞれ $(\boldsymbol{a}^i B)\boldsymbol{c}_j$, $\boldsymbol{a}^i(B\boldsymbol{c}_j)$ である．前段落で示したようにこれらは等しいので，$(AB)C = A(BC)$ である．

注意 命題 2.17 の (3) より，3 個以上の行列の積を計算するときには，どの二つの積を先に計算してもよい．そこで，たとえば行列 A, B, C の積を書くときには，積をとる順序をカッコで指定せず，単に ABC と書く．ただし，和と違って交換法則は成り立たない (掛ける順序は変えられない) から，ABC という順序の積を，理由なく BAC などと書き直してはならない．

行列 A が正方行列のとき，自分自身との積 AA が定まる．これを A^2 と書く．一般に，正の整数 n に対して行列 A を n 個掛けた積を A^n で表す．たとえば $A^3 = AAA$ である．

例 2.19 $A = \begin{pmatrix} 1 & 2 \\ 3 & 4 \end{pmatrix}$ のとき

$$A^2 = \begin{pmatrix} 1 & 2 \\ 3 & 4 \end{pmatrix}\begin{pmatrix} 1 & 2 \\ 3 & 4 \end{pmatrix} = \begin{pmatrix} 7 & 10 \\ 15 & 22 \end{pmatrix},$$

$$A^3 = A(A^2) = \begin{pmatrix} 1 & 2 \\ 3 & 4 \end{pmatrix}\begin{pmatrix} 7 & 10 \\ 15 & 22 \end{pmatrix} = \begin{pmatrix} 37 & 54 \\ 81 & 118 \end{pmatrix}.$$

演習問題

問 2.1.1 次の等式が成り立つように，定数 a, b, c, d を定めよ．

(1) $\begin{pmatrix} a \\ -2 \\ c \end{pmatrix} = \begin{pmatrix} b+1 \\ a+c \\ 1 \end{pmatrix}$ (2) $\begin{pmatrix} a & 1 \\ b+1 & c-1 \end{pmatrix} = \begin{pmatrix} 3 & b+ac \\ d & b+2 \end{pmatrix}$

問 2.2.1 次の行列を計算せよ．

(1) $\begin{pmatrix} 3 \\ -7 \end{pmatrix} + \begin{pmatrix} -1 \\ 3 \end{pmatrix}$ (2) $\begin{pmatrix} 5 \\ 2 \\ -6 \end{pmatrix} - 2\begin{pmatrix} -1 \\ 3 \\ 2 \end{pmatrix}$

(3) $\dfrac{1}{2}\begin{pmatrix} 3 \\ 0 \\ -2 \end{pmatrix} - \begin{pmatrix} 2 \\ 1 \\ -3 \end{pmatrix} + 2\begin{pmatrix} \frac{1}{4} \\ 2 \\ -1 \end{pmatrix}$ (4) $-2\begin{pmatrix} 4 & -1 \\ 2 & -3 \end{pmatrix} + \begin{pmatrix} 0 & 1 \\ -2 & 7 \end{pmatrix}$

(5) $\begin{pmatrix} 3 & 2 & -5 \\ -1 & 0 & -2 \end{pmatrix} + \dfrac{1}{2}\begin{pmatrix} -2 & 1 & 0 \\ 3 & -2 & 4 \end{pmatrix}$

問 2.3.1 行列

$$A = \begin{pmatrix} 2 & -1 \\ -3 & 1 \\ 0 & -2 \end{pmatrix}, \quad B = \begin{pmatrix} -1 & 2 & 0 \\ 3 & -2 & 1 \end{pmatrix}, \quad C = \begin{pmatrix} 2 & -1 \\ 1 & 3 \end{pmatrix}$$

について，次の行列は定義されるか．定義される場合には計算せよ．

(1) AB (2) BA (3) CA (4) CB (5) ABC

(6) BAC (7) A^2 (8) C^2 (9) $AB+C$ (10) $BA+C$

問 2.3.2 正方行列 A の対角成分の和を，行列 A の**トレース** (もしくは**跡**) と呼び，$\mathrm{tr}A$ と表す．つまり，n 次の正方行列 $A = (a_{ij})$ に対して

$$\mathrm{tr}A = a_{11} + a_{22} + \cdots + a_{nn}$$

である．このとき次のことを示せ．

(1) A, B が n 次の正方行列で，λ が定数のとき，$\mathrm{tr}(A+B) = \mathrm{tr}A + \mathrm{tr}B$，$\mathrm{tr}(\lambda A) = \lambda \mathrm{tr}A$ である．

(2) A が (m,n) 型行列で，B が (n,m) 型行列であるとき，$\mathrm{tr}(AB) = \mathrm{tr}(BA)$ である．

問 2.3.3 n を正の整数とする．実数を成分とする n 次の正方行列 A, B であっ

て，$AB - BA = I_n$ を満たすものは存在しないことを示せ．(ヒント：問 2.3.2 の結果を使う．)

第３章

ガウスの消去法と基本変形

3.1 拡大係数行列と基本変形

3.1.1 拡大係数行列

次の連立 1 次方程式を考える.

$$\begin{cases} \quad x_1 - \ x_2 + 3x_3 = -3 \\ -2x_1 + 4x_2 - 2x_3 = \ \ 8 \end{cases} \tag{3.1}$$

行列を使って書くと

$$\begin{pmatrix} 1 & -1 & 3 \\ -2 & 4 & -2 \end{pmatrix} \begin{pmatrix} x_1 \\ x_2 \\ x_3 \end{pmatrix} = \begin{pmatrix} -3 \\ 8 \end{pmatrix}$$

となる. 方程式 (3.1) に対して, ガウスの消去法を実行し, 行列による表示がどのように変化するかを見よう.

$$\begin{cases} \quad x_1 - \ x_2 + 3x_3 = -3 \\ -2x_1 + 4x_2 - 2x_3 = \ \ 8 \end{cases} \qquad \begin{pmatrix} 1 & -1 & 3 \\ -2 & 4 & -2 \end{pmatrix} \begin{pmatrix} x_1 \\ x_2 \\ x_3 \end{pmatrix} = \begin{pmatrix} -3 \\ 8 \end{pmatrix}$$

$$\longrightarrow \begin{cases} x_1 - \ x_2 + 3x_3 = -3 \\ \qquad 2x_2 + 4x_3 = \ \ 2 \end{cases} \qquad \begin{pmatrix} 1 & -1 & 3 \\ 0 & 2 & 4 \end{pmatrix} \begin{pmatrix} x_1 \\ x_2 \\ x_3 \end{pmatrix} = \begin{pmatrix} -3 \\ 2 \end{pmatrix}$$

$$\longrightarrow \begin{cases} x_1 - x_2 + 3x_3 = -3 \\ \qquad x_2 + 2x_3 = \ \ 1 \end{cases} \qquad \begin{pmatrix} 1 & -1 & 3 \\ 0 & 1 & 2 \end{pmatrix} \begin{pmatrix} x_1 \\ x_2 \\ x_3 \end{pmatrix} = \begin{pmatrix} -3 \\ 1 \end{pmatrix}$$

$$\longrightarrow \begin{cases} x_1 \phantom{{}+x_2} + 5x_3 = -2 \\ \phantom{x_1+{}} x_2 + 2x_3 = 1 \end{cases} \qquad \begin{pmatrix} 1 & 0 & 5 \\ 0 & 1 & 2 \end{pmatrix} \begin{pmatrix} x_1 \\ x_2 \\ x_3 \end{pmatrix} = \begin{pmatrix} -2 \\ 1 \end{pmatrix}$$

行列による表示では，未知数 x_1, x_2, x_3 の列ベクトルは変わらず，係数の行列と右辺の列ベクトルが変化している．そこで，連立 1 次方程式 $A\boldsymbol{x} = \boldsymbol{b}$ に対して，A と $\boldsymbol{b}$ を並べてできる行列 $\begin{pmatrix} A & \boldsymbol{b} \end{pmatrix}$ を考え，これを $A\boldsymbol{x} = \boldsymbol{b}$ の**拡大係数行列**と呼ぶ．A が (m, n) 型行列ならば，拡大係数行列は $(m, n+1)$ 型行列である．拡大係数行列であることを強調するときには，縦棒を入れて $(A \,|\, \boldsymbol{b})$ と書くこともある．

ガウスの消去法は拡大係数行列の変形として記述できる．たとえば，上の例の計算は次のように表される．

$$\left(\begin{array}{ccc|c} 1 & -1 & 3 & -3 \\ -2 & 4 & -2 & 8 \end{array}\right) \longrightarrow \left(\begin{array}{ccc|c} 1 & -1 & 3 & -3 \\ 0 & 2 & 4 & 2 \end{array}\right)$$
$$\longrightarrow \left(\begin{array}{ccc|c} 1 & -1 & 3 & -3 \\ 0 & 1 & 2 & 1 \end{array}\right) \longrightarrow \left(\begin{array}{ccc|c} 1 & 0 & 5 & -2 \\ 0 & 1 & 2 & 1 \end{array}\right)$$

3.1.2 行に関する基本変形

ガウスの消去法は次の三つの操作からなる．

- 一つの等式の両辺の定数倍を，別の等式に加える．
- 一つの等式の両辺に，0 でない定数を掛ける．
- 二つの等式を入れかえる．

これらの操作を行うと，拡大係数行列は行ごとに変化する．たとえば，連立 1 次方程式の第 1 式を 2 倍して第 2 式に加えれば，拡大係数行列の方では第 1 行の 2 倍が第 2 行に加わることになる．このように，ガウスの消去法は，拡大係数行列の行に対する操作として実現される．この操作を行に関する基本変形と呼ぶ．以下で正確に定義しよう．

定義 3.1 行列に対する次の三つの操作を，**行に関する基本変形**と呼ぶ．

- 一つの行に別の行の定数倍を加える．
- 一つの行に 0 でない定数を掛ける．
- 二つの行を入れ換える．

定義 3.1 の三つの操作は，ガウスの消去法の三つの操作にそれぞれ対応する．したがって，拡大係数行列に対して行に関する基本変形を繰り返し行えば，連立

1 次方程式を解くことができる.

例 3.2 例 1.3 の連立 1 次方程式

$$\begin{cases} x_1 + 3x_2 - x_3 = -4 \\ 3x_1 + 4x_2 + 2x_3 = 8 \\ 2x_1 - x_2 + 3x_3 = 14 \end{cases}$$

の拡大係数行列は次の通りである.

$$\left(\begin{array}{ccc|c} 1 & 3 & -1 & -4 \\ 3 & 4 & 2 & 8 \\ 2 & -1 & 3 & 14 \end{array}\right)$$

この行列を, 行に関する基本変形を使って変形する. 考え方はガウスの消去法における前進消去・後退代入と同様である. まず, 行を上から下に変形して, 左側の正方行列の左下半分を 0 にする.

$$\longrightarrow \left(\begin{array}{ccc|c} 1 & 3 & -1 & -4 \\ 0 & -5 & 5 & 20 \\ 0 & -7 & 5 & 22 \end{array}\right) \longrightarrow \left(\begin{array}{ccc|c} 1 & 3 & -1 & -4 \\ 0 & 1 & -1 & -4 \\ 0 & -7 & 5 & 22 \end{array}\right)$$

$$\longrightarrow \left(\begin{array}{ccc|c} 1 & 3 & -1 & -4 \\ 0 & 1 & -1 & -4 \\ 0 & 0 & -2 & -6 \end{array}\right)$$

ここまでが前進消去である. 次に下から上に行を変形していき, 左側の正方行列の右上半分を 0 にする.

$$\longrightarrow \left(\begin{array}{ccc|c} 1 & 3 & -1 & -4 \\ 0 & 1 & -1 & -4 \\ 0 & 0 & 1 & 3 \end{array}\right) \longrightarrow \left(\begin{array}{ccc|c} 1 & 3 & 0 & -1 \\ 0 & 1 & 0 & -1 \\ 0 & 0 & 1 & 3 \end{array}\right) \longrightarrow \left(\begin{array}{ccc|c} 1 & 0 & 0 & 2 \\ 0 & 1 & 0 & -1 \\ 0 & 0 & 1 & 3 \end{array}\right)$$

最後に得られた拡大係数行列を連立 1 次方程式に戻すと

$$\begin{cases} x_1 = 2 \\ x_2 = -1 \\ x_3 = 3 \end{cases}$$

となって, 解 $x_1 = 2, x_2 = -1, x_3 = 3$ が得られる.

この例のように, 拡大係数行列 $(A\,|\,\boldsymbol{b})$ の左側を単位行列に変形できれば, 得られた拡大係数行列 $(I\,|\,\boldsymbol{b}')$ の右側の列ベクトル $\boldsymbol{b}'$ が, もとの連立 1 次方程式 $A\boldsymbol{x} = \boldsymbol{b}$ の解を与える.

次に，解が任意定数を含む場合の計算例を挙げる．

例 3.3 例 1.8 の連立 1 次方程式

$$\begin{cases} x_1 + x_2 - 2x_3 + x_4 = 1 \\ -x_1 - x_2 + 3x_3 - 4x_4 = -2 \\ -x_1 - x_2 \qquad\quad + 5x_4 = 1 \end{cases}$$

を，拡大係数行列の変形を使って解こう．拡大係数行列は

$$\left(\begin{array}{cccc|c} 1 & 1 & -2 & 1 & 1 \\ -1 & -1 & 3 & -4 & -2 \\ -1 & -1 & 0 & 5 & 1 \end{array}\right)$$

である．行に関する基本変形を行って，左側 4 列の左下半分を 0 にする．

$$\longrightarrow \left(\begin{array}{cccc|c} 1 & 1 & -2 & 1 & 1 \\ 0 & 0 & 1 & -3 & -1 \\ 0 & 0 & -2 & 6 & 2 \end{array}\right) \longrightarrow \left(\begin{array}{cccc|c} \textcircled{1} & 1 & -2 & 1 & 1 \\ 0 & 0 & \textcircled{1} & -3 & -1 \\ 0 & 0 & 0 & 0 & 0 \end{array}\right)$$

ここまでが前進消去である．ここからは，各行の一番左にある 0 でない成分 (上でマルをつけた成分) に着目し，その上をすべて 0 にする．第 2 行を 2 倍して第 1 行に加えれば

$$\longrightarrow \left(\begin{array}{cccc|c} \textcircled{1} & 1 & 0 & -5 & -1 \\ 0 & 0 & \textcircled{1} & -3 & -1 \\ 0 & 0 & 0 & 0 & 0 \end{array}\right)$$

となる．これを連立 1 次方程式に戻すと

$$\begin{cases} x_1 + x_2 \qquad - 5x_4 = -1 \\ \qquad\qquad x_3 - 3x_4 = -1 \\ \qquad\qquad\qquad\quad 0 = 0 \end{cases}$$

である．それぞれの等式の左端にある未知数 x_1 と x_3 を，それ以外の未知数 x_2 と x_4 を使って表す．$x_2 = s, x_4 = t$ とおけば，解 $x_1 = -1 - s + 5t, x_2 = s, x_3 = -1 + 3t, x_4 = t$ (s, t は任意定数) が得られる．

3.2 階段行列と簡約階段行列

3.2.1 前進消去・後退代入の定式化

ガウスの消去法における前進消去と後退代入はどのような過程であるのかを，拡大係数行列を使ってきちんと述べよう．

例 3.3 の変形を考える．拡大係数行列の左側の部分，つまり，もとの方程式の係数を並べた行列に着目すると，前進消去では次のように変形したことになる．

$$\begin{pmatrix} 1 & 1 & -2 & 1 \\ -1 & -1 & 3 & 4 \\ -1 & -1 & 0 & 5 \end{pmatrix} \longrightarrow \begin{pmatrix} 1 & 1 & -2 & 1 \\ 0 & 0 & 1 & -3 \\ 0 & 0 & 0 & 0 \end{pmatrix}$$

ここで得られた行列は，図 3.1 の形になっている (空白の部分の成分はすべて 0 である)．すなわち，各行はあるところから左側がすべて 0 になっている (左側の部分がない場合も含む)．そして，残りの部分は下の行ほど長さが短くなる．この形の行列を階段行列と呼ぶ (正確な定義は次項で述べる)．

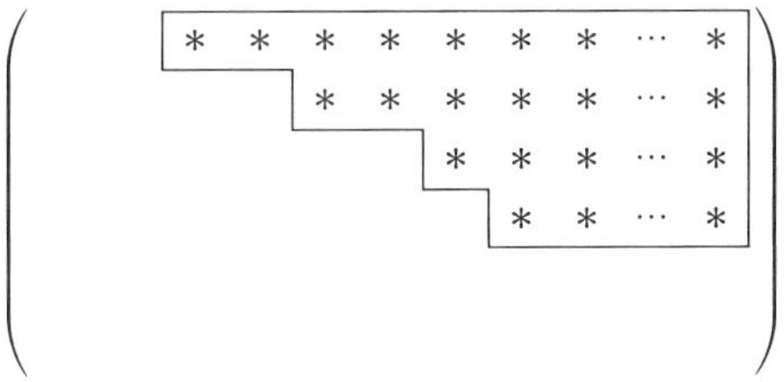

図 3.1　階段行列

続いて，後退代入では次のように変形した．

$$\begin{pmatrix} 1 & 1 & -2 & 1 \\ 0 & 0 & 1 & -3 \\ 0 & 0 & 0 & 0 \end{pmatrix} \longrightarrow \begin{pmatrix} \textcircled{1} & 1 & 0 & -5 \\ 0 & 0 & \textcircled{1} & -3 \\ 0 & 0 & 0 & 0 \end{pmatrix}$$

ここで得られた行列は階段行列であるが，さらに次の性質ももっている．すなわち，各行の 0 でない部分の先頭 (マルをつけたところ) は 1 で，その上にある成分はすべて 0 である (図 3.2)．この形の行列を簡約階段行列と呼ぶ[1]．

1] ここでは説明のために左端の成分にマルをつけたが，「簡約階段行列を書くときにはマルをつける」という規則があるわけではない．

$$\begin{pmatrix} ① & * & 0 & * & 0 & 0 & * & \cdots & * \\ & & ① & * & 0 & 0 & * & \cdots & * \\ & & & & ① & 0 & * & \cdots & * \\ & & & & & ① & * & \cdots & * \\ & & & & & & & & \end{pmatrix}$$

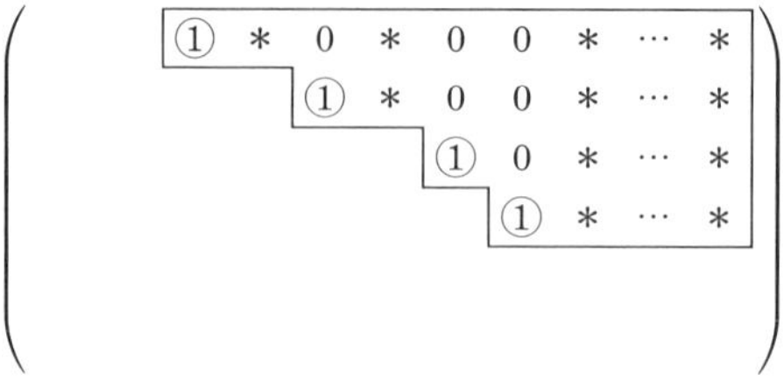

図 3.2 簡約階段行列

以上のように，ガウスの消去法における前進消去とは，拡大係数行列 $(A|\boldsymbol{b})$ の A の部分を，行に関する基本変形によって階段行列にする過程である．そして，そこからさらに簡約階段行列に変形する過程が後退代入である．

例 3.4 行列
$$A = \begin{pmatrix} -2 & 1 & 5 & -3 \\ 0 & 0 & 1 & 0 \\ 0 & 0 & -2 & 5 \end{pmatrix}, \quad B = \begin{pmatrix} 1 & 0 & 2 & -1 \\ 0 & 1 & 1 & 0 \\ 0 & 0 & 0 & 1 \end{pmatrix}, \quad C = \begin{pmatrix} 0 & 1 & 2 & 0 \\ 0 & 0 & 0 & 1 \\ 0 & 0 & 0 & 0 \end{pmatrix}$$

を考える．まず，A は階段行列ではない．なぜならば，0 でない成分から右側の部分の長さが，第 2 行と第 3 行で等しいからである (図 3.3)．次に，B は階段行列であるが，$(1,4)$ 成分が 0 でないので，簡約階段行列ではない．C は簡約階段行列である．

$$\begin{pmatrix} -2 & 1 & 5 & -3 \\ 0 & 0 & 1 & 0 \\ 0 & 0 & -2 & 5 \end{pmatrix}$$

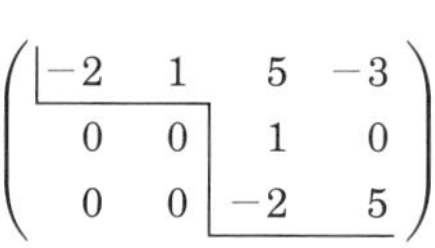

図 3.3

3.2.2 変形可能性の証明

どのような行列も，行に関する基本変形によって簡約階段行列に必ず変形できる．このことをきちんと証明しよう．まず，階段行列および簡約階段行列の正確な定義を述べる．

定義 3.5 (m,n) 型行列 $A=(a_{ij})$ が**階段行列**であるとは，次の条件を満たす m 以下の非負整数 r と，n 以下の正の整数 $k_1,k_2,\ldots,k_r$ (ただし $k_1<k_2<\cdots<k_r$) が存在するときにいう．

(1) $i \geqq r+1$ ならば $a_{ij}=0$ である．

(2) $1 \leqq i \leqq r$ のとき，$j=1,2,\ldots,k_i-1$ に対しては $a_{ij}=0$ であり，$a_{ik_i}\neq 0$ である．

さらに次の条件も満たすように r と $k_1,k_2,\ldots,k_r$ が取れるとき，A は**簡約階段行列**であるという．

(3) $i=1,2,\ldots,r$ に対して，第 k_i 列の 0 でない成分は a_{ik_i} のみで，この成分の値は 1 である．

定義 3.5 において，r は階段の段数を表し，$k_1,k_2,\ldots,k_r$ は階段の左端の位置を表している (図 3.4). 各 $i=1,2,\ldots,r$ について，a_{ik_i} は階段の左端の成分で，定義 3.5 の条件 (3) は，$a_{ik_i}=1$ かつ a_{ik_i} の上下の成分がすべて 0 であることを意味している．

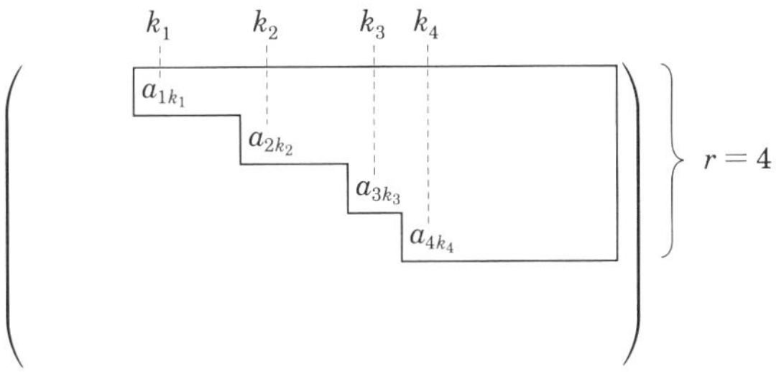

図 3.4　$r=4$ の場合

命題 3.6 すべての行列は行に関する基本変形によって階段行列にできる．さらに，そこから簡約階段行列に変形できる．

証明　A は (m,n) 型行列であるとする．A の第 1 列に 0 でない成分があるかどうかに応じて，次の操作を行う．

(i) A の第 1 列に 0 でない成分があれば，それを含む行を一つ選んで第 1 行

と入れ換える ((1,1) 成分が 0 でなければ何もしない). 次に第 1 行を定数倍して (1,1) 成分を 1 にする. このようにして得られた行列を $A' = (a'_{ij})$ とおく (このとき $a'_{11} = 1$ である). このとき, 各 $i = 2, 3, \ldots, m$ について, A' の第 1 行を $(-a'_{i1})$ 倍して第 i 行に加えれば, 第 1 列は (1,1) 成分を除いてすべて 0 になる.

(ii) A の第 1 列の成分がすべて 0 であれば, 0 でない成分を含む列であって最も左にあるものに対して (i) の操作を行う.

(i) もしくは (ii) の結果として, A は次の形に変形される.

$$\begin{pmatrix} 0 & \cdots & 0 & 1 & \bullet & \cdots & \bullet \\ 0 & \cdots & 0 & 0 & * & * & * \\ \vdots & \vdots & \vdots & \vdots & * & * & * \\ 0 & \cdots & 0 & 0 & * & * & * \end{pmatrix}$$

((i) の場合は左側の 0 が並んでいる部分はない.) 続いて, 右下の $*$ の部分に対して (i) もしくは (ii) の操作を行う. これを繰り返せば, A を階段行列に変形できる.

以上のように変形して得られた階段行列を $A'' = (a''_{ij})$ とおく. このとき, 次の二つの条件を満たす m 以下の非負整数 r と, 正の整数 $k_1, k_2, \ldots, k_r$ $(k_1 < k_2 < \cdots < k_r \leqq n)$ が定まっている.

- $i \geqq r + 1$ ならば $a''_{ij} = 0$ である.
- $1 \leqq i \leqq r$ のとき, $1 \leqq j < k_i$ ならば $a''_{ij} = 0$, かつ $a''_{ik_i} = 1$ である.

そこで, 各 $i = 1, 2, \ldots, r-1$ について, 第 r 行を $(-a''_{i\,k_r})$ 倍して第 i 行に加えれば, 第 k_r 列の成分を第 r 行以外はすべて 0 にできる. 続いて, 各 $i = 1, 2, \ldots, r-2$ について, 第 $(r-1)$ 行を $(-a''_{ik_{r-1}})$ 倍して第 i 行に加える. 以下同様に, 下から上へ第 k_{r-2} 列, $\ldots$, 第 k_3 列, 第 k_2 列の成分を消去していけば, 簡約階段行列が得られる. ■

3.3 基本行列

行に関する基本変形とは次の 3 種類の操作であった.

- 一つの行に別の行の定数倍を加える.

- 一つの行に 0 でない定数を掛ける.
- 二つの行を入れ換える.

これらの操作は，以下で定義する基本行列を左から掛けることで実現できる.

一つの成分が 1 で，ほかの成分はすべて 0 である行列を**行列単位**と呼ぶ[2]. 以下では，(p,q) 成分のみが 1 である行列単位を E_{pq} と表す.

定義 3.7 次で定義される 3 種類の正方行列 $S_{ij}(\lambda), D_i(\mu), P_{ij}$ を**基本行列**と呼ぶ.

(1) i,j を異なる正の整数，λ を定数とするとき

$$S_{ij}(\lambda) = I + \lambda E_{ij}.$$

ただし I は単位行列である．これは対角成分が 1, (i,j) 成分が λ, ほかの成分が 0 の行列である.

(2) i を正の整数，μ を 0 でない定数とするとき

$$D_i(\mu) = I + (\mu - 1)E_{ii}.$$

これは (i,i) 成分が μ で，ほかの対角成分は 1 の対角行列である.

(3) i,j を異なる正の整数とするとき

$$P_{ij} = I - (E_{ii} + E_{jj}) + (E_{ij} + E_{ji}).$$

この行列は，(i,i) 成分と (j,j) 成分は 0 で，ほかの対角成分は 1 であり，さらに (i,j) 成分と (j,i) 成分も 1 である行列である．それ以外の成分はすべて 0 である.

以下，(m,m) 型の基本行列を m 次の基本行列と呼ぶ.

例 3.8 5 次の基本行列 $S_{42}(\lambda), D_4(\mu), P_{14}$ はそれぞれ以下の通りである.

$$\begin{pmatrix} 1 & 0 & 0 & 0 & 0 \\ 0 & 1 & 0 & 0 & 0 \\ 0 & 0 & 1 & 0 & 0 \\ 0 & \lambda & 0 & 1 & 0 \\ 0 & 0 & 0 & 0 & 1 \end{pmatrix}, \quad \begin{pmatrix} 1 & 0 & 0 & 0 & 0 \\ 0 & 1 & 0 & 0 & 0 \\ 0 & 0 & 1 & 0 & 0 \\ 0 & 0 & 0 & \mu & 0 \\ 0 & 0 & 0 & 0 & 1 \end{pmatrix}, \quad \begin{pmatrix} 0 & 0 & 0 & 1 & 0 \\ 0 & 1 & 0 & 0 & 0 \\ 0 & 0 & 1 & 0 & 0 \\ 1 & 0 & 0 & 0 & 0 \\ 0 & 0 & 0 & 0 & 1 \end{pmatrix}.$$

基本行列は次の性質をもつ.

2] 「単位行列」と混同しやすいので注意すること.

命題 3.9 m, n を正の整数とする．$S_{ij}(\lambda), D_i(\mu), P_{ij}$ を定義 3.7 で定めた m 次の基本行列とする．A が (m, n) 型の行列であるとき，次のことが成り立つ．

(1) $S_{ij}(\lambda)A$ は，A の第 i 行に，第 j 行の λ 倍を加えてできる行列である．

(2) $D_i(\mu)A$ は，A の第 i 行を μ 倍して得られる行列である．

(3) $P_{ij}A$ は，A の第 i 行と第 j 行を入れ換えた行列である．

証明 実際に計算すれば容易に確認できる (問 3.3.1 を参照せよ). ■

命題 3.9 より，行に関する基本変形は，基本行列 $S_{ij}(\lambda), D_i(\mu), P_{ij}$ のいずれかを左から掛ければ実現できる．いま，行列 A を行に関する基本変形で階段行列に変形したとしよう．このとき，各段階の変形に対応する基本行列を順に $Q_1, Q_2, \ldots, Q_r$ とおくと

$$A \to Q_1 A \to Q_2 Q_1 A \to \cdots \to Q_r \cdots Q_2 Q_1 A$$

と計算し，最後に得られた行列 $Q_r \cdots Q_2 Q_1 A$ が階段行列になったことになる．命題 3.6 より，どんな行列でも行に関する基本変形で階段行列に変形できるから，次のことが言える．

系 3.10 A が (m, n) 型行列であるとき，m 次の基本行列 $S_{ij}(\lambda), D_i(\mu), P_{ij}$ の積として表される m 次の正方行列 Q であって，QA が階段行列となるものが存在する．

例 3.11 行列 $A = \begin{pmatrix} 1 & -2 & 2 & 5 \\ -1 & 2 & 0 & 1 \\ 1 & -2 & 4 & 11 \end{pmatrix}$ は，次の手順で階段行列に変形できる．

(1) 第 1 行を第 2 行に加える．

(2) 第 1 行を (-1) 倍して第 3 行に加える．

(3) 第 2 行を (-1) 倍して第 3 行に加える．

これらの操作はそれぞれ $S_{21}(1), S_{31}(-1), S_{32}(-1)$ を左から掛けることに対応する．実際に計算すると

$$S_{21}(1)A=\begin{pmatrix}1&0&0\\1&1&0\\0&0&1\end{pmatrix}\begin{pmatrix}1&-2&2&5\\-1&2&0&1\\1&-2&4&11\end{pmatrix}=\begin{pmatrix}1&-2&2&5\\0&0&2&6\\1&-2&4&11\end{pmatrix},$$

$$S_{31}(-1)(S_{21}(1)A)=\begin{pmatrix}1&0&0\\0&1&0\\-1&0&1\end{pmatrix}\begin{pmatrix}1&-2&2&5\\0&0&2&6\\1&-2&4&11\end{pmatrix}=\begin{pmatrix}1&-2&2&5\\0&0&2&6\\0&0&2&6\end{pmatrix},$$

$$S_{32}(-1)(S_{31}(-1)S_{21}(1)A)$$

$$=\begin{pmatrix}1&0&0\\0&1&0\\0&-1&1\end{pmatrix}\begin{pmatrix}1&-2&2&5\\0&0&2&6\\0&0&2&6\end{pmatrix}=\begin{pmatrix}1&-2&2&5\\0&0&2&6\\0&0&0&0\end{pmatrix}$$

となって，最後に階段行列 $\begin{pmatrix}1&-2&2&5\\0&0&2&6\\0&0&0&0\end{pmatrix}$ が得られる．したがって $Q=S_{32}(-1)S_{31}(-1)S_{21}(1)$ と取れば，QA は階段行列である．

演習問題

問 3.1.1 次の連立 1 次方程式を，拡大係数行列の変形を使って解け．

(1) $\begin{cases} x_1-2x_2-x_3=1\\ -3x_1+x_2-x_3=2\\ 2x_1-3x_2+2x_3=1\end{cases}$ (2) $\begin{cases} 2x_1-x_2-4x_3=6\\ 3x_1-x_2-5x_3=8\\ x_1-x_3=-1\end{cases}$

(3) $\begin{cases} x_1+2x_2+2x_3=-4\\ x_1+2x_2+3x_3+2x_4=-7\\ x_1+2x_2+x_3-2x_4=-1\end{cases}$ (4) $\begin{cases} x_1-2x_2+4x_3=0\\ -2x_1+5x_2-4x_3=0\\ 2x_1-6x_2+x_3=0\end{cases}$

(5) $\begin{cases} x_1-x_2+x_3=0\\ 2x_1+3x_2+2x_3=0\\ 2x_1-x_2+2x_3=0\end{cases}$

問 3.2.1 行に関する基本変形を用いて次の行列を簡約階段行列に変形せよ．

(1) $\begin{pmatrix}1&3&-2\\2&1&0\\-2&4&5\end{pmatrix}$ (2) $\begin{pmatrix}1&3&-2&1\\2&1&-2&7\\1&8&-4&-4\end{pmatrix}$ (3) $\begin{pmatrix}1&2&1&2\\-2&-4&2&-1\\3&6&0&2\\1&2&2&2\end{pmatrix}$

問 3.3.1 $(3, 2)$ 型の行列 $A = (a_{ij})$ に対して，$S_{31}(\lambda)A, D_2(\mu)A$ および $P_{23}A$ を計算し，命題 3.9 の内容を確認せよ．

問 3.3.2 次の行列 A に対し，QA が階段行列となるような 3 次の正方行列 Q を一つ求め，そのときの QA を求めよ．

$$A = \begin{pmatrix} 1 & 2 & 0 & -1 \\ -1 & 2 & 3 & 2 \\ 2 & 0 & -1 & -5 \end{pmatrix}$$

第4章から第6章までの概要

ここでは方程式の個数と未知数の個数が等しい場合に連立1次方程式 $A\boldsymbol{x} = \boldsymbol{b}$ の解の公式 (クラメールの公式) を導出する．

解の公式の形を，方程式と未知数が2個の場合に見てみよう．2次の正方行列 $A = (a_{ij})$ が定める連立1次方程式

$$\begin{cases} a_{11}x_1 + a_{12}x_2 = b_1 \\ a_{21}x_1 + a_{22}x_2 = b_2 \end{cases}$$

を考える．分母が0になる場合は除外して計算すれば，解は

$$x_1 = \frac{b_1a_{22} - b_2a_{12}}{a_{11}a_{22} - a_{21}a_{12}}, \quad x_2 = \frac{a_{11}b_2 - a_{21}b_1}{a_{11}a_{22} - a_{21}a_{12}}$$

となる．分母の値はともに $a_{11}a_{22} - a_{21}a_{12}$ であり，これは係数を並べた行列 A にのみ依存する．そこで，この値を記号 $\begin{vmatrix} a_{11} & a_{12} \\ a_{21} & a_{22} \end{vmatrix}$ で表すことにする．つまり

$$\begin{vmatrix} a_{11} & a_{12} \\ a_{21} & a_{22} \end{vmatrix} = a_{11}a_{22} - a_{21}a_{12}$$

である．この記号を使うと，解 x_1, x_2 の分子もそれぞれ

$$b_1a_{22} - b_2a_{12} = \begin{vmatrix} b_1 & a_{12} \\ b_2 & a_{22} \end{vmatrix}, \quad a_{11}b_2 - a_{21}b_1 = \begin{vmatrix} a_{11} & b_1 \\ a_{21} & b_2 \end{vmatrix}$$

と表される．したがって解の公式は

$$x_1 = \frac{\begin{vmatrix} b_1 & a_{12} \\ b_2 & a_{22} \end{vmatrix}}{\begin{vmatrix} a_{11} & a_{12} \\ a_{21} & a_{22} \end{vmatrix}}, \quad x_2 = \frac{\begin{vmatrix} a_{11} & b_1 \\ a_{21} & b_2 \end{vmatrix}}{\begin{vmatrix} a_{11} & a_{12} \\ a_{21} & a_{22} \end{vmatrix}}$$

となる．2 次の正方行列 $A = (a_{ij})$ に対して定まる値 $\begin{vmatrix} a_{11} & a_{12} \\ a_{21} & a_{22} \end{vmatrix}$ を A の行列式と呼ぶ．以上の議論から，2 次の正方行列 A が定める連立 1 次方程式 $A\boldsymbol{x} = \boldsymbol{b}$ の解は，行列式の比で表されることが分かった．

第 4 章から第 6 章では，一般の型の正方行列に対して行列式を定義し，その性質と計算法を述べる．そして，連立 1 次方程式 $A\boldsymbol{x} = \boldsymbol{b}$ の解を行列式を使って表す公式を導出する．

第 4 章では行列式の定義を述べる．行列式の定義は複雑で，定義式を見るだけでは，なぜそのように定義するのかが分かりにくい．そこで，第 4 章の前半では，方程式と未知数の個数が等しい連立 1 次方程式の特別な解法 (グラスマン変数を利用した解法) について解説し，その過程で行列式が自然に現れることを見る．

第 5 章では行列式のさまざまな性質を証明し，これを使って行列式を計算する方法を述べる．一般に，n 次の正方行列の行列式は $n!$ 個の項の和である[1]．n が大きくなると，項の個数は非常に大きくなり (たとえば 5 次の正方行列なら $5! = 120$ 個), 行列式を定義通りに求めることは容易でなくなる．そこで行列式の性質を上手く使って計算することが必要となる．

第 6 章では，正方行列の逆行列を定義する．正方行列 A に対する逆行列 A^{-1} は，$AA^{-1} = I, A^{-1}A = I$ を満たす行列として定義される (I は単位行列). 正方行列 A が逆行列をもてば，連立 1 次方程式 $A\boldsymbol{x} = \boldsymbol{b}$ の解は $\boldsymbol{x} = A^{-1}\boldsymbol{b}$ と求まる．しかし，すべての正方行列が逆行列をもつわけではない．逆行列をもつかどうかは，行列式の値によって決まる．さらに，正方行列 A の逆行列 A^{-1} が存在するとき，A^{-1} の成分は以下の 2 種類の行列式を使って表すことができる．一つは A そのものの行列式であり，もう一つは，A から一つの行と列を消去した行列の行列式である．このことは，第 6 章で証明する行列式の余因子展開から導かれる．逆行列 A^{-1} の成分が行列式で表されることから，連立 1 次方程式 $A\boldsymbol{x} = \boldsymbol{b}$ の解 $\boldsymbol{x} = A^{-1}\boldsymbol{b}$ を行列式で表す公式が得られる．

1] $n! = n \times (n-1) \times \cdots \times 2 \times 1$ (n の階乗).

第4章

グラスマン変数と行列式

4.1 グラスマン変数を使った連立1次方程式の解法

この節で述べる内容は，行列式を定義するための動機付けであり，本書の他の部分からは独立している．先を急ぐ読者は 4.2 節に進んでも問題ない．

4.1.1 グラスマン変数の計算法

グラスマン変数の正確な定義を述べるためには，代数学の進んだ知識が必要となるので，以下ではグラスマン変数の計算法だけを簡単に説明する．

グラスマン変数とは，積の順序を入れ換えると (-1) 倍になる変数のことである．この項と次項ではグラスマン変数が 2 個の場合を考える．以下，グラスマン変数を $\boldsymbol{\xi}_1, \boldsymbol{\xi}_2$ で表す．これらの積は行列のように非可換で

$$\boldsymbol{\xi}_i\boldsymbol{\xi}_j = -\boldsymbol{\xi}_j\boldsymbol{\xi}_i \qquad (i, j = 1, 2)$$

という性質をもつとしよう．この性質を反可換性という．特に $i = j$ とすれば $\boldsymbol{\xi}_i^2 = -\boldsymbol{\xi}_i^2$ となるので，$\boldsymbol{\xi}_i^2 = 0\,(i = 1, 2)$ である．よって次の関係式が成り立つ．

$$\boldsymbol{\xi}_1^2 = 0, \quad \boldsymbol{\xi}_2^2 = 0, \quad \boldsymbol{\xi}_2\boldsymbol{\xi}_1 = -\boldsymbol{\xi}_1\boldsymbol{\xi}_2$$

反可換性をもつ変数を**グラスマン変数**と呼ぶ．グラスマン変数を含む計算は，変数が反可換であること以外は普通の多項式と同様に行う．

例 4.1 $\boldsymbol{\xi}_1$ と $\boldsymbol{\xi}_2$ がグラスマン変数であるとき

$$(2 + 3\boldsymbol{\xi}_1 - 4\boldsymbol{\xi}_2)(\boldsymbol{\xi}_1 + 5\boldsymbol{\xi}_2) = 2(\boldsymbol{\xi}_1 + 5\boldsymbol{\xi}_2) + 3\boldsymbol{\xi}_1(\boldsymbol{\xi}_1 + 5\boldsymbol{\xi}_2) - 4\boldsymbol{\xi}_2(\boldsymbol{\xi}_1 + 5\boldsymbol{\xi}_2)$$

$$
\begin{aligned}
&= 2\boldsymbol{\xi}_1 + 10\boldsymbol{\xi}_2 + 3\boldsymbol{\xi}_1^2 + 15\boldsymbol{\xi}_1\boldsymbol{\xi}_2 - 4\boldsymbol{\xi}_2\boldsymbol{\xi}_1 - 20\boldsymbol{\xi}_2^2 \\
&= 2\boldsymbol{\xi}_1 + 10\boldsymbol{\xi}_2 + 3\cdot 0 + 15\boldsymbol{\xi}_1\boldsymbol{\xi}_2 - 4(-\boldsymbol{\xi}_1\boldsymbol{\xi}_2) - 20\cdot 0 \\
&= 2\boldsymbol{\xi}_1 + 10\boldsymbol{\xi}_2 + 19\boldsymbol{\xi}_1\boldsymbol{\xi}_2.
\end{aligned}
$$

例 4.2　$\boldsymbol{\xi}_1$ と $\boldsymbol{\xi}_2$ がグラスマン変数であるとき，1 次式 $\boldsymbol{\alpha} = 2\boldsymbol{\xi}_1 + 3\boldsymbol{\xi}_2$ の 2 乗は

$$
\begin{aligned}
\boldsymbol{\alpha}^2 &= (2\boldsymbol{\xi}_1 + 3\boldsymbol{\xi}_2)(2\boldsymbol{\xi}_1 + 3\boldsymbol{\xi}_2) = 2\boldsymbol{\xi}_1(2\boldsymbol{\xi}_1 + 3\boldsymbol{\xi}_2) + 3\boldsymbol{\xi}_2(2\boldsymbol{\xi}_1 + 3\boldsymbol{\xi}_2) \\
&= 4\boldsymbol{\xi}_1^2 + 6\boldsymbol{\xi}_1\boldsymbol{\xi}_2 + 6\boldsymbol{\xi}_2\boldsymbol{\xi}_1 + 9\boldsymbol{\xi}_2^2 = 4\cdot 0 + 6\boldsymbol{\xi}_1\boldsymbol{\xi}_2 + 6(-\boldsymbol{\xi}_1\boldsymbol{\xi}_2) + 9\cdot 0 = 0
\end{aligned}
$$

より，$\boldsymbol{\alpha}^2 = 0$ となる．同様の計算により，定数 a, b をどのようにとっても 1 次式 $a\boldsymbol{\xi}_1 + b\boldsymbol{\xi}_2$ の 2 乗は 0 であることがわかる．この結果はグラスマン変数を使って連立 1 次方程式を解くときに使う．

4.1.2　未知数が 2 個の場合

未知数と方程式の個数が等しい連立 1 次方程式は，グラスマン変数を使って解ける．ここでは未知数と方程式が 2 個の場合を考える．

例 4.3　$\begin{cases} 2x_1 + 3x_2 = 5 \\ 3x_1 + 5x_2 = 7 \end{cases}$

$\boldsymbol{\xi}_1, \boldsymbol{\xi}_2$ をグラスマン変数とする．第 1 式の両辺に $\boldsymbol{\xi}_1$ を掛け，第 2 式の両辺に $\boldsymbol{\xi}_2$ を掛けて辺々を加える．

$$
(2x_1 + 3x_2)\boldsymbol{\xi}_1 + (3x_1 + 5x_2)\boldsymbol{\xi}_2 = 5\boldsymbol{\xi}_1 + 7\boldsymbol{\xi}_2
$$

左辺を未知数 x_1, x_2 ごとにまとめて次の形に書き直す．

$$
x_1(2\boldsymbol{\xi}_1 + 3\boldsymbol{\xi}_2) + x_2(3\boldsymbol{\xi}_1 + 5\boldsymbol{\xi}_2) = 5\boldsymbol{\xi}_1 + 7\boldsymbol{\xi}_2
$$

ここで $\boldsymbol{\alpha}_1 = 2\boldsymbol{\xi}_1 + 3\boldsymbol{\xi}_2$, $\boldsymbol{\alpha}_2 = 3\boldsymbol{\xi}_1 + 5\boldsymbol{\xi}_2$, $\boldsymbol{\beta} = 5\boldsymbol{\xi}_1 + 7\boldsymbol{\xi}_2$ とおけば，上の等式は

$$
x_1\boldsymbol{\alpha}_1 + x_2\boldsymbol{\alpha}_2 = \boldsymbol{\beta} \tag{4.1}
$$

と表される．この両辺に右から $\boldsymbol{\alpha}_2$ を掛ける (グラスマン変数は可換でないから，掛ける順序を指定せねばならない)．例 4.2 で述べたように，1 次式の 2 乗 $\boldsymbol{\alpha}_2^2$ は 0 となるので，未知数 x_2 が消えて

$$x_1\boldsymbol{\alpha}_1\boldsymbol{\alpha}_2 = \boldsymbol{\beta}\boldsymbol{\alpha}_2$$

を得る．$\boldsymbol{\alpha}_1\boldsymbol{\alpha}_2$ と $\boldsymbol{\beta}\boldsymbol{\alpha}_2$ を計算すると

$$\boldsymbol{\alpha}_1\boldsymbol{\alpha}_2 = \boldsymbol{\xi}_1\boldsymbol{\xi}_2, \quad \boldsymbol{\beta}\boldsymbol{\alpha}_2 = 4\boldsymbol{\xi}_1\boldsymbol{\xi}_2$$

となることがわかる[1]．よって $x_1\boldsymbol{\xi}_1\boldsymbol{\xi}_2 = 4\boldsymbol{\xi}_1\boldsymbol{\xi}_2$ であるから，$x_1 = 4$ である．

同様に，(4.1) の両辺に $\boldsymbol{\alpha}_1$ を左から掛ければ

$$x_2\boldsymbol{\alpha}_1\boldsymbol{\alpha}_2 = \boldsymbol{\alpha}_1\boldsymbol{\beta}$$

となって未知数 x_1 が消える．上で述べたように $\boldsymbol{\alpha}_1\boldsymbol{\alpha}_2 = \boldsymbol{\xi}_1\boldsymbol{\xi}_2$ である．さらに，計算によって $\boldsymbol{\alpha}_1\boldsymbol{\beta} = -\boldsymbol{\xi}_1\boldsymbol{\xi}_2$ となることがわかるので，$x_2\boldsymbol{\xi}_1\boldsymbol{\xi}_2 = -\boldsymbol{\xi}_1\boldsymbol{\xi}_2$ である．したがって $x_2 = -1$ を得る．以上より解は $x_1 = 4, x_2 = -1$ である．

以上の計算を一般の場合に行って，解の公式を導出しよう．連立 1 次方程式

$$\begin{cases} a_{11}x_1 + a_{12}x_2 = b_1 \\ a_{21}x_1 + a_{22}x_2 = b_2 \end{cases}$$

の第 1 式，第 2 式の両辺にそれぞれ $\boldsymbol{\xi}_1, \boldsymbol{\xi}_2$ を掛けて辺々を加える．未知数 x_1, x_2 ごとにまとめると (4.1) の形になる．ただし，ここでは

$$\boldsymbol{\alpha}_1 = a_{11}\boldsymbol{\xi}_1 + a_{21}\boldsymbol{\xi}_2, \quad \boldsymbol{\alpha}_2 = a_{12}\boldsymbol{\xi}_1 + a_{22}\boldsymbol{\xi}_2, \quad \boldsymbol{\beta} = b_1\boldsymbol{\xi}_1 + b_2\boldsymbol{\xi}_2$$

である．例 4.3 とまったく同じ計算により

$$x_1\boldsymbol{\alpha}_1\boldsymbol{\alpha}_2 = \boldsymbol{\beta}\boldsymbol{\alpha}_2, \quad x_2\boldsymbol{\alpha}_1\boldsymbol{\alpha}_2 = \boldsymbol{\alpha}_1\boldsymbol{\beta} \tag{4.2}$$

が得られるから，$\boldsymbol{\alpha}_1\boldsymbol{\alpha}_2, \boldsymbol{\beta}\boldsymbol{\alpha}_2, \boldsymbol{\alpha}_1\boldsymbol{\beta}$ を計算すればよい．

$\boldsymbol{\alpha}_1\boldsymbol{\alpha}_2$ を計算しよう．これを求めるには，$\boldsymbol{\alpha}_1$ と $\boldsymbol{\alpha}_2$ から一つずつ項を取り出して掛けたものを，すべて加えればよい．すなわち

$$\begin{aligned}\boldsymbol{\alpha}_1\boldsymbol{\alpha}_2 &= (a_{11}\boldsymbol{\xi}_1 + a_{21}\boldsymbol{\xi}_2)(a_{12}\boldsymbol{\xi}_1 + a_{22}\boldsymbol{\xi}_2) \\ &= (a_{11}\boldsymbol{\xi}_1)(a_{12}\boldsymbol{\xi}_1) + (a_{11}\boldsymbol{\xi}_1)(a_{22}\boldsymbol{\xi}_2) + (a_{21}\boldsymbol{\xi}_2)(a_{12}\boldsymbol{\xi}_1) + (a_{21}\boldsymbol{\xi}_2)(a_{22}\boldsymbol{\xi}_2)\end{aligned}$$

である．右辺の四つの項のうち，最初の項と最後の項は，$\boldsymbol{\xi}_1^2 = 0, \boldsymbol{\xi}_2^2 = 0$ より 0 となる．よって，$(a_{11}\boldsymbol{\xi}_1)(a_{22}\boldsymbol{\xi}_2)$ と $(a_{21}\boldsymbol{\xi}_2)(a_{12}\boldsymbol{\xi}_1)$ のみが残る．これらは

1] 自分で計算して確認してほしい．

$$(a_{11}\boldsymbol{\xi}_1)(a_{22}\boldsymbol{\xi}_2) = a_{11}a_{22}\boldsymbol{\xi}_1\boldsymbol{\xi}_2, \quad (a_{21}\boldsymbol{\xi}_2)(a_{12}\boldsymbol{\xi}_1) = a_{21}a_{12}\boldsymbol{\xi}_2\boldsymbol{\xi}_1 = -a_{21}a_{12}\boldsymbol{\xi}_1\boldsymbol{\xi}_2$$

と書き直されるので

$$\boldsymbol{\alpha}_1\boldsymbol{\alpha}_2 = (a_{11}a_{22} - a_{21}a_{12})\boldsymbol{\xi}_1\boldsymbol{\xi}_2 \tag{4.3}$$

と求まる．右辺の係数 $a_{11}a_{22} - a_{21}a_{12}$ を，2 次の正方行列 $A = (a_{ij})$ の行列式と呼び，$\det A$ もしくは $\begin{vmatrix} a_{11} & a_{12} \\ a_{21} & a_{22} \end{vmatrix}$ で表す．この記号を使うと，等式 (4.3) は

$$\boldsymbol{\alpha}_1\boldsymbol{\alpha}_2 = \begin{vmatrix} a_{11} & a_{12} \\ a_{21} & a_{22} \end{vmatrix} \boldsymbol{\xi}_1\boldsymbol{\xi}_2$$

と表される．

等式 (4.3) において $\boldsymbol{\alpha}_1, \boldsymbol{\alpha}_2$ を $\boldsymbol{\beta}$ に置き換えれば

$$\boldsymbol{\beta}\boldsymbol{\alpha}_2 = (b_1a_{22} - b_2a_{12})\boldsymbol{\xi}_1\boldsymbol{\xi}_2, \quad \boldsymbol{\alpha_1}\boldsymbol{\beta} = (a_{11}b_2 - a_{21}b_1)\boldsymbol{\xi}_1\boldsymbol{\xi}_2$$

であることがわかる．行列式の記号を使って書くと

$$\boldsymbol{\beta}\boldsymbol{\alpha}_2 = \begin{vmatrix} b_1 & a_{12} \\ b_2 & a_{22} \end{vmatrix} \boldsymbol{\xi}_1\boldsymbol{\xi}_2, \quad \boldsymbol{\alpha_1}\boldsymbol{\beta} = \begin{vmatrix} a_{11} & b_1 \\ a_{12} & b_2 \end{vmatrix} \boldsymbol{\xi}_1\boldsymbol{\xi}_2$$

である．以上の結果を (4.2) に代入すれば，$\begin{vmatrix} a_{11} & a_{12} \\ a_{21} & a_{22} \end{vmatrix} \neq 0$ という条件の下に解が

$$x_1 = \frac{\begin{vmatrix} b_1 & a_{12} \\ b_2 & a_{22} \end{vmatrix}}{\begin{vmatrix} a_{11} & a_{12} \\ a_{21} & a_{22} \end{vmatrix}}, \quad x_2 = \frac{\begin{vmatrix} a_{11} & b_1 \\ a_{21} & b_2 \end{vmatrix}}{\begin{vmatrix} a_{11} & a_{12} \\ a_{21} & a_{22} \end{vmatrix}}$$

と求まる．

4.1.3 グラスマン変数の 1 次式がもつ反可換性

未知数の個数が一般の場合には，それと同じだけのグラスマン変数が必要となる．n 個のグラスマン変数 $\boldsymbol{\xi}_1, \boldsymbol{\xi}_2, \ldots, \boldsymbol{\xi}_n$ を考える．どの i, j についても $\boldsymbol{\xi}_i\boldsymbol{\xi}_j = -\boldsymbol{\xi}_j\boldsymbol{\xi}_i$ である．特に $i = j$ の場合には $\boldsymbol{\xi}_i^2 = -\boldsymbol{\xi}_i^2$ より $\boldsymbol{\xi}_i^2 = 0$ である．

未知数と方程式が 3 個以上の連立 1 次方程式を，グラスマン変数を使って解くときには，例 4.2 を一般化した次の命題を使う．証明は付録の D 節で述べる．

命題 4.4 グラスマン変数の 1 次式は反可換である．つまり，$\boldsymbol{\xi}_1, \ldots, \boldsymbol{\xi}_n$ がグラスマン変数で，$\boldsymbol{\alpha}, \boldsymbol{\beta}$ が定数 $a_1, \ldots, a_n, b_1, \ldots, b_n$ を使って

$$\boldsymbol{\alpha} = a_1\boldsymbol{\xi}_1 + \cdots + a_n\boldsymbol{\xi}_n, \quad \boldsymbol{\beta} = b_1\boldsymbol{\xi}_1 + \cdots + b_n\boldsymbol{\xi}_n$$

と表されるとき，$\boldsymbol{\alpha}\boldsymbol{\beta} = -\boldsymbol{\beta}\boldsymbol{\alpha}$ が成り立つ．特に，$\boldsymbol{\alpha}$ がグラスマン変数の 1 次式ならば，$\boldsymbol{\alpha}^2 = 0$ である[2]．

4.1.4 未知数が 3 個の場合

命題 4.4 を使って，未知数が 3 個の場合に連立 1 次方程式を解こう．

$$\begin{cases} a_{11}x_1 + a_{12}x_2 + a_{13}x_3 = b_1 \\ a_{21}x_1 + a_{22}x_2 + a_{23}x_3 = b_2 \\ a_{31}x_1 + a_{32}x_2 + a_{33}x_3 = b_3 \end{cases}$$

方程式の両辺に，上から順にグラスマン変数 $\boldsymbol{\xi}_1, \boldsymbol{\xi}_2, \boldsymbol{\xi}_3$ を掛けて，辺々を加えると

$$(a_{11}x_1 + a_{12}x_2 + a_{13}x_3)\boldsymbol{\xi}_1 + (a_{21}x_1 + a_{22}x_2 + a_{23}x_3)\boldsymbol{\xi}_2 \\ + (a_{31}x_1 + a_{32}x_2 + a_{33}x_3)\boldsymbol{\xi}_3 = b_1\boldsymbol{\xi}_1 + b_2\boldsymbol{\xi}_2 + b_3\boldsymbol{\xi}_3$$

となる．左辺を未知数 x_1, x_2, x_3 ごとにまとめると

$$x_1\boldsymbol{\alpha}_1 + x_2\boldsymbol{\alpha}_2 + x_3\boldsymbol{\alpha}_3 = \boldsymbol{\beta} \tag{4.4}$$

の形に書き直される．ここで

$$\boldsymbol{\alpha}_1 = a_{11}\boldsymbol{\xi}_1 + a_{21}\boldsymbol{\xi}_2 + a_{31}\boldsymbol{\xi}_3, \quad \boldsymbol{\alpha}_2 = a_{12}\boldsymbol{\xi}_1 + a_{22}\boldsymbol{\xi}_2 + a_{32}\boldsymbol{\xi}_3, \\ \boldsymbol{\alpha}_3 = a_{13}\boldsymbol{\xi}_1 + a_{23}\boldsymbol{\xi}_2 + a_{33}\boldsymbol{\xi}_3, \quad \boldsymbol{\beta} = b_1\boldsymbol{\xi}_1 + b_2\boldsymbol{\xi}_2 + b_3\boldsymbol{\xi}_3$$

である．

命題 4.4 を使って，(4.4) から未知数を消去していこう．まず，両辺に $\boldsymbol{\alpha}_2$ を右から掛ける．命題 4.4 より $\boldsymbol{\alpha}_2^2 = 0$, $\boldsymbol{\alpha}_3\boldsymbol{\alpha}_2 = -\boldsymbol{\alpha}_2\boldsymbol{\alpha}_3$ であるので

$$x_1\boldsymbol{\alpha}_1\boldsymbol{\alpha}_2 - x_3\boldsymbol{\alpha}_2\boldsymbol{\alpha}_3 = \boldsymbol{\beta}\boldsymbol{\alpha}_2$$

を得る．続いて両辺に $\boldsymbol{\alpha}_3$ を右から掛けると，$\boldsymbol{\alpha}_3^2 = 0$ より

$$x_1\boldsymbol{\alpha}_1\boldsymbol{\alpha}_2\boldsymbol{\alpha}_3 = \boldsymbol{\beta}\boldsymbol{\alpha}_2\boldsymbol{\alpha}_3$$

2] $\boldsymbol{\beta} = \boldsymbol{\alpha}$ とすれば，$\boldsymbol{\alpha}\boldsymbol{\beta} = \boldsymbol{\alpha}^2$, $-\boldsymbol{\beta}\boldsymbol{\alpha} = -\boldsymbol{\alpha}^2$ より $\boldsymbol{\alpha}^2 = -\boldsymbol{\alpha}^2$．よって $\boldsymbol{\alpha}^2 = 0$ である．

となって，x_1 以外の未知数が消去できた．次に，(4.4) の両辺に左から $\boldsymbol{\alpha}_1$ を，右から $\boldsymbol{\alpha}_3$ を掛ければ，$\boldsymbol{\alpha}_1^2 = 0, \boldsymbol{\alpha}_3^2 = 0$ より

$$x_2\boldsymbol{\alpha}_1\boldsymbol{\alpha}_2\boldsymbol{\alpha}_3 = \boldsymbol{\alpha}_1\boldsymbol{\beta}\boldsymbol{\alpha}_3$$

を得る．最後に，(4.4) の両辺に左から $\boldsymbol{\alpha}_2, \boldsymbol{\alpha}_1$ を順に掛けると

$$x_3\boldsymbol{\alpha}_1\boldsymbol{\alpha}_2\boldsymbol{\alpha}_3 = \boldsymbol{\alpha}_1\boldsymbol{\alpha}_2\boldsymbol{\beta}$$

となる．以上より，未知数を消去した方程式

$$x_1\boldsymbol{\alpha}_1\boldsymbol{\alpha}_2\boldsymbol{\alpha}_3 = \boldsymbol{\beta}\boldsymbol{\alpha}_2\boldsymbol{\alpha}_3, \quad x_2\boldsymbol{\alpha}_1\boldsymbol{\alpha}_2\boldsymbol{\alpha}_3 = \boldsymbol{\alpha}_1\boldsymbol{\beta}\boldsymbol{\alpha}_3, \quad x_3\boldsymbol{\alpha}_1\boldsymbol{\alpha}_2\boldsymbol{\alpha}_3 = \boldsymbol{\alpha}_1\boldsymbol{\alpha}_2\boldsymbol{\beta} \tag{4.5}$$

が得られた．左辺にはグラスマン変数の積 $\boldsymbol{\alpha}_1\boldsymbol{\alpha}_2\boldsymbol{\alpha}_3$ が共通して現れていて，右辺はそれぞれ $\boldsymbol{\alpha}_1, \boldsymbol{\alpha}_2, \boldsymbol{\alpha}_3$ を $\boldsymbol{\beta}$ に置き換えたものになっていることに注意する．

$\boldsymbol{\alpha}_1\boldsymbol{\alpha}_2\boldsymbol{\alpha}_3$ を計算しよう．

$$\begin{aligned}\boldsymbol{\alpha}_1\boldsymbol{\alpha}_2\boldsymbol{\alpha}_3 =&(a_{11}\boldsymbol{\xi}_1 + a_{21}\boldsymbol{\xi}_2 + a_{31}\boldsymbol{\xi}_3)\\ &\times (a_{12}\boldsymbol{\xi}_1 + a_{22}\boldsymbol{\xi}_2 + a_{32}\boldsymbol{\xi}_3)\\ &\times (a_{13}\boldsymbol{\xi}_1 + a_{23}\boldsymbol{\xi}_2 + a_{33}\boldsymbol{\xi}_3)\end{aligned}$$

の右辺を展開すればよいが，ここで少し工夫する．分配法則を使って右辺を展開すると，三つの因子 $(a_{11}\boldsymbol{\xi}_1 + a_{21}\boldsymbol{\xi}_2 + a_{31}\boldsymbol{\xi}_3), (a_{12}\boldsymbol{\xi}_1 + a_{22}\boldsymbol{\xi}_2 + a_{32}\boldsymbol{\xi}_3), (a_{13}\boldsymbol{\xi}_1 + a_{23}\boldsymbol{\xi}_2 + a_{33}\boldsymbol{\xi}_3)$ から，それぞれ一つずつ項を掛けた積が現れる．a_{ij} と $\boldsymbol{\xi}_i$ の添字の付き方に注意すると，このような積は次の形に表されることがわかる．

$$(a_{p1}\boldsymbol{\xi}_p)(a_{q2}\boldsymbol{\xi}_q)(a_{r3}\boldsymbol{\xi}_r) \qquad (p, q, r \text{ は } 1, 2, 3 \text{ のいずれか})$$

これらは全部で $3 \times 3 \times 3 = 27$ 個あるが，p, q, r のなかに等しいものがあると，この積は 0 となる．たとえば $p = 1, q = 2, r = 1$ なら，反可換性より

$$\begin{aligned}(a_{11}\boldsymbol{\xi}_1)(a_{22}\boldsymbol{\xi}_2)(a_{13}\boldsymbol{\xi}_1) &= a_{11}a_{22}a_{13}\boldsymbol{\xi}_1\boldsymbol{\xi}_2\boldsymbol{\xi}_1\\ &= a_{11}a_{22}a_{13}\boldsymbol{\xi}_1(-\boldsymbol{\xi}_1\boldsymbol{\xi}_2) = -a_{11}a_{22}a_{13}\boldsymbol{\xi}_1^2\boldsymbol{\xi}_2 = 0\end{aligned}$$

となる．したがって，27 個の積のうち 0 でないのは，p, q, r が相異なるもの，つまり 1,2,3 の並び換えであるものだけである．そこで 1,2,3 の並び換えをすべて集めて集合をつくる[3]．

3]　集合の記法については付録の A.1 項を参照してほしい．

$$S = \{[1,2,3],[1,3,2],[2,1,3],[2,3,1],[3,1,2],[3,2,1]\}$$

このとき $\boldsymbol{\alpha}_1\boldsymbol{\alpha}_2\boldsymbol{\alpha}_3$ は次のように表される．

$$\boldsymbol{\alpha}_1\boldsymbol{\alpha}_2\boldsymbol{\alpha}_3 = \sum_{[p,q,r]\in S} a_{p1}a_{q2}a_{r3}\boldsymbol{\xi}_p\boldsymbol{\xi}_q\boldsymbol{\xi}_r$$

ただし右辺は $[p,q,r]$ が S の要素を動くときの和である．これをさらに書き換えよう．p,q,r が $1,2,3$ の並び換えのとき，グラスマン変数の積 $\boldsymbol{\xi}_p\boldsymbol{\xi}_q\boldsymbol{\xi}_r$ は，反可換性を使って $\boldsymbol{\xi}_1\boldsymbol{\xi}_2\boldsymbol{\xi}_3$ の順に並べ直すことができる．たとえば $[p,q,r]=[1,3,2],[2,3,1]$ のとき，それぞれ

$$\begin{aligned}
\boldsymbol{\xi}_1\boldsymbol{\xi}_3\boldsymbol{\xi}_2 &= \boldsymbol{\xi}_1(-\boldsymbol{\xi}_2\boldsymbol{\xi}_3) = -\boldsymbol{\xi}_1\boldsymbol{\xi}_2\boldsymbol{\xi}_3, \\
\boldsymbol{\xi}_2\boldsymbol{\xi}_3\boldsymbol{\xi}_1 &= \boldsymbol{\xi}_2(-\boldsymbol{\xi}_1\boldsymbol{\xi}_3) = -\boldsymbol{\xi}_2\boldsymbol{\xi}_1\boldsymbol{\xi}_3 = -(-\boldsymbol{\xi}_1\boldsymbol{\xi}_2)\boldsymbol{\xi}_3 = \boldsymbol{\xi}_1\boldsymbol{\xi}_2\boldsymbol{\xi}_3
\end{aligned}$$

となる．このときに現れる符号を $s_{p,q,r}$ とおこう．つまり

$$\boldsymbol{\xi}_p\boldsymbol{\xi}_q\boldsymbol{\xi}_r = s_{p,q,r}\boldsymbol{\xi}_1\boldsymbol{\xi}_2\boldsymbol{\xi}_3 \qquad (s_{p,q,r} = 1 \text{ もしくは } -1)$$

である．このとき $\boldsymbol{\alpha}_1\boldsymbol{\alpha}_2\boldsymbol{\alpha}_3$ は

$$\begin{aligned}
\boldsymbol{\alpha}_1\boldsymbol{\alpha}_2\boldsymbol{\alpha}_3 &= \sum_{[p,q,r]\in S} a_{p1}a_{q2}a_{r3}\boldsymbol{\xi}_p\boldsymbol{\xi}_q\boldsymbol{\xi}_r = \sum_{[p,q,r]\in S} a_{p1}a_{q2}a_{r3}s_{p,q,r}\boldsymbol{\xi}_1\boldsymbol{\xi}_2\boldsymbol{\xi}_3 \\
&= \left(\sum_{[p,q,r]\in S} s_{p,q,r}a_{p1}a_{q2}a_{r3}\right)\boldsymbol{\xi}_1\boldsymbol{\xi}_2\boldsymbol{\xi}_3 \qquad (4.6)
\end{aligned}$$

と表される．右辺の係数を 3 次の正方行列 $A=(a_{ij})$ の行列式と呼び，$\det A$ もしくは $\begin{vmatrix} a_{11} & a_{12} & a_{13} \\ a_{21} & a_{22} & a_{23} \\ a_{31} & a_{32} & a_{33} \end{vmatrix}$ で表す．つまり

$$\begin{vmatrix} a_{11} & a_{12} & a_{13} \\ a_{21} & a_{22} & a_{23} \\ a_{31} & a_{32} & a_{33} \end{vmatrix} = \sum_{[p,q,r]\in S} s_{p,q,r}a_{p1}a_{q2}a_{r3} \qquad (4.7)$$

である．

未知数が 2 個の場合と同様に，等式 (4.6) において $\boldsymbol{\alpha}_1,\boldsymbol{\alpha}_2,\boldsymbol{\alpha}_3$ を $\boldsymbol{\beta}$ に置き換えれば，$\boldsymbol{\beta}\boldsymbol{\alpha}_2\boldsymbol{\alpha}_3, \boldsymbol{\alpha}_1\boldsymbol{\beta}\boldsymbol{\alpha}_3, \boldsymbol{\alpha}_1\boldsymbol{\alpha}_2\boldsymbol{\beta}$ の表示式が得られる．そして，これを方程式 (4.5) に代入すれば，未知数が 3 個の場合も解が行列式の比として表されることがわかる．第 6 章であらためて導出するので，以下に結果のみ書いておく．

$$x_1 = \frac{\begin{vmatrix} b_1 & a_{12} & a_{13} \\ b_2 & a_{22} & a_{23} \\ b_3 & a_{32} & a_{33} \end{vmatrix}}{\begin{vmatrix} a_{11} & a_{12} & a_{13} \\ a_{21} & a_{22} & a_{23} \\ a_{31} & a_{32} & a_{33} \end{vmatrix}}, \quad x_2 = \frac{\begin{vmatrix} a_{11} & b_1 & a_{13} \\ a_{21} & b_2 & a_{23} \\ a_{31} & b_3 & a_{33} \end{vmatrix}}{\begin{vmatrix} a_{11} & a_{12} & a_{13} \\ a_{21} & a_{22} & a_{23} \\ a_{31} & a_{32} & a_{33} \end{vmatrix}}, \quad x_3 = \frac{\begin{vmatrix} a_{11} & a_{12} & b_1 \\ a_{21} & a_{22} & b_2 \\ a_{31} & a_{32} & b_3 \end{vmatrix}}{\begin{vmatrix} a_{11} & a_{12} & a_{13} \\ a_{21} & a_{22} & a_{23} \\ a_{31} & a_{32} & a_{33} \end{vmatrix}}$$

解をさらに具体的に書き下すためには，行列式の定義式 (4.7) における符号 $s_{p,q,r}$ を決定しなければならない．次項でこの問題について考察する．

4.1.5 符号の決定

符号 $s_{p,q,r}$ は，グラスマン変数の積 $\boldsymbol{\xi}_p\boldsymbol{\xi}_q\boldsymbol{\xi}_r$ を $\boldsymbol{\xi}_1\boldsymbol{\xi}_2\boldsymbol{\xi}_3$ の順に並べ換えたとき現れる係数として定義された．この並び換えを行うのに,「隣接する変数のうち，右側の変数の添字が小さい組を入れ換える」という規則を設ける．例として $\boldsymbol{\xi}_3\boldsymbol{\xi}_1\boldsymbol{\xi}_2$ を並び換えよう．隣接する変数は $\boldsymbol{\xi}_3\boldsymbol{\xi}_1$ と $\boldsymbol{\xi}_1\boldsymbol{\xi}_2$ の 2 組ある．これらのうち右側の変数の添字が小さいのは $\boldsymbol{\xi}_3\boldsymbol{\xi}_1$ である．これを入れ換えると

$$\underline{\boldsymbol{\xi}_3\boldsymbol{\xi}_1}\boldsymbol{\xi}_2 = -\boldsymbol{\xi}_1\boldsymbol{\xi}_3\boldsymbol{\xi}_2$$

となる (変形が分かりやすいように，入れ換える箇所に下線をひいた)．続いて，右辺の $-\boldsymbol{\xi}_1\boldsymbol{\xi}_3\boldsymbol{\xi}_2$ について，右側の変数の添字が小さい組を探す．$\boldsymbol{\xi}_3\boldsymbol{\xi}_2$ がそのような組だから，これを入れ換えると

$$-\boldsymbol{\xi}_1\underline{\boldsymbol{\xi}_3\boldsymbol{\xi}_2} = -\boldsymbol{\xi}_1(-\underline{\boldsymbol{\xi}_2\boldsymbol{\xi}_3}) = (-1)^2\boldsymbol{\xi}_1\boldsymbol{\xi}_2\boldsymbol{\xi}_3$$

となる．$(-1)^2 = 1$ だから，この場合の符号 $s_{3,1,2}$ は $+1$ である．

以上のように，グラスマン変数の積 $\boldsymbol{\xi}_p\boldsymbol{\xi}_q\boldsymbol{\xi}_r$ は，右側の変数の添字が小さい組を次々と入れ換えていけば，$\boldsymbol{\xi}_1\boldsymbol{\xi}_2\boldsymbol{\xi}_3$ に変形できる4]．では，この変形において，入れ換える回数はどうなるだろうか．

p, q, r を順に並べたとき「右側の方が小さい数のペア」の個数を，$[p, q, r]$ の転倒数という．ただし，転倒数を数えるときには，隣り合う数の組だけでなく，離れた数の組も含める．たとえば，$[3, 1, 2]$ であれば，右側の方が小さい数の組は二つある (図 4.1)．よって，$[3, 1, 2]$ の転倒数は 2 である．

さて，上の例では $\boldsymbol{\xi}_3\boldsymbol{\xi}_1\boldsymbol{\xi}_2$ を次のように変形した．

4] $\boldsymbol{\xi}_3\boldsymbol{\xi}_2\boldsymbol{\xi}_1$ のように右側の添字が小さい組が複数ある場合には，どの組を入れ換えてもよい．

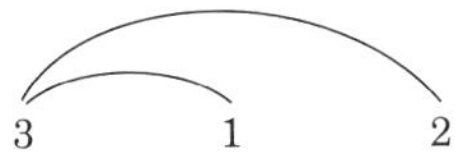

図 4.1 転倒数の数え方

$$\boldsymbol{\xi}_3\boldsymbol{\xi}_1\boldsymbol{\xi}_2 = -\boldsymbol{\xi}_1\boldsymbol{\xi}_3\boldsymbol{\xi}_2 = (-1)^2\boldsymbol{\xi}_1\boldsymbol{\xi}_2\boldsymbol{\xi}_3$$

この過程で，グラスマン変数の添字の転倒数は下の表のように変化している (入れ換える変数の添字に下線をひく).

添字	転倒数
$\underline{3}, \underline{1}, 2$	2
$1, \underline{3}, \underline{2}$	1
$1, 2, 3$	0

変数の入れ換えの各段階で転倒数が一つずつ小さくなり，転倒数が 0 になった時点で $\boldsymbol{\xi}_1\boldsymbol{\xi}_2\boldsymbol{\xi}_3$ となることがわかるだろう．このことは一般的に正しい．すなわち，グラスマン変数の積 $\boldsymbol{\xi}_p\boldsymbol{\xi}_q\boldsymbol{\xi}_r$ に対して，右側の添字が小さい組を入れ換えると，転倒数が一つ下がる[5]．これを転倒数が 0 になるまで続けると，最終的に $\boldsymbol{\xi}_1\boldsymbol{\xi}_2\boldsymbol{\xi}_3$ が得られる．よって，変数の入れ換えは転倒数と等しい回数だけ行うことになる．その回数を $t_{p,q,r}$ とおくと $\boldsymbol{\xi}_p\boldsymbol{\xi}_q\boldsymbol{\xi}_r = (-1)^{t_{p,q,r}}\boldsymbol{\xi}_1\boldsymbol{\xi}_2\boldsymbol{\xi}_3$ が成り立つ．したがって，符号 $s_{p,q,r}$ は転倒数を使って $s_{p,q,r} = (-1)^{t_{p,q,r}}$ と表される．1, 2, 3 のすべての並び換えについて転倒数および符号を計算すると以下のようになる.

$[p, q, r]$	転倒数 $t_{p,q,r}$	符号 $s_{p,q,r}$
$[1, 2, 3]$	0	$+1$
$[1, 3, 2]$	1	-1
$[2, 1, 3]$	1	-1
$[2, 3, 1]$	2	$+1$
$[3, 1, 2]$	2	$+1$
$[3, 2, 1]$	3	-1

この結果を使って 3 次の正方行列 (a_{ij}) の行列式を書き下すと

5] このことの一般的な証明については次章の補題 5.10 を参照せよ.

$$\begin{vmatrix} a_{11} & a_{12} & a_{13} \\ a_{21} & a_{22} & a_{23} \\ a_{31} & a_{32} & a_{33} \end{vmatrix} = a_{11}a_{22}a_{33} - a_{11}a_{32}a_{23} - a_{21}a_{12}a_{33}$$
$$+ a_{21}a_{32}a_{13} + a_{31}a_{12}a_{23} - a_{31}a_{22}a_{13}$$

であることがわかる.

4.2 行列式

ここでは置換の概念を導入して，グラスマン変数を経由せずに正方行列の行列式を正確に定義する.

4.2.1 置換とその符号

以下，n を正の整数とする．$1, 2, \ldots, n$ の並び換え $j_1, j_2, \ldots, j_n$ を記号

$$\begin{pmatrix} 1 & 2 & \cdots & n \\ j_1 & j_2 & \cdots & j_n \end{pmatrix}$$

で表し，集合 $\{1, 2, \ldots, n\}$ の**置換**という．置換

$$\sigma = \begin{pmatrix} 1 & 2 & \cdots & n \\ j_1 & j_2 & \cdots & j_n \end{pmatrix}$$

に対し，$j_1, j_2, \ldots, j_n$ の値をそれぞれ $\sigma(1), \sigma(2), \ldots, \sigma(n)$ で表す.

すべての $k = 1, 2, \ldots, n$ について $\sigma(k) = k$ である置換 σ, すなわち

$$\begin{pmatrix} 1 & 2 & \cdots & n \\ 1 & 2 & \cdots & n \end{pmatrix}$$

を**恒等置換**という.

集合 $\{1, 2, \ldots, n\}$ の置換全体のなす集合を S_n で表す．ただし S_1 は恒等置換 $\begin{pmatrix} 1 \\ 1 \end{pmatrix}$ だけからなる集合と定める．集合 S_n の要素の個数は $n!$ (n の階乗) である.

例 4.5 S_3 の要素は次の六つである.

$$\sigma_1 = \begin{pmatrix} 1 & 2 & 3 \\ 1 & 2 & 3 \end{pmatrix}, \quad \sigma_2 = \begin{pmatrix} 1 & 2 & 3 \\ 1 & 3 & 2 \end{pmatrix}, \quad \sigma_3 = \begin{pmatrix} 1 & 2 & 3 \\ 2 & 1 & 3 \end{pmatrix},$$

$$\sigma_4 = \begin{pmatrix} 1 & 2 & 3 \\ 2 & 3 & 1 \end{pmatrix}, \quad \sigma_5 = \begin{pmatrix} 1 & 2 & 3 \\ 3 & 1 & 2 \end{pmatrix}, \quad \sigma_6 = \begin{pmatrix} 1 & 2 & 3 \\ 3 & 2 & 1 \end{pmatrix}$$

このうち σ_1 は恒等置換である．また，σ_5 は $\sigma_5(1) = 3, \sigma_5(2) = 1, \sigma_5(3) = 2$ という置換である[6]．

σ を S_n の要素とする．このとき，n 以下の正の整数の組 (i, j) であって，$i < j$ かつ $\sigma(i) > \sigma(j)$ であるものの個数を，σ の**転倒数**という．ただし S_1 のただ一つの要素 $\begin{pmatrix} 1 \\ 1 \end{pmatrix}$ の転倒数は 0 と定める．

以下では置換 σ の転倒数を $t(\sigma)$ で表す．転倒数を計算するには，数列 $\sigma(1), \sigma(2), \ldots, \sigma(n)$ において「右側の方が小さい数の組」を探して，その個数を数えればよい．

例 4.6 置換 $\sigma = \begin{pmatrix} 1 & 2 & 3 & 4 \\ 3 & 2 & 4 & 1 \end{pmatrix}$ について，$i < j$ かつ $\sigma(i) > \sigma(j)$ となる (i, j) の組は $(1,2), (1,4), (2,4), (3,4)$ の 4 個ある．よって $t(\sigma) = 4$ である．

例 4.7 例 4.5 で列挙した S_3 の要素の転倒数は以下の通りである．

σ	σ_1	σ_2	σ_3	σ_4	σ_5	σ_6
$t(\sigma)$	0	1	1	2	2	3

転倒数の定義から次のことがわかる．

命題 4.8 置換 $\sigma \in S_n$ について，σ が恒等置換であることと，σ の転倒数が 0 であることは同値である[7]．

証明 σ が恒等置換のとき，$\sigma(k) = k \, (k = 1, 2, \ldots, n)$ である．よって，$i < j$ ならば $\sigma(i) < \sigma(j)$ であるので，σ の転倒数は 0 である．

6] 4.1.4 項では置換 $\begin{pmatrix} 1 & 2 & 3 \\ p & q & r \end{pmatrix}$ を $[p, q, r]$ と表した．

7] 「同値」の意味については付録 A.2 項を参照のこと．

逆に，σ の転倒数が 0 であるとする．このとき，n 以下の正の整数 i, j について，$i < j$ ならば $\sigma(i) \leqq \sigma(j)$ が成り立つ．特にすべての $i = 1, 2, \ldots, n-1$ について $\sigma(i) \leqq \sigma(i+1)$ であるから，$\sigma(1) \leqq \sigma(2) \leqq \ldots \leqq \sigma(n)$ である．$\sigma(1), \sigma(2), \ldots, \sigma(n)$ は n 以下の正の整数で相異なるから，$\sigma(1) = 1, \sigma(2) = 2, \ldots, \sigma(n) = n$ である．よって σ は恒等置換である．■

次に置換の符号を定義する．

定義 4.9　置換 σ の符号 $\mathrm{sgn}(\sigma)$ を[8]

$$\mathrm{sgn}(\sigma) = (-1)^{t(\sigma)}$$

と定める．ここで $t(\sigma)$ は σ の転倒数である．

例 4.10　S_4 の要素 $\sigma = \begin{pmatrix} 1 & 2 & 3 & 4 \\ 3 & 2 & 4 & 1 \end{pmatrix}$ の転倒数は 4 である (例 4.6)．よって $\mathrm{sgn}(\sigma) = (-1)^4 = 1$ である．

4.2.2　行列式の定義

置換とその符号を使って行列式を定義する．

定義 4.11　n 次の正方行列 $A = (a_{ij})$ の行列式 $\det A$ (もしくは $|A|$) を

$$\det A = \sum_{\sigma \in S_n} \mathrm{sgn}(\sigma) a_{\sigma(1)1} a_{\sigma(2)2} \cdots a_{\sigma(n)n} \tag{4.8}$$

で定義する．ただし，右辺は σ が S_n の要素すべてを動くときの和である．

例 4.12　S_1 の要素は恒等置換 $\begin{pmatrix} 1 \\ 1 \end{pmatrix}$ のみで，この符号は $+1$ である．よって 1 次の正方行列 $A = (a_{11})$ の行列式は

$$\left| a_{11} \right| = a_{11}.$$

8] sgn は「符号」の英訳 signature の略．

例 4.13 S_2 の要素は $\begin{pmatrix} 1 & 2 \\ 1 & 2 \end{pmatrix}$ と $\begin{pmatrix} 1 & 2 \\ 2 & 1 \end{pmatrix}$ の二つで，それぞれの符号は $+1, -1$ である．よって，2 次の正方行列の行列式は

$$\begin{vmatrix} a_{11} & a_{12} \\ a_{21} & a_{22} \end{vmatrix} = a_{11}a_{22} - a_{21}a_{12}$$

である．この定義式は覚えておくとよい．

例 4.14 S_3 は例 4.5 で列挙した 6 個の置換からなる．それぞれの符号を例 4.7 の表から計算すると，$\sigma_1, \sigma_4, \sigma_5$ は $+1$, $\sigma_2, \sigma_3, \sigma_6$ は -1 となる．したがって，3 次の正方行列 $A = (a_{ij})$ の行列式は

$$\begin{vmatrix} a_{11} & a_{12} & a_{13} \\ a_{21} & a_{22} & a_{23} \\ a_{31} & a_{32} & a_{33} \end{vmatrix} = a_{11}a_{22}a_{33} - a_{11}a_{32}a_{23} - a_{21}a_{12}a_{33} \\ + a_{21}a_{32}a_{13} + a_{31}a_{12}a_{23} - a_{31}a_{22}a_{13}$$

である．これは**サラス (Sarrus) の公式**と呼ばれる [9]．

4.2.3 特殊な形の行列式

特別な形の行列式は定義からすぐに値がわかる．この項では例を二つ挙げよう．

命題 4.15 ある列もしくは行の成分がすべて 0 である正方行列の行列式は 0 である．

証明 n 次の正方行列 $A = (a_{ij})$ が仮定を満たすとする．行列式の定義から，S_n のどの要素 σ についても $a_{\sigma(1)1}a_{\sigma(2)2}\cdots a_{\sigma(n)n} = 0$ であることを示せばよい．

σ は S_n の要素であるとする．

(i) A の第 p 列の成分がすべて 0 であるとする．このときすべての $i = 1, 2, \ldots, n$ に対して $a_{ip} = 0$ だから，$a_{\sigma(p)p} = 0$ である．

9] しかし，この等式を「公式」として暗記する必要はないと著者は考える．2 次の正方行列の行列式の定義 (例 4.13) と，第 6 章で述べる余因子展開の式 (定理 6.11) を覚えていれば，サラスの公式を容易に復元できるからである．サラスの公式は 3 次の正方行列でしか成り立たないが，余因子展開は一般の型の正方行列で使える．暗記するのであれば，より汎用性の高いものを覚える方が効率的であろう．

(ii) A の第 q 行の成分がすべて 0 であるとする．このときすべての $j = 1, 2, \ldots, n$ に対して $a_{qj} = 0$ である．$\sigma(1), \sigma(2), \ldots, \sigma(n)$ のいずれかは q に等しいから，$a_{\sigma(1)1}, a_{\sigma(2)2}, \ldots, a_{\sigma(n)n}$ のいずれかが 0 である．

以上のどちらの場合でも，$a_{\sigma(1)1}a_{\sigma(2)2}\cdots a_{\sigma(n)n} = 0$ である． ■

系 4.16 正方形型の簡約階段行列であって，行列式が 0 でないものは，単位行列のみである．

証明 n 次の正方行列 A は簡約階段行列であって行列式が 0 でないとする．このとき，命題 4.15 より，A の各行には 0 でない成分が少なくとも一つある．したがって，A の「階段部分」の長さは一つずつ短くならなければならない (図 4.2).

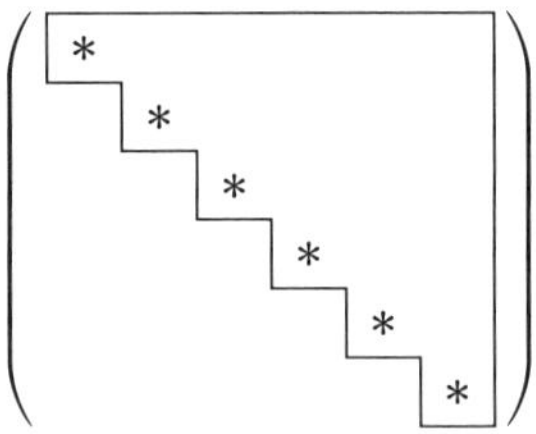

図 4.2

しかも A は簡約階段行列であるから，A は対角成分のみが 1 で，ほかの成分はすべて 0 である．よって A は単位行列である． ■

次に，上三角行列および下三角行列の行列式について述べる．

定義 4.17 正方行列 $A = (a_{ij})$ であって，$i > j$ ならば $a_{ij} = 0$ であるものを上三角行列という．つまり，上三角行列とは

$$\begin{pmatrix} a_{11} & a_{12} & \cdots & a_{1n} \\ & a_{22} & \cdots & a_{2n} \\ & & \ddots & \vdots \\ & & & a_{nn} \end{pmatrix}$$

の形の行列である (ただし空白の部分の成分はすべて 0 である). 同様に, $i<j$ ならば $a_{ij}=0$ である正方行列 $A=(a_{ij})$ を**下三角行列**という.

命題 4.18 n 次の正方行列 $A=(a_{ij})$ が上三角行列または下三角行列ならば, A の行列式は対角成分の積に等しい. すなわち $\det A = a_{11}a_{22}\cdots a_{nn}$ である.

証明 まず, $A=(a_{ij})$ が上三角行列の場合を考える. 行列式の定義から

$$\det A = \sum_{\sigma\in S_n} \mathrm{sgn}(\sigma) a_{\sigma(1)1}a_{\sigma(2)2}\cdots a_{\sigma(n)n} \tag{4.9}$$

である. A は上三角行列だから, $i>j$ ならば $a_{ij}=0$ である. よって, 置換 σ がある i について $\sigma(i)>i$ を満たすとき, $a_{\sigma(1)1}a_{\sigma(2)2}\cdots a_{\sigma(n)n}$ の値は 0 である. したがって, これが 0 でないのは, σ が不等式

$$\sigma(1)\leqq 1,\quad \sigma(2)\leqq 2,\quad \ldots,\quad \sigma(n)\leqq n$$

をすべて満たすときのみである. 最初の不等式から $\sigma(1)=1$ である. 次の不等式から $\sigma(2)=1$ または 2 であるが, $\sigma(1)\neq\sigma(2)$ かつ $\sigma(1)=1$ だから, $\sigma(2)=2$ である. 以下, 同様に考えて σ は恒等置換であることがわかる. よって, (4.9) の右辺の和は σ が恒等置換の項だけからなり, 恒等置換の符号は $+1$ だから $\det A = a_{11}a_{22}\cdots a_{nn}$ である.

A が下三角行列の場合は, σ に対する条件が $\sigma(k)\geqq k\,(k=1,2,\ldots,n)$ となる. 今度は $\sigma(n)=n, \sigma(n-1)=n-1,\ldots$ と順に決まっていき, やはり σ が恒等置換の項だけが残る. ■

命題 4.15 と命題 4.18 の特別な場合として, 次のことがわかる.

系 4.19 (1) 正方形型の零行列の行列式は 0 である.

(2) λ を定数, I_n を n 次の単位行列とする. このとき $\det(\lambda I_n)=\lambda^n$ である. 特に, 単位行列の行列式は 1 である.

演習問題

問 4.2.1 次の行列式を計算せよ．ただし a は定数とする．

(1) $\begin{vmatrix} 2 & -1 \\ -4 & 3 \end{vmatrix}$ (2) $\begin{vmatrix} 1 & 1+a \\ 1+a^2 & 1+a^3 \end{vmatrix}$ (3) $\begin{vmatrix} a^{2015} & a^{2016} \\ a^{2017} & a^{2018} \end{vmatrix}$

問 4.2.2 零行列でない 2 次の正方行列 A であって，$\det A = 0$ であるものの例を挙げよ．

問 4.2.3 2 次の正方行列 A, B で，$\det(A+B) \neq \det(A) + \det(B)$ であるものの例を挙げよ．

問 4.2.4 O を原点とする xy 平面上に点 $\mathrm{A}(x_1, y_1)$, 点 $\mathrm{B}(x_2, y_2)$ をとる．このとき，三角形 OAB の面積は

$$\frac{1}{2}\left|\det\begin{pmatrix} x_1 & x_2 \\ y_1 & y_2 \end{pmatrix}\right|$$

に等しいことを示せ (右辺の縦棒は絶対値を表す)．

(ヒント：$\angle\mathrm{AOB} = \theta$ とおくと，三角形 OAB の面積は $\frac{1}{2}\mathrm{OA}\cdot\mathrm{OB}\sin\theta$ である．余弦定理を使えば $\cos\theta$ が求められる．)

問 4.2.5 S_n の要素 τ に対して，n 次の正方行列 $P_\tau = (p_{ij})$ を次で定める．

$$p_{ij} = \begin{cases} 1 & (i = \tau(j) \text{ のとき}) \\ 0 & (\text{それ以外}) \end{cases}$$

(1) $n = 4, \tau = \begin{pmatrix} 1 & 2 & 3 & 4 \\ 3 & 1 & 4 & 2 \end{pmatrix}$ のとき P_τ を書き下せ．

(2) S_n のどの要素 τ についても $\det P_\tau = \mathrm{sgn}(\tau)$ が成り立つことを示せ．

第5章

行列式の性質

5.1 転置行列とその行列式

5.1.1 転置行列

定義 5.1 $A=(a_{ij})$ を (m,n) 型行列とする．このとき，(i,j) 成分が a_{ji} である (n,m) 型行列を A の**転置行列**と呼び，${}^tA$ で表す．

例 5.2 $(3,2)$ 型行列 $A=\begin{pmatrix}1&2\\3&4\\5&6\end{pmatrix}$ の転置行列は ${}^tA=\begin{pmatrix}1&3&5\\2&4&6\end{pmatrix}$ である．${}^tA$ は $(2,3)$ 型行列であることに注意せよ．

転置行列の転置をとると，もとの行列に戻る．よって A が行列のとき ${}^t({}^tA)=A$ が必ず成り立つ．さらに，次のことが成り立つ．

命題 5.3 (1) A,B が同じ型の行列のとき，${}^t(A+B)={}^tA+{}^tB$ である．

(2) 行列 A,B の積 AB が定義されるとき，${}^t(AB)={}^tB\,{}^tA$ である．

証明 (1) $A=(a_{ij}),B=(b_{ij})$ とおくと，$A+B$ の (i,j) 成分は $a_{ij}+b_{ij}$ である．よって ${}^t(A+B)$ の (i,j) 成分は $a_{ji}+b_{ji}$ である．これは ${}^tA$ と ${}^tB$ の (i,j) 成分の和に等しい．したがって ${}^t(A+B)={}^tA+{}^tB$ である．

(2) まず，n 次の行ベクトル $\boldsymbol{a}=\begin{pmatrix}a_1 & a_2 & \cdots & a_n\end{pmatrix}$ と n 次の列ベクトル $\boldsymbol{b}=$

$\begin{pmatrix} b_1 \\ b_2 \\ \vdots \\ b_n \end{pmatrix}$ について，$\boldsymbol{ab} = {}^t\boldsymbol{b}\,{}^t\boldsymbol{a}$ が必ず成り立つことに注意する．このことは，実際に両辺を計算して

$$\boldsymbol{ab} = \begin{pmatrix} a_1 & a_2 & \cdots & a_n \end{pmatrix} \begin{pmatrix} b_1 \\ b_2 \\ \vdots \\ b_n \end{pmatrix} = a_1b_1 + a_2b_2 + \cdots + a_nb_n,$$

$${}^t\boldsymbol{b}\,{}^t\boldsymbol{a} = \begin{pmatrix} b_1 & b_2 & \cdots & b_n \end{pmatrix} \begin{pmatrix} a_1 \\ a_2 \\ \vdots \\ a_n \end{pmatrix} = b_1a_1 + b_2a_2 + \cdots + b_na_n$$

となることからわかる．

A の行ベクトル表示と B の列ベクトル表示をそれぞれ次のようにおく．

$$A = \begin{pmatrix} \boldsymbol{a}^1 \\ \boldsymbol{a}^2 \\ \vdots \\ \boldsymbol{a}^n \end{pmatrix}, \quad B = \begin{pmatrix} \boldsymbol{b}_1 & \boldsymbol{b}_2 & \cdots & \boldsymbol{b}_n \end{pmatrix}$$

AB の (i,j) 成分は $\boldsymbol{a}^i\boldsymbol{b}_j$ であるから，${}^t(AB)$ の (i,j) 成分は $\boldsymbol{a}^j\boldsymbol{b}_i$ である．一方で

$${}^tB\,{}^tA = \begin{pmatrix} {}^t\boldsymbol{b}_1 \\ {}^t\boldsymbol{b}_2 \\ \vdots \\ {}^t\boldsymbol{b}_n \end{pmatrix} \begin{pmatrix} {}^t(\boldsymbol{a}^1) & {}^t(\boldsymbol{a}^2) & \cdots & {}^t(\boldsymbol{a}^n) \end{pmatrix}$$

であるから，${}^tB\,{}^tA$ の (i,j) 成分は ${}^t\boldsymbol{b}_i\,{}^t(\boldsymbol{a}^j)$ に等しい．$\boldsymbol{a}^i$ は n 次の行ベクトルで，$\boldsymbol{b}_j$ は n 次の列ベクトルであるから，上で証明したように ${}^t\boldsymbol{b}_i\,{}^t(\boldsymbol{a}^j) = \boldsymbol{a}^j\boldsymbol{b}_i$ が成り立つ．よって，${}^tB\,{}^tA$ の (i,j) 成分は ${}^t(AB)$ の (i,j) 成分に等しい．以上より ${}^t(AB) = {}^tB\,{}^tA$ である．■

系 5.4　n を正の整数とする．行列 $A_1, A_2, \ldots, A_n$ について，積 $A_1A_2\cdots A_n$ が定義されるとき ${}^t(A_1A_2\cdots A_n) = {}^tA_n \cdots {}^tA_2\,{}^tA_1$ である．

証明 n に関する数学的帰納法で証明する．$n=1$ のときは自明である．k を正の整数として，$n=k$ の場合に示すべき等式が正しいと仮定する．$n=k+1$ の場合を考える．行列 $A_1, A_2, \ldots, A_k, A_{k+1}$ について，積 $A_1A_2\cdots A_kA_{k+1}$ が定義されるとする．このとき，$A_1A_2\cdots A_k$ も定義されるので，数学的帰納法の仮定から ${}^t(A_1A_2\cdots A_k) = {}^tA_k\cdots{}^tA_2\,{}^tA_1$ である．そこで，命題 5.3 (2) を $A=A_1A_2\cdots A_k, B=A_{k+1}$ として適用すれば

$$\begin{aligned}{}^t(A_1A_2\cdots A_kA_{k+1}) &= {}^t((A_1A_2\cdots A_k)A_{k+1}) \\ &= {}^tA_{k+1}\,{}^t(A_1A_2\cdots A_k) = {}^tA_{k+1}\,{}^tA_k\cdots{}^tA_2\,{}^tA_1\end{aligned}$$

を得る．したがって $n=k+1$ の場合も示すべき等式は正しい． ■

5.1.2 転置行列の行列式

A が n 次の正方行列のとき，A の転置行列 ${}^tA$ も n 次の正方行列だから，その行列式を考えられる．これらの間には次の関係がある．

定理 5.5 A が n 次の正方行列のとき，$\det A = \det({}^tA)$ が成り立つ．すなわち，正方行列の行列式とその転置行列の行列式は等しい．

定理 5.5 の証明には，以下で証明する符号の性質が必要となる．σ が S_n の要素であるとき，次の条件を満たす S_n の要素 τ がただ一つ定まる．

$$\tau(\sigma(k)) = k \qquad (k=1,2,\ldots,n) \tag{5.1}$$

たとえば $\sigma = \begin{pmatrix} 1 & 2 & 3 & 4 & 5 \\ 5 & 3 & 2 & 1 & 4 \end{pmatrix}$ のとき，条件 (5.1) より

$$\begin{aligned}&\tau(\sigma(1)) = \tau(5) = 1, \quad \tau(\sigma(2)) = \tau(3) = 2, \quad \tau(\sigma(3)) = \tau(2) = 3, \\ &\tau(\sigma(4)) = \tau(1) = 4, \quad \tau(\sigma(5)) = \tau(4) = 5\end{aligned}$$

となり，$\tau = \begin{pmatrix} 1 & 2 & 3 & 4 & 5 \\ 4 & 3 & 2 & 5 & 1 \end{pmatrix}$ と定まる．このように，σ から条件 (5.1) によって定まる置換 τ を，記号 σ^{-1} で表す．

置換 σ^{-1} を求めるには，(1) σ の上下の行を入れ換え，(2) 上の行が $1,2,\ldots,n$ となるように列を入れ換えればよい．先ほどの例 $\sigma = \begin{pmatrix} 1 & 2 & 3 & 4 & 5 \\ 5 & 3 & 2 & 1 & 4 \end{pmatrix}$ であ

れば

$$\sigma = \begin{pmatrix} 1 & 2 & 3 & 4 & 5 \\ 5 & 3 & 2 & 1 & 4 \end{pmatrix} \overset{(1)}{\rightsquigarrow} \begin{pmatrix} 5 & 3 & 2 & 1 & 4 \\ 1 & 2 & 3 & 4 & 5 \end{pmatrix} \overset{(2)}{\rightsquigarrow} \begin{pmatrix} 1 & 2 & 3 & 4 & 5 \\ 4 & 3 & 2 & 5 & 1 \end{pmatrix}$$

となって，確かに σ^{-1} が得られる．さらに，同じ操作を σ^{-1} に対して行うと

$$\sigma^{-1} = \begin{pmatrix} 1 & 2 & 3 & 4 & 5 \\ 4 & 3 & 2 & 5 & 1 \end{pmatrix} \overset{(1)}{\rightsquigarrow} \begin{pmatrix} 4 & 3 & 2 & 5 & 1 \\ 1 & 2 & 3 & 4 & 5 \end{pmatrix} \overset{(2)}{\rightsquigarrow} \begin{pmatrix} 1 & 2 & 3 & 4 & 5 \\ 5 & 3 & 2 & 1 & 4 \end{pmatrix}$$

となって，もとの σ に戻る．このことはすべての置換について正しい．したがって，すべての置換 σ について $(\sigma^{-1})^{-1} = \sigma$ が成り立つ．

置換 σ と σ^{-1} の符号には次の関係がある．

補題 5.6 S_n のどの要素 σ についても，σ と σ^{-1} の転倒数は等しい．よって σ と σ^{-1} の符号も等しい．

証明 一般に，S_n の要素 τ に対し集合 T_τ を次で定める．

$$T_\tau = \{(p,q)\,|\,p,q \text{ は } n \text{ 以下の正の整数で } p < q \text{ かつ } \tau(p) > \tau(q).\}$$

このとき，転倒数の定義 (p.55) から $t(\tau) = |T_\tau|$ である [1]．

まず，S_n のどの要素 τ についても $t(\tau) \leqq t(\tau^{-1})$ が成り立つことを示そう．T_τ のそれぞれの要素 (i,j) に対して，数の組 $(\tau(j), \tau(i))$ を考え，これを集めた集合を T' とする [2]．$(i,j), (i',j')$ が T_τ の異なる要素であるとき，対応する T' の要素 $(\tau(j),\tau(i)), (\tau(j'),\tau(i'))$ は異なる．よって T' の要素の個数と T_τ の要素の個数は等しい．さらに，τ^{-1} の定義から，$(i,j) \in T_\tau$ のとき

$$\tau(j) < \tau(i) \quad \text{かつ} \quad \tau^{-1}(\tau(j)) > \tau^{-1}(\tau(i))$$

である．よって T' は $T_{\tau^{-1}}$ の部分集合である．したがって

$$t(\tau) = |T_\tau| = \left|T'\right| \leqq |T_{\tau^{-1}}| = t(\tau^{-1})$$

であるから，$t(\tau) \leqq t(\tau^{-1})$ が成り立つ．

以上の準備の下に補題を示そう．σ は S_n の要素であるとする．上で示した不等式 $t(\tau) \leqq t(\tau^{-1})$ はどの置換 τ についても成り立つので，$\tau = \sigma$ と $\tau = \sigma^{-1}$ の

1] $|T_\tau|$ は T_τ の要素の個数を表す．付録の A.1 項を参照のこと．

2] つまり $T' = \{(u,v)\,|\,(u,v) = (\tau(j),\tau(i))$ を満たす T_τ の要素 (i,j) が存在する.$\}$ である．

どちらの場合にも成り立つ．よって，$(\sigma^{-1})^{-1} = \sigma$ であることに注意すれば

$$t(\sigma) \leqq t(\sigma^{-1}) \quad \text{かつ} \quad t(\sigma^{-1}) \leqq t((\sigma^{-1})^{-1}) = t(\sigma)$$

である．したがって $t(\sigma) = t(\sigma^{-1})$ が成り立つ． ■

補題 5.6 を使って定理 5.5 を示そう．

証明 定理 5.5 $A = (a_{ij})$ は n 次の正方行列であるとする．A の転置行列 ${}^tA$ の (i, j) 成分を b_{ij} とおくと，$b_{ij} = a_{ji}$ だから，${}^tA$ の行列式は次のように表される．

$$\begin{aligned} \det({}^tA) &= \sum_{\sigma \in S_n} \operatorname{sgn}(\sigma) b_{\sigma(1)1} b_{\sigma(2)2} \cdots b_{\sigma(n)n} \\ &= \sum_{\sigma \in S_n} \operatorname{sgn}(\sigma) a_{1\sigma(1)} a_{2\sigma(2)} \cdots a_{n\sigma(n)} \end{aligned} \tag{5.2}$$

ここで S_n のどの要素 σ についても

$$a_{1\sigma(1)} a_{2\sigma(2)} \cdots a_{n\sigma(n)} = a_{\sigma^{-1}(1)1} a_{\sigma^{-1}(2)2} \cdots a_{\sigma^{-1}(n)n} \tag{5.3}$$

であることを示そう．$k = 1, 2, \ldots, n$ に対して $\sigma(k) = j_k$ とおくと

$$a_{k\sigma(k)} = a_{\sigma^{-1}(j_k)\, j_k}$$

である．$j_1, j_2, \ldots, j_n$ は $1, 2, \ldots, n$ の並び換えだから

$$a_{\sigma^{-1}(j_1)\, j_1} a_{\sigma^{-1}(j_2)\, j_2} \cdots a_{\sigma^{-1}(j_n)\, j_n} = a_{\sigma^{-1}(1)1} a_{\sigma^{-1}(2)2} \cdots a_{\sigma^{-1}(n)n}$$

と並び換えられる．よって (5.3) が成り立つ．

(5.2) の右辺に (5.3) を代入する．このとき，補題 5.6 より $\operatorname{sgn}(\sigma) = \operatorname{sgn}(\sigma^{-1})$ であることを使えば

$$\det({}^tA) = \sum_{\sigma \in S_n} \operatorname{sgn}(\sigma^{-1}) a_{\sigma^{-1}(1)1} a_{\sigma^{-1}(2)2} \cdots a_{\sigma^{-1}(n)n}$$

を得る．σ が S_n の要素すべてを動くとき，σ^{-1} は S_n の要素すべてを重複なく動くから，$\sigma^{-1} = \tau$ と変数変換すれば

$$\det({}^tA) = \sum_{\tau \in S_n} \operatorname{sgn}(\tau) a_{\tau(1)1} a_{\tau(2)2} \cdots a_{\tau(n)n}$$

となる．この右辺は $\det A$ に等しい．以上より $\det({}^tA) = \det A$ である． ■

注意 定理 5.5 の証明から，n 次の正方行列 $A = (a_{ij})$ の行列式は

$$\det A = \sum_{\sigma \in S_n} \mathrm{sgn}(\sigma) a_{1\sigma(1)} a_{2\sigma(2)} \cdots a_{n\sigma(n)}$$

と書けることもわかる．この式で行列式を定義することも多い．

5.2 行列式の多重線形性と交代性

5.2.1 多重線形性

以下，$A = \begin{pmatrix} \boldsymbol{a}_1 & \boldsymbol{a}_2 & \cdots & \boldsymbol{a}_n \end{pmatrix}$ と列ベクトル表示される n 次の正方行列 A の行列式を $\det(\boldsymbol{a}_1, \boldsymbol{a}_2, \cdots, \boldsymbol{a}_n)$ と表す．

定理 5.7 (1) 行列式は列に関して加法性をもつ．つまり次の等式が成り立つ．

$$\det(\cdots, \boldsymbol{a}'_k + \boldsymbol{a}''_k, \cdots) = \det(\cdots, \boldsymbol{a}'_k, \cdots) + \det(\cdots, \boldsymbol{a}''_k, \cdots)$$

(2) ある列を定数倍すると，行列式も同じ定数倍になる．

$$\det(\cdots, \lambda \boldsymbol{a}_k, \cdots) = \lambda \det(\cdots, \boldsymbol{a}_k, \cdots) \qquad (\lambda \text{ は定数})$$

証明 (1) n 次の正方行列 $A = (a_{ij})$ の列ベクトル表示を $A = \begin{pmatrix} \boldsymbol{a}_1 & \boldsymbol{a}_2 & \cdots & \boldsymbol{a}_n \end{pmatrix}$ とする．第 k 列 $\boldsymbol{a}_k$ が，$\boldsymbol{a}_k = \boldsymbol{a}'_k + \boldsymbol{a}''_k$ と二つの列ベクトルの和で書けるとき，$\boldsymbol{a}'_k, \boldsymbol{a}''_k$ の第 i 成分をそれぞれ a'_{ik}, a''_{ik} とおくと，$a_{ik} = a'_{ik} + a''_{ik}$ だから

$$\begin{aligned}
&\det(\cdots, \boldsymbol{a}'_k + \boldsymbol{a}''_k, \cdots) \\
&= \sum_{\sigma \in S_n} \mathrm{sgn}(\sigma) a_{\sigma(1)1} \cdots (a'_{\sigma(k)k} + a''_{\sigma(k)k}) \cdots a_{\sigma(n)n} \\
&= \sum_{\sigma \in S_n} \mathrm{sgn}(\sigma) a_{\sigma(1)1} \cdots a'_{\sigma(k)k} \cdots a_{\sigma(n)n} \\
&\quad + \sum_{\sigma \in S_n} \mathrm{sgn}(\sigma) a_{\sigma(1)1} \cdots a''_{\sigma(k)k} \cdots a_{\sigma(n)n} \\
&= \det(\cdots, \boldsymbol{a}'_k, \cdots) + \det(\cdots, \boldsymbol{a}''_k, \cdots).
\end{aligned}$$

(2) λ を定数とする．(i, j) 成分を a_{ij} とすると，行列式の定義より

$$\det(\cdots, \lambda \boldsymbol{a}_k, \cdots) = \sum_{\sigma \in S_n} \mathrm{sgn}(\sigma) a_{\sigma(1)1} \cdots (\lambda a_{\sigma(k)k}) \cdots a_{\sigma(n)n}$$

$$= \lambda \sum_{\sigma \in S_n} \mathrm{sgn}(\sigma) a_{\sigma(1)1} \cdots a_{\sigma(k)k} \cdots a_{\sigma(n)n} = \lambda \det(\cdots, \boldsymbol{a}_k, \cdots)$$

である. ■

定理 5.5 より，行列式の列に関する性質は，行に関しても成り立つ．たとえば定理 5.7 から次のことがわかる．

定理 5.8 (1) 行列式は行に関して加法性をもつ．
(2) ある行を定数倍すると，行列式も同じ定数倍になる．

証明 ここでは (2) を証明しよう．λ を定数とする．A を n 次の正方行列とし，その行ベクトル表示を

$$A = \begin{pmatrix} \boldsymbol{a}^1 \\ \boldsymbol{a}^2 \\ \vdots \\ \boldsymbol{a}^n \end{pmatrix}$$

とする．A の第 k 行を λ 倍した行列を B とおく．定理 5.5 より $\det B = \det({}^tB)$ である．${}^tB$ の列ベクトル表示は

$${}^tB = \left({}^t(\boldsymbol{a}^1), \quad \cdots, \quad \lambda\, {}^t(\boldsymbol{a}^k), \quad \cdots, \quad {}^t(\boldsymbol{a}^n) \right)$$

であるから，定理 5.7 (2) より

$$\det({}^tB) = \lambda \det\left({}^t(\boldsymbol{a}^1), \cdots, {}^t(\boldsymbol{a}^k), \cdots, {}^t(\boldsymbol{a}^n) \right) = \lambda \det({}^tA)$$

である．定理 5.5 より右辺は $\lambda \det A$ に等しいから，$\det B = \lambda \det A$ である．
(1) を示すには，(2) と同様に転置行列を考えて定理 5.7 (1) を使えばよい． ■

定理 5.7 および定理 5.8 で述べた性質は，行列式の多重線形性と呼ばれる．

5.2.2 交代性

次の性質は行列式の交代性と呼ばれる．

定理 5.9 行列式は二つの列を入れ換えると (-1) 倍になる.

$$\det(\dots, \boldsymbol{a}_k, \dots, \boldsymbol{a}_l, \dots) = -\det(\dots, \boldsymbol{a}_l, \dots, \boldsymbol{a}_k, \dots).$$

同様に，二つの行を入れ換えても (-1) 倍になる.

この定理を証明するために，次の補題を示す.

補題 5.10 σ は S_n の要素であるとし，k は $1, 2, \dots, n-1$ のいずれかとする.このとき，置換 σ' を

$$\sigma'(k) = \sigma(k+1), \quad \sigma'(k+1) = \sigma(k), \quad \sigma'(j) = \sigma(j) \qquad (j \neq k, k+1) \tag{5.4}$$

により定めると，σ と σ' の転倒数の間には次の関係が成り立つ.

$$t(\sigma') = \begin{cases} t(\sigma) + 1 & (\sigma(k) < \sigma(k+1) \text{ のとき}) \\ t(\sigma) - 1 & (\sigma(k) > \sigma(k+1) \text{ のとき}) \end{cases}$$

よって $\mathrm{sgn}(\sigma') = -\mathrm{sgn}(\sigma)$ が成り立つ.

証明の前にこの補題が正しいことを具体例で確認しておこう.

例 5.11 $\sigma = \begin{pmatrix} 1 & 2 & 3 & 4 \\ 3 & 2 & 4 & 1 \end{pmatrix}$ で $k = 2$ のときを考える.$\sigma(2) < \sigma(3)$ だから，(5.4) で定まる置換 σ' について $t(\sigma') = t(\sigma) + 1$ が成り立つはずである.σ' を具体的に書くと $\sigma' = \begin{pmatrix} 1 & 2 & 3 & 4 \\ 3 & 4 & 2 & 1 \end{pmatrix}$ である.$t(\sigma) = 4, t(\sigma') = 5$ だから，確かに $t(\sigma') = t(\sigma) + 1$ となっている.

証明 補題 5.10 一般に，S_n の要素 τ と $j = 1, 2, \dots, n$ に対して

$$t_j(\tau) = |\{a \in \mathbb{Z} \mid j < a \leqq n \text{ かつ } \tau(j) > \tau(a)\}|$$

と定める ($j = n$ のときは右辺の集合が空集合なので $t_n(\tau) = 0$ である).転倒数の定義から

$$t(\tau) = t_1(\tau) + t_2(\tau) + \cdots + t_n(\tau)$$

であることに注意する.

まず，$\sigma(k) < \sigma(k+1)$ の場合を考える.数列 $\sigma'(1), \sigma'(2), \dots, \sigma'(n)$ は，数列

$\sigma(1), \sigma(2), \ldots, \sigma(n)$ の k 番目と $(k+1)$ 番目を入れ換えたものだから,

$$\begin{aligned} &t_k(\sigma') = t_{k+1}(\sigma) + 1, \quad t_{k+1}(\sigma') = t_k(\sigma), \\ &t_j(\sigma') = t_j(\sigma) \qquad (j \neq k, k+1) \end{aligned}$$

である[3]. したがって

$$\begin{aligned} t(\sigma') &= t_1(\sigma') + \cdots + t_k(\sigma') + t_{k+1}(\sigma') + \cdots + t_n(\sigma') \\ &= t_1(\sigma) + \cdots + \{t_{k+1}(\sigma) + 1\} + t_k(\sigma) + \cdots + t_n(\sigma) \\ &= t_1(\sigma) + \cdots + t_k(\sigma) + t_{k+1}(\sigma) + \cdots + t_n(\sigma) + 1 \end{aligned}$$

となる. 右辺は $t(\sigma) + 1$ に等しいから, $t(\sigma') = t(\sigma) + 1$ である.

同様に, $\sigma(k) > \sigma(k+1)$ のときは

$$\begin{aligned} &t_k(\sigma') = t_{k+1}(\sigma), \quad t_{k+1}(\sigma') = t_k(\sigma) - 1, \\ &t_j(\sigma') = t_j(\sigma) \qquad (j \neq k, k+1) \end{aligned}$$

であるから, $t(\sigma') = t(\sigma) - 1$ となることがわかる. ■

では, 行列式の交代性を証明しよう.

証明 定理 5.9 定理 5.5 より, 列の入れ換えについて証明すれば十分である.

まず, 隣り合う二つの列を入れ換えると行列式は (-1) 倍になることを示す. $A = (a_{ij})$ を n 次の正方行列とし, その第 k 列と第 $(k+1)$ 列を入れ換えた行列を A' とする. このとき, 行列式の定義から

$$\det A' = \sum_{\sigma \in S_n} \mathrm{sgn}(\sigma) a_{\sigma(1)1} \cdots a_{\sigma(k)\, k+1} a_{\sigma(k+1)\, k} \cdots a_{\sigma(n)n}$$

である. ここで, S_n のそれぞれの要素 σ に対して, 置換 σ' を

$$\sigma'(k) = \sigma(k+1), \quad \sigma'(k+1) = \sigma(k), \quad \sigma'(j) = \sigma(j) \qquad (j \neq k, k+1)$$

で定めると

$$a_{\sigma(1)1} \cdots a_{\sigma(k)\, k+1} a_{\sigma(k+1)\, k} \cdots a_{\sigma(n)n} = a_{\sigma'(1)1} \cdots a_{\sigma'(n)n}$$

であり, 補題 5.10 より $\mathrm{sgn}(\sigma') = -\mathrm{sgn}(\sigma)$ である. よって

3] 自分で具体例をいくつか作って, これらの等式が成り立つことを確認してほしい.

$$\det A' = -\sum_{\sigma\in S_n} \mathrm{sgn}(\sigma')a_{\sigma'(1)1}\cdots a_{\sigma'(n)n}$$

である．σ が S_n のすべての要素を動くとき，σ' も S_n の要素すべてを重複なく動くから，右辺は $-\det A$ に等しい．したがって，隣り合う二つの列を入れ換えると，行列式は (-1) 倍になる．

次に，離れた二つの列を入れ換える場合を考える．第 k 列と第 l 列を入れ換えるとしよう．ただし $1 \leqq k < l \leqq n$ とする．まず，第 k 列を第 $(k+1)$ 列，第 $(k+2)$ 列，...，第 l 列と順に入れ換える．このとき隣り合う列を $(l-k)$ 回入れ換えることになるから

$$\begin{aligned}
&\det(\ldots, \boldsymbol{a}_k, \boldsymbol{a}_{k+1}, \boldsymbol{a}_{k+2}, \ldots, \boldsymbol{a}_{l-1}, \boldsymbol{a}_l, \ldots)\\
&= -\det(\ldots, \boldsymbol{a}_{k+1}, \boldsymbol{a}_k, \boldsymbol{a}_{k+2}, \ldots, \boldsymbol{a}_{l-1}, \boldsymbol{a}_l, \ldots)\\
&= (-1)^2\det(\ldots, \boldsymbol{a}_{k+1}, \boldsymbol{a}_{k+2}, \boldsymbol{a}_k, \ldots, \boldsymbol{a}_{l-1}, \boldsymbol{a}_l, \ldots)\\
&= \cdots\\
&= (-1)^{l-k}\det(\ldots, \boldsymbol{a}_{k+1}, \boldsymbol{a}_{k+2}, \ldots, \boldsymbol{a}_{l-1}, \boldsymbol{a}_l, \boldsymbol{a}_k, \ldots)
\end{aligned}$$

となる．次に，列ベクトル $\boldsymbol{a}_l$ を左に向かって入れ換えていく．このときは列の入れ換えを $(l-k-1)$ 回行うから

$$\begin{aligned}
&(-1)^{l-k}\det(\ldots, \boldsymbol{a}_{k+1}, \boldsymbol{a}_{k+2}, \ldots, \boldsymbol{a}_{l-1}, \boldsymbol{a}_l, \boldsymbol{a}_k, \ldots)\\
&= (-1)^{l-k}(-1)^{l-k-1}\det(\ldots, \boldsymbol{a}_l, \boldsymbol{a}_{k+1}, \boldsymbol{a}_{k+2}, \ldots, \boldsymbol{a}_{l-1}, \boldsymbol{a}_k, \ldots)\\
&= -\det(\ldots, \boldsymbol{a}_l, \boldsymbol{a}_{k+1}, \boldsymbol{a}_{k+2}, \ldots, \boldsymbol{a}_{l-1}, \boldsymbol{a}_k, \ldots)
\end{aligned}$$

となる．以上より，離れた 2 列を入れ換えても行列式は (-1) 倍になる．■

定理 5.9 は次のように一般化される．

系 5.12　σ が S_n の要素であるとき，次の等式が成り立つ．

$$\det(\boldsymbol{a}_{\sigma(1)}, \boldsymbol{a}_{\sigma(2)}, \ldots, \boldsymbol{a}_{\sigma(n)}) = \mathrm{sgn}(\sigma)\det(\boldsymbol{a}_1, \boldsymbol{a}_2, \ldots, \boldsymbol{a}_n)$$

証明　$\det(\boldsymbol{a}_{\sigma(1)}, \boldsymbol{a}_{\sigma(2)}, \ldots, \boldsymbol{a}_{\sigma(n)})$ の隣り合う列であって，右側の方が添字の小さいものを 1 組選び，これらの列を入れ換える．このとき，定理 5.9 より行列式は (-1) 倍になる．入れ換えた列が第 k 列と第 $(k+1)$ 列であったとすると，(5.4) で

定まる置換 σ' を使って，入れ換えた後の行列式は $-\det(\boldsymbol{a}_{\sigma'(1)}, \boldsymbol{a}_{\sigma'(2)}, \ldots, \boldsymbol{a}_{\sigma'(n)})$ と表される．このとき，補題 5.10 より $t(\sigma') = t(\sigma) - 1$ である．

続いて $-\det(\boldsymbol{a}_{\sigma'(1)}, \boldsymbol{a}_{\sigma'(2)}, \ldots, \boldsymbol{a}_{\sigma'(n)})$ に対して，右側の方が添字の小さい隣り合う列を 1 組選び入れ換える．この操作を繰り返す．列を一度入れ換えると行列式は (-1) 倍になり，列の添字から定まる置換の転倒数は 1 だけ小さくなる (下の例を参照せよ)．転倒数が 0 となるとき，恒等置換に対応する行列式 $\det(\boldsymbol{a}_1, \boldsymbol{a}_2, \ldots, \boldsymbol{a}_n)$ が得られる．この過程を経て現れる符号は $(-1)^{t(\sigma)} = \mathrm{sgn}(\sigma)$ に等しいので，示すべき等式が成り立つ． ■

例 5.13 $\sigma = \begin{pmatrix} 1 & 2 & 3 & 4 \\ 3 & 2 & 4 & 1 \end{pmatrix}$ の場合に，系 5.12 の証明で述べた変形を実行する．入れ換える列を下線で表すと

$$\begin{aligned}
&\det(\boldsymbol{a}_3, \boldsymbol{a}_2, \underline{\boldsymbol{a}_4, \boldsymbol{a}_1}) = (-1)\det(\boldsymbol{a}_3, \underline{\boldsymbol{a}_2, \boldsymbol{a}_1}, \boldsymbol{a}_4) \\
&= (-1)^2 \det(\underline{\boldsymbol{a}_3, \boldsymbol{a}_1}, \boldsymbol{a}_2, \boldsymbol{a}_4) = (-1)^3 \det(\boldsymbol{a}_1, \underline{\boldsymbol{a}_3, \boldsymbol{a}_2}, \boldsymbol{a}_4) \\
&= (-1)^4 \det(\boldsymbol{a}_1, \boldsymbol{a}_2, \boldsymbol{a}_3, \boldsymbol{a}_4)
\end{aligned}$$

となる．列ベクトルの添字を並べて定まる置換は次のように変化している．

$$\begin{aligned}
&\sigma = \begin{pmatrix} 1 & 2 & 3 & 4 \\ 3 & 2 & 4 & 1 \end{pmatrix} \longrightarrow \begin{pmatrix} 1 & 2 & 3 & 4 \\ 3 & 2 & 1 & 4 \end{pmatrix} \\
&\longrightarrow \begin{pmatrix} 1 & 2 & 3 & 4 \\ 3 & 1 & 2 & 4 \end{pmatrix} \longrightarrow \begin{pmatrix} 1 & 2 & 3 & 4 \\ 1 & 3 & 2 & 4 \end{pmatrix} \longrightarrow \begin{pmatrix} 1 & 2 & 3 & 4 \\ 1 & 2 & 3 & 4 \end{pmatrix}
\end{aligned}$$

この過程で転倒数は 1 ずつ小さくなっている．

5.2.3 多重線形性と交代性からの帰結

行列式の多重線形性と交代性から，行列式は次の性質をもつことがわかる．これらの性質は行列式の計算で用いられる．

系 5.14 (1) 二つの列ベクトル (もしくは行ベクトル) が等しい正方行列の行列式は 0 である．

(2) 正方行列において，ある列の定数倍をほかの列に加えても，行列式の値は変わらない．行についても同様である．

証明 定理 5.5 より，列に関する命題を示せば十分である．

(1) 正方行列 $A = \begin{pmatrix} \boldsymbol{a}_1 & \boldsymbol{a}_2 & \ldots & \boldsymbol{a}_n \end{pmatrix}$ の第 k 列と第 l 列が等しいとする．この二つの列を入れ換えると行列 A そのものは変わらないが，定理 5.9 より行列式は (-1) 倍になる．よって $\det A = -\det A$ であるから，$\det A = 0$ である．

(2) λ を定数とする．正方行列 $A = \begin{pmatrix} \boldsymbol{a}_1 & \boldsymbol{a}_2 & \ldots & \boldsymbol{a}_n \end{pmatrix}$ において，第 p 列に第 q 列の λ 倍を加えた行列の行列式を考える．以下では $p < q$ とする ($p > q$ の場合も同様である)．定理 5.7 より

$$\begin{aligned} &\det(\ldots, \boldsymbol{a}_p + \lambda\boldsymbol{a}_q, \ldots, \boldsymbol{a}_q, \ldots) \\ &= \det(\ldots, \boldsymbol{a}_p, \ldots, \boldsymbol{a}_q, \ldots) + \lambda \det(\ldots, \boldsymbol{a}_q, \ldots, \boldsymbol{a}_q, \ldots) \end{aligned}$$

である．(1) より右辺の第 2 項は 0 だから，左辺は A の行列式に等しい． ■

5.3 行列式の次数下げ

次の定理を繰り返し使うと，大きな正方行列の行列式の計算を，小さな正方行列の行列式の計算に帰着させられる．これは行列式の重要な性質である．

定理 5.15 n 次の正方行列 $A = (a_{ij})$ の第 1 列は $(1,1)$ 成分を除いて 0 であるとする．このとき，A から第 1 列と第 1 行を取り除いた $(n-1)$ 次の正方行列を B とすると $\det A = a_{11} \det B$ である．つまり次の等式が成り立つ．

$$\begin{vmatrix} a_{11} & a_{12} & \cdots & a_{1n} \\ 0 & a_{22} & \cdots & a_{2n} \\ \vdots & \vdots & \ddots & \vdots \\ 0 & a_{n2} & \cdots & a_{nn} \end{vmatrix} = a_{11} \begin{vmatrix} a_{22} & \cdots & a_{2n} \\ \vdots & \ddots & \vdots \\ a_{n2} & \cdots & a_{nn} \end{vmatrix} \tag{5.5}$$

同様に，A の第 1 行が $(1,1)$ 成分を除いて 0 であるとき，$\det A = a_{11} \det B$ が成り立つ．

証明 等式 (5.5) が証明できれば，定理の後半のことは定理 5.5 より導かれる．そこで以下では (5.5) を示す．n 次の正方行列 $A = (a_{ij})$ の第 1 列が $(1,1)$ 成分を除いて 0 であるとする．行列式の定義から

$$\det A = \sum_{\sigma \in S_n} \operatorname{sgn}(\sigma) a_{\sigma(1)1} a_{\sigma(2)2} \cdots a_{\sigma(n)n}$$

である．$i \neq 1$ ならば $a_{i1} = 0$ であるので，右辺の和において $\sigma(1) \neq 1$ である項は 0 となる．よって，$\sigma(1) = 1$ を満たす置換 σ について足し合わせればよい．ここで，S_n の要素 σ が $\sigma(1) = 1$ を満たすとき，$\sigma(2), \sigma(3), \ldots, \sigma(n)$ は $2, 3, \ldots, n$ の並び換えである．そこで，$\sigma(1) = 1$ を満たす置換 σ それぞれに対して，S_{n-1} の要素 $\tilde{\sigma}$ を次で定める．

$$\tilde{\sigma}(i) = \sigma(i+1) - 1 \qquad (i = 1, 2, \ldots, n-1)$$

このとき，σ の転倒数と $\tilde{\sigma}$ の転倒数は等しい[4]．よって $\mathrm{sgn}(\sigma) = \mathrm{sgn}(\tilde{\sigma})$ である．σ が $\sigma(1) = 1$ を満たす S_n の要素すべてを動くとき，$\tilde{\sigma}$ は S_{n-1} のすべての要素を重複なく動く．よって

$$\det A = \sum_{\tilde{\sigma} \in S_{n-1}} \mathrm{sgn}(\tilde{\sigma}) a_{11} a_{\tilde{\sigma}(1)+1\,2} a_{\tilde{\sigma}(2)+1\,3} \cdots a_{\tilde{\sigma}(n-1)+1\,n}$$

である．$B = (b_{ij})$ とおくと，$b_{ij} = a_{i+1\,j+1}$ だから，右辺は

$$a_{11} \sum_{\tilde{\sigma} \in S_{n-1}} \mathrm{sgn}(\tilde{\sigma}) b_{\tilde{\sigma}(1)\,1} b_{\tilde{\sigma}(2)\,2} \cdots b_{\tilde{\sigma}(n-1)\,n-1}$$

と書き直されて，これは $a_{11} \det B$ に等しい．よって $\det A = a_{11} \det B$ である．■

定理 5.9 と定理 5.15 を使えば，次の等式も成り立つことがわかる．

$$\begin{vmatrix} a_{11} & \cdots & a_{1\,n-1} & a_{1n} \\ \vdots & \vdots & \vdots & \vdots \\ a_{n-1\,1} & \cdots & a_{n-1\,n-1} & a_{n-1\,n} \\ 0 & \cdots & 0 & a_{nn} \end{vmatrix} = a_{nn} \begin{vmatrix} a_{11} & \cdots & a_{1\,n-1} \\ \vdots & \vdots & \vdots \\ a_{n-1\,1} & \cdots & a_{n-1\,n-1} \end{vmatrix} \tag{5.6}$$

この等式の証明は演習問題とする (問 5.3.1).

5.4 行列式の計算法

ここまでに証明した行列式の性質を使えば，大きな正方行列の行列式を計算できる．基本的な戦略は，定理 5.15 で証明した次数下げの等式を使って，行列を小さくしていくことである．そのためには，第 1 列もしくは第 1 行の (1,1) 成分以外をすべて 0 にすればよい．ここで次の性質を使う．

4] $\sigma(1) = 1$ を満たす σ の例を自分で作って，ここで定義した $\tilde{\sigma}$ と σ の転倒数が一致することを確かめてほしい．

- ある行 (もしくは列) の定数倍をほかの行 (もしくは列) に加えても，行列式の値は変わらない (系 5.14 (2)).
- ある行もしくは列の成分に共通因子があれば，それを括り出せる (定理 5.7 (2), 定理 5.8 (2)).
- 二つの行 (もしくは列) を入れ換えると，行列式の値は (-1) 倍になる (定理 5.9).

この計算の途中で，ある列 (もしくは行) の成分がすべて 0 になったり，二つの列ベクトル (もしくは行ベクトル) が等しくなったりすれば，行列式の値は 0 である (命題 4.15, 系 5.14 (1)). また，上三角行列もしくは下三角行列にできれば，対角成分の積を計算して行列式の値が求まる (命題 4.18).

以上の方針でたいていの行列式は計算できるが，次章で述べる行列式の余因子展開が必要になることもある[5]. 以下では余因子展開を使わずに計算できる例を挙げる.

例 5.16 $\begin{vmatrix} 1 & 2 & 3 & 1 \\ 3 & 5 & -3 & 5 \\ 2 & 2 & 4 & 3 \\ 3 & 7 & -1 & 2 \end{vmatrix}$ を計算する.

第 1 列を (-2) 倍して第 2 列に加える. この操作で行列式の値は変わらない.

$$\begin{vmatrix} 1 & 2 & 3 & 1 \\ 3 & 5 & -3 & 5 \\ 2 & 2 & 4 & 3 \\ 3 & 7 & -1 & 2 \end{vmatrix} = \begin{vmatrix} 1 & 0 & 3 & 1 \\ 3 & -1 & -3 & 5 \\ 2 & -2 & 4 & 3 \\ 3 & 1 & -1 & 2 \end{vmatrix}$$

同様に，第 1 列を (-3) 倍，(-1) 倍してそれぞれ第 3 列，第 4 列に加える.

$$\begin{vmatrix} 1 & 0 & 3 & 1 \\ 3 & -1 & -3 & 5 \\ 2 & -2 & 4 & 3 \\ 3 & 1 & -1 & 2 \end{vmatrix} = \begin{vmatrix} 1 & 0 & 0 & 1 \\ 3 & -1 & -12 & 5 \\ 2 & -2 & -2 & 3 \\ 3 & 1 & -10 & 2 \end{vmatrix} = \begin{vmatrix} 1 & 0 & 0 & 0 \\ 3 & -1 & -12 & 2 \\ 2 & -2 & -2 & 1 \\ 3 & 1 & -1 & -1 \end{vmatrix}$$

そして，定理 5.15 で証明した次数下げを行う.

5] 87 ページの例 6.13 を見よ.

$$\begin{vmatrix} 1 & 0 & 0 & 0 \\ 3 & -1 & -12 & 2 \\ 2 & -2 & -2 & 1 \\ 3 & 1 & -1 & -1 \end{vmatrix} = 1 \cdot \begin{vmatrix} -1 & -12 & 2 \\ -2 & -2 & 1 \\ 1 & -1 & -1 \end{vmatrix}$$

以下の手順は同様である．必要に応じて列 (もしくは行) を入れ換える．第 1 行と第 3 行を入れ換えると，行列式は (-1) 倍になる．

$$\begin{vmatrix} -1 & -12 & 2 \\ -2 & -2 & 1 \\ 1 & -1 & -1 \end{vmatrix} = -\begin{vmatrix} 1 & -1 & -1 \\ -2 & -2 & 1 \\ -1 & -12 & 2 \end{vmatrix}$$

第 1 行を 2 倍して第 2 行に加え，第 3 行にはそのまま加える．その後で次数下げをする．

$$-\begin{vmatrix} 1 & -1 & -1 \\ -2 & -2 & 1 \\ -1 & -12 & 2 \end{vmatrix} = -\begin{vmatrix} 1 & -1 & -1 \\ 0 & -4 & -1 \\ 0 & -13 & 1 \end{vmatrix} = -\begin{vmatrix} -4 & -1 \\ -13 & 1 \end{vmatrix}$$

第 1 行の共通因子 (-1) を括り出し，2 次の正方行列の行列式の定義を使って計算すれば

$$-\begin{vmatrix} -4 & -1 \\ -13 & 1 \end{vmatrix} = \begin{vmatrix} 4 & 1 \\ -13 & 1 \end{vmatrix} = 4 \cdot 1 - (-13) \cdot 1 = 17.$$

したがって，求める行列式の値は 17 である．

例 5.17 $\begin{vmatrix} 1 & a & a & a \\ a & 1 & a & a \\ a & a & 1 & a \\ a & a & a & 1 \end{vmatrix}$ (a は定数) を計算する．

第 2 列から第 4 列を第 1 列に加える．

$$\begin{vmatrix} 1 & a & a & a \\ a & 1 & a & a \\ a & a & 1 & a \\ a & a & a & 1 \end{vmatrix} = \begin{vmatrix} 1+3a & a & a & a \\ 1+3a & 1 & a & a \\ 1+3a & a & 1 & a \\ 1+3a & a & a & 1 \end{vmatrix}$$

第 1 列から共通因子 $(1+3a)$ を括り出す．

$$\begin{vmatrix} 1+3a & a & a & a \\ 1+3a & 1 & a & a \\ 1+3a & a & 1 & a \\ 1+3a & a & a & 1 \end{vmatrix} = (1+3a)\begin{vmatrix} 1 & a & a & a \\ 1 & 1 & a & a \\ 1 & a & 1 & a \\ 1 & a & a & 1 \end{vmatrix}$$

第1行をほかの行から引くと上三角行列になって行列式が計算できる.

$$(1+3a)\begin{vmatrix} 1 & a & a & a \\ 1 & 1 & a & a \\ 1 & a & 1 & a \\ 1 & a & a & 1 \end{vmatrix} = (1+3a)\begin{vmatrix} 1 & a & a & a \\ 0 & 1-a & 0 & 0 \\ 0 & 0 & 1-a & 0 \\ 0 & 0 & 0 & 1-a \end{vmatrix} = (1+3a)(1-a)^3.$$

例題 5.18 n を2以上の整数とする. 次の等式を示せ.

$$\begin{vmatrix} 1 & 1 & \cdots & 1 \\ x_1 & x_2 & \cdots & x_n \\ x_1^2 & x_2^2 & \cdots & x_n^2 \\ \vdots & \vdots & \ddots & \vdots \\ x_1^{n-1} & x_2^{n-1} & \cdots & x_n^{n-1} \end{vmatrix} = \prod_{1 \leqq i < j \leqq n} (x_j - x_i)$$

ただし右辺は $1 \leqq i < j \leqq n$ を満たす組 (i, j) すべてについて $(x_j - x_i)$ を掛ける積である. この行列式をファンデルモンド (**Vandermonde**) の行列式と呼ぶ.

解 左辺の行列式を $F_n(x_1, x_2, \cdots, x_n)$ とおく[6]. n に関する数学的帰納法で証明する. $n = 2$ のときは

$$F_2(x_1, x_2) = \begin{vmatrix} 1 & 1 \\ x_1 & x_2 \end{vmatrix} = x_2 - x_1$$

より, 示すべき等式は成り立つ. k を2以上の整数として, $n = k$ のときに成り立つと仮定する. $n = k+1$ の場合を考える. 第 k 行を x_1 倍して第 $(k+1)$ 行から引けば

$$F_{k+1}(x_1, x_2, \cdots, x_{k+1}) = \begin{vmatrix} 1 & 1 & \cdots & 1 \\ x_1 & x_2 & \cdots & x_{k+1} \\ \vdots & \vdots & \ddots & \vdots \\ x_1^{k-1} & x_2^{k-1} & \cdots & x_{k+1}^{k-1} \\ 0 & x_2^{k-1}(x_2 - x_1) & \cdots & x_{k+1}^{k-1}(x_{k+1} - x_1) \end{vmatrix}$$

6] F_n の添字の n は変数の個数を表している.

となる．続いて，第 $(k-1)$ 行を x_1 倍して第 k 行から引けば，第 k 行の成分は順に $0, x_2^{k-2}(x_2-x_1), \dots, x_{k+1}^{k-2}(x_{k+1}-x_1)$ となる．これを続けて第 1 列の成分を下から順に 0 にしていくと，右辺の行列式は

$$\begin{vmatrix} 1 & 1 & \cdots & 1 \\ 0 & x_2-x_1 & \cdots & x_{k+1}-x_1 \\ \vdots & \vdots & \ddots & \vdots \\ 0 & x_2^{k-2}(x_2-x_1) & \cdots & x_{k+1}^{k-2}(x_{k+1}-x_1) \\ 0 & x_2^{k-1}(x_2-x_1) & \cdots & x_{k+1}^{k-1}(x_{k+1}-x_1) \end{vmatrix}$$

と等しいことがわかる．定理 5.15 を使って次数下げをして，各列から共通因子 $(x_2-x_1), (x_3-x_1), \cdots, (x_{k+1}-x_1)$ を括り出すと

$$\prod_{j=2}^{k+1}(x_j-x_1) \times \begin{vmatrix} 1 & \cdots & 1 \\ x_2 & \cdots & x_{k+1} \\ \vdots & \ddots & \vdots \\ x_2^{k-1} & \cdots & x_{k+1}^{k-1} \end{vmatrix}$$

を得る．ただし $\prod_{j=2}^{k+1}(x_j-x_1)$ は j が 2 から $(k+1)$ まで動くときの (x_j-x_1) の積である．行列式の部分は $F_k(x_2, \cdots, x_{k+1})$ に等しいから次の等式が成り立つ．

$$F_{k+1}(x_1, x_2, \cdots, x_{k+1}) = \prod_{j=2}^{k+1}(x_j-x_1) \times F_k(x_2, \cdots, x_{k+1})$$

数学的帰納法の仮定より $F_k(x_2, \cdots, x_{k+1}) = \prod_{2 \leqq i < j \leqq k+1}(x_j-x_i)$ だから

$$\begin{aligned} F_{k+1}(x_1, x_2, \cdots, x_{k+1}) &= \prod_{j=2}^{k+1}(x_j-x_1) \times \prod_{2 \leqq i < j \leqq k+1}(x_j-x_i) \\ &= \prod_{1 \leqq i < j \leqq k+1}(x_j-x_i) \end{aligned}$$

である．よって $n=k+1$ のときも示すべき等式が成り立つ． □

5.5 行列の積と行列式

最後に行列の積と行列式の関係について述べる．

定理 5.19　A, B が同じ型の正方行列であるとき，$\det(AB) = (\det A)(\det B)$ が成り立つ．

証明　A と B は n 次の正方行列であるとする．B の列ベクトル表示を $B = \begin{pmatrix} \boldsymbol{b}_1 & \cdots & \boldsymbol{b}_n \end{pmatrix}$ とすると $AB = \begin{pmatrix} A\boldsymbol{b}_1 & A\boldsymbol{b}_2 & \cdots & A\boldsymbol{b}_n \end{pmatrix}$ である．A の列ベクトル表示を $A = \begin{pmatrix} \boldsymbol{a}_1 & \boldsymbol{a}_2 & \cdots & \boldsymbol{a}_n \end{pmatrix}$ とし，$B = (b_{ij})$ とおくと，命題 2.12 より

$$A\boldsymbol{b}_j = b_{1j}\boldsymbol{a}_1 + b_{2j}\boldsymbol{a}_2 + \cdots + b_{nj}\boldsymbol{a}_n = \sum_{i=1}^{n} b_{ij}\boldsymbol{a}_i \qquad (j = 1, 2, \ldots, n)$$

である．よって，行列式の多重線形性 (定理 5.7) を繰り返し使って

$$\begin{aligned}
\det(AB) &= \det\Big(\sum_{i_1=1}^{n} b_{i_1 1}\boldsymbol{a}_{i_1}, \sum_{i_2=1}^{n} b_{i_2 2}\boldsymbol{a}_{i_2}, \cdots, \sum_{i_n=1}^{n} b_{i_n n}\boldsymbol{a}_{i_n}\Big) \\
&= \sum_{i_1=1}^{n} b_{i_1 1} \det\Big(\boldsymbol{a}_{i_1}, \sum_{i_2=1}^{n} b_{i_2 2}\boldsymbol{a}_{i_2}, \cdots, \sum_{i_n=1}^{n} b_{i_n n}\boldsymbol{a}_{i_n}\Big) \\
&= \sum_{i_1=1}^{n} \sum_{i_2=1}^{n} b_{i_1 1} b_{i_2 2} \det\Big(\boldsymbol{a}_{i_1}, \boldsymbol{a}_{i_2}, \cdots, \sum_{i_n=1}^{n} b_{i_n n}\boldsymbol{a}_{i_n}\Big) \\
&= \cdots \\
&= \sum_{i_1=1}^{n} \sum_{i_2=1}^{n} \cdots \sum_{i_n=1}^{n} b_{i_1 1} b_{i_2 2} \cdots b_{i_n n} \det(\boldsymbol{a}_{i_1}, \boldsymbol{a}_{i_2}, \cdots, \boldsymbol{a}_{i_n})
\end{aligned}$$

を得る．右辺の和のうち，$i_1, i_2, \ldots, i_n$ のなかに等しいものがある項は 0 である (系 5.14 (1))．したがって，$i_1, i_2, \ldots, i_n$ が $1, 2, \ldots, n$ の並び換えである項のみが残る．よって，右辺は置換の記号を使って

$$\det(AB) = \sum_{\sigma \in S_n} b_{\sigma(1)1} b_{\sigma(2)2} \cdots b_{\sigma(n)n} \det(\boldsymbol{a}_{\sigma(1)}, \boldsymbol{a}_{\sigma(2)}, \cdots, \boldsymbol{a}_{\sigma(n)})$$

と書き直される．ここで系 5.12 より

$$\det(\boldsymbol{a}_{\sigma(1)}, \boldsymbol{a}_{\sigma(2)}, \cdots, \boldsymbol{a}_{\sigma(n)}) = \mathrm{sgn}(\sigma) \det A$$

であるから

$$\begin{aligned}
\det(AB) &= \sum_{\sigma \in S_n} b_{\sigma(1)1} b_{\sigma(2)2} \cdots b_{\sigma(n)n} \mathrm{sgn}(\sigma) \det A \\
&= \det A \sum_{\sigma \in S_n} \mathrm{sgn}(\sigma) b_{\sigma(1)1} b_{\sigma(2)2} \cdots b_{\sigma(n)n} = (\det A)(\det B)
\end{aligned}$$

となる．■

定理 5.19 の応用例を一つ挙げよう．行列を行と列に関して区分けして小さな行列に分割することを，行列の**ブロック分解**という．たとえば

$$A = \begin{pmatrix} 1 & 2 & 3 & a & b \\ 4 & 5 & 6 & c & d \\ 7 & 8 & 9 & e & f \\ \alpha & \beta & \gamma & -1 & -2 \\ \xi & \eta & \rho & -3 & -4 \end{pmatrix}$$

という行列 A は，四つの行列

$$A_{11} = \begin{pmatrix} 1 & 2 & 3 \\ 4 & 5 & 6 \\ 7 & 8 & 9 \end{pmatrix}, \quad A_{12} = \begin{pmatrix} a & b \\ c & d \\ e & f \end{pmatrix},$$

$$A_{21} = \begin{pmatrix} \alpha & \beta & \gamma \\ \xi & \eta & \rho \end{pmatrix}, \quad A_{22} = \begin{pmatrix} -1 & -2 \\ -3 & -4 \end{pmatrix}$$

に分解できる．この分解を次の式で表す．

$$A = \begin{pmatrix} A_{11} & A_{12} \\ A_{21} & A_{22} \end{pmatrix}$$

A_{11}, B_{11} が m 次の正方行列，A_{22}, B_{22} が n 次の正方行列，A_{12}, B_{12} が (m, n) 型行列，A_{21}, B_{21} が (n, m) 型行列のとき，$(m+n)$ 次の正方行列 A, B を

$$A = \begin{pmatrix} A_{11} & A_{12} \\ A_{21} & A_{22} \end{pmatrix}, \quad B = \begin{pmatrix} B_{11} & B_{12} \\ B_{21} & B_{22} \end{pmatrix}$$

で定める．このとき，行列の積の定義から行列 AB は

$$AB = \begin{pmatrix} A_{11}B_{11} + A_{12}B_{21} & A_{11}B_{12} + A_{12}B_{22} \\ A_{21}B_{11} + A_{22}B_{21} & A_{21}B_{12} + A_{22}B_{22} \end{pmatrix}$$

とブロック分解される．このことを使えば，次の命題を証明できる．

命題 5.20　正方行列 X が次の形にブロック分解されるとする．

$$X = \begin{pmatrix} A & C \\ O & B \end{pmatrix} \qquad (A, B \text{ は正方行列，} O \text{ は零行列})$$

このとき，$\det X = (\det A)(\det B)$ が成り立つ．

証明　A は m 次の正方行列，B は n 次の正方行列であるとする．$(m+n)$ 次の正方行列 X_1, X_2 を

$$X_1 = \begin{pmatrix} I_m & C \\ O & B \end{pmatrix}, \quad X_2 = \begin{pmatrix} A & O \\ O & I_n \end{pmatrix}$$

と定めれば，$X = X_1X_2$ である．次数下げの公式 (5.5) と (5.6) を繰り返し使えば

$$\det X_1 = \det B, \quad \det X_2 = \det A$$

であることがわかる．したがって，定理 5.19 より，$\det X = (\det X_1)(\det X_2) = (\det A)(\det B)$ である．■

例 5.21 行列式 $\begin{vmatrix} a & b & c & d \\ 0 & e & f & 0 \\ 0 & p & q & 0 \\ r & s & t & u \end{vmatrix}$ を計算する．

行および列の入れ換えを行って，命題 5.20 を使うと

$$\begin{vmatrix} a & b & c & d \\ 0 & e & f & 0 \\ 0 & p & q & 0 \\ r & s & t & u \end{vmatrix} = -\begin{vmatrix} a & b & c & d \\ r & s & t & u \\ 0 & p & q & 0 \\ 0 & e & f & 0 \end{vmatrix} = \begin{vmatrix} a & d & c & b \\ r & u & t & s \\ 0 & 0 & q & p \\ 0 & 0 & f & e \end{vmatrix} = \begin{vmatrix} a & d \\ r & u \end{vmatrix} \begin{vmatrix} q & p \\ f & e \end{vmatrix}.$$

よって求める行列式の値は $(au - dr)(eq - fp)$ である．

演 習 問 題

問 5.1.1 正方行列 X が ${}^tX = X$ を満たすとき，X は**対称行列**であるという．

正方行列とは限らないどの行列 A についても，積 ${}^tAA, A\,{}^tA$ は定義されて，これらは対称行列であることを示せ．

問 5.1.2 正方行列 Y が ${}^tY = -Y$ を満たすとき，Y は**交代行列**であるという．

A は正方行列であるとする．このとき，対称行列 B と交代行列 C であって $A = B + C$ を満たすものが存在することを示せ．

(ヒント：もしそのような B, C があるとすればどうなるべきか？)

問 5.2.1

(1) A が n 次の正方行列であるとき，$\det(-A) = (-1)^n \det A$ であることを示せ．

(2) A が奇数次の交代行列であるとき，$\det A = 0$ であることを示せ．

問 5.2.2 この問題では数列についての知識を仮定する．数列 $\{a_n\}$ が与えられたとき，n 次の正方行列 $X_n = (x_{ij})$ を $x_{ij} = a_{i+j-1}$ で定める．たとえば X_2, X_3 は

$$X_2 = \begin{pmatrix} a_1 & a_2 \\ a_2 & a_3 \end{pmatrix}, \quad X_3 = \begin{pmatrix} a_1 & a_2 & a_3 \\ a_2 & a_3 & a_4 \\ a_3 & a_4 & a_5 \end{pmatrix}$$

である．

(1) 数列 $\{a_n\}$ が等比数列ならば，2 以上のすべての正の整数 n について $\det X_n = 0$ であることを示せ．

(2) 数列 $\{a_n\}$ が等差数列ならば，3 以上のすべての正の整数 n について $\det X_n = 0$ であることを示せ．

問 5.3.1 定理 5.9 と定理 5.15 を使って，73 ページの等式 (5.6) を証明せよ．

問 5.4.1 次の行列式を計算せよ．ただし a は定数とする．

(1) $\begin{vmatrix} 1 & 3 & -2 \\ 2 & 7 & 4 \\ -2 & -5 & 1 \end{vmatrix}$ (2) $\begin{vmatrix} 2 & 0 & 1 & 1 \\ 1 & 1 & 2 & 1 \\ 3 & -1 & 1 & 1 \\ -1 & 2 & -2 & 1 \end{vmatrix}$ (3) $\begin{vmatrix} 0 & 1 & a & a^2 \\ 1 & 0 & a & a^2 \\ 1 & a & 0 & a^2 \\ 1 & a & a^2 & 0 \end{vmatrix}$

問 5.4.2 3 次の正方行列 $A = (a_{ij})$ について次の等式を示せ[7]．ただし I は単位行列である．

$$\det(I + A) = 1 + \mathrm{tr}A + \begin{vmatrix} a_{11} & a_{12} \\ a_{21} & a_{22} \end{vmatrix} + \begin{vmatrix} a_{11} & a_{13} \\ a_{31} & a_{33} \end{vmatrix} + \begin{vmatrix} a_{22} & a_{23} \\ a_{32} & a_{33} \end{vmatrix} + \det A$$

(ヒント：$\begin{pmatrix} 1 + a_{11} \\ a_{21} \\ a_{31} \end{pmatrix} = \begin{pmatrix} 1 \\ 0 \\ 0 \end{pmatrix} + \begin{pmatrix} a_{11} \\ a_{21} \\ a_{31} \end{pmatrix}$)

問 5.5.1 実数を成分とする 3 次の正方行列 A であって $A^2 = \begin{pmatrix} 0 & 0 & 1 \\ 0 & 1 & 0 \\ 1 & 0 & 0 \end{pmatrix}$ となるものは存在しないことを示せ．(ヒント：両辺の行列式を考えよ．)

問 5.5.2 A, B は同じ型の正方行列とする．次の等式を示せ．

$$\det \begin{pmatrix} A & B \\ B & A \end{pmatrix} = \det(A - B)\det(A + B)$$

7] $\mathrm{tr}A$ の定義については問 2.3.2 を参照せよ．

第6章

行列式の余因子展開と逆行列

6.1 逆行列

6.1.1 逆行列の定義

定義 6.1 A を n 次の正方行列とする．n 次の正方行列 X であって，$AX = I_n$ かつ $XA = I_n$ を満たすものを，A の**逆行列**という．正方行列 A が逆行列をもつとき，A は**正則行列である** (もしくは，A は**正則である**) という．

例 6.2 2 次の正方行列 $A = \begin{pmatrix} 2 & 1 \\ 5 & 3 \end{pmatrix}$ に対して，行列 $X = \begin{pmatrix} 3 & -1 \\ -5 & 2 \end{pmatrix}$ は

$$AX = \begin{pmatrix} 2 & 1 \\ 5 & 3 \end{pmatrix} \begin{pmatrix} 3 & -1 \\ -5 & 2 \end{pmatrix} = \begin{pmatrix} 6-5 & -2+2 \\ 15-15 & -5+6 \end{pmatrix} = \begin{pmatrix} 1 & 0 \\ 0 & 1 \end{pmatrix} = I,$$

$$XA = \begin{pmatrix} 3 & -1 \\ -5 & 2 \end{pmatrix} \begin{pmatrix} 2 & 1 \\ 5 & 3 \end{pmatrix} = \begin{pmatrix} 6-5 & 3-3 \\ -10+10 & -5+6 \end{pmatrix} = \begin{pmatrix} 1 & 0 \\ 0 & 1 \end{pmatrix} = I$$

を満たす．よって X は A の逆行列であり，A は正則行列である．

0 でない実数 (もしくは複素数) a は逆数 $a^{-1} \left(= \dfrac{1}{a}\right)$ をもつ．しかし，行列の場合には，A が零行列でないからといって，逆行列をもつとは限らない．

例 6.3 2 次の正方行列 $A = \begin{pmatrix} 1 & 0 \\ 0 & 0 \end{pmatrix}$ の逆行列は存在しない．なぜならば，2 次の正方行列 $X = \begin{pmatrix} x & y \\ z & w \end{pmatrix}$ に対して AX を計算すると

$$AX = \begin{pmatrix} 1 & 0 \\ 0 & 0 \end{pmatrix} \begin{pmatrix} x & y \\ z & w \end{pmatrix} = \begin{pmatrix} x & y \\ 0 & 0 \end{pmatrix}$$

となる．X をどのようにとっても AX の $(2,2)$ 成分は 0 なので，AX が単位行列になることはない．よって，A の逆行列は存在しない．

命題 6.4 正方行列の逆行列が存在するならば，それはただ一つである．

証明 A を正方行列とし，X と Y が A の逆行列であるとする．このとき，$AY = I, XA = I$ だから

$$X = XI = X(AY) = (XA)Y = IY = Y,$$

つまり $X = Y$ である．したがって，A の逆行列は存在すればただ一つである．■

命題 6.4 より，行列 A が正則であればその逆行列はただ一つに決まる．そこで，A の逆行列を A^{-1} と表す．このとき $AA^{-1} = I, A^{-1}A = I$ であるから，A^{-1} も正則で，その逆行列は A である．つまり $(A^{-1})^{-1} = A$ が成り立つ．

命題 6.5 正方行列 A が正則であるならば，$\det A \neq 0$ であり，$\det(A^{-1}) = \dfrac{1}{\det A}$ が成り立つ．

証明 A は正則行列であるとする．このとき逆行列 A^{-1} が存在して $A^{-1}A = I$ が成り立つ．よって $\det(A^{-1}A) = \det I = 1$ である．定理 5.19 より，左辺の行列式は $\det(A^{-1})\det A$ に等しいので，$\det(A^{-1})\det A = 1$ である．よって $\det A \neq 0$ であり，$\det(A^{-1}) = \dfrac{1}{\det A}$ が成り立つ．■

6.1.2 正則行列の積の逆行列

命題 6.6 A, B は同じ型の正則行列であるとする．このとき，積 AB も正則であり，$(AB)^{-1} = B^{-1}A^{-1}$ である．

証明 行列の積の結合法則より

$$(B^{-1}A^{-1})(AB) = B^{-1}(A^{-1}A)B = B^{-1}IB = B^{-1}B = I$$

である．同様に $(AB)(B^{-1}A^{-1}) = I$ である．したがって AB は正則で $(AB)^{-1} = B^{-1}A^{-1}$ である． ■

次のことは，系 5.4 と同様に数学的帰納法を使って証明できる．

系 6.7 n を正の整数とする．行列 $A_1, A_2, \ldots, A_n$ が同じ型の正則行列ならば，積 $A_1A_2\cdots A_n$ も正則であり，$(A_1A_2\cdots A_n)^{-1} = A_n^{-1}\cdots A_2^{-1}A_1^{-1}$ が成り立つ．

さらに，系 6.7 において $A_1, A_2, \ldots, A_n$ がすべて等しい場合を考えると，次のことがわかる．

系 6.8 n を正の整数とする．A が正則行列ならば A^n も正則で，$(A^n)^{-1} = (A^{-1})^n$ である．

A を正則行列とする．負の整数 n に対して，行列 A^n を $A^n = (A^{-1})^{|n|}$ で定義する．つまり

$$A^{-2} = (A^{-1})^2, \quad A^{-3} = (A^{-1})^3, \quad A^{-4} = (A^{-1})^4, \quad \ldots$$

と定める．さらに $A^0 = I$ と定めれば，すべての整数 m, n について $A^mA^n = A^{m+n}$ である．たとえば $A^2A^{-3} = AAA^{-1}A^{-1}A^{-1} = A^{-1} = A^{2+(-3)}$ である．

系 6.9 A が正則行列であるとき，転置行列 ${}^tA$ も正則であり，その逆行列は A^{-1} の転置行列に等しい．つまり $({}^tA)^{-1} = {}^t(A^{-1})$ である．

証明 A が正則行列であるとき，$AA^{-1} = I, A^{-1}A = I$ が成り立つ．これらの両辺の転置行列を考える．命題 5.3 より ${}^t(AA^{-1}) = {}^t(A^{-1})\,{}^tA, {}^t(A^{-1}A) = {}^tA\,{}^t(A^{-1})$ である．一方，単位行列の転置 ${}^tI$ は I に等しいから，${}^t(A^{-1})\,{}^tA = I, {}^tA\,{}^t(A^{-1}) = I$ である．よって ${}^tA$ も正則で，その逆行列は ${}^t(A^{-1})$ に等しい． ■

系 6.9 より，A が正則行列であれば ${}^t(A^{-1})$ と $({}^tA)^{-1}$ は等しい．そこで，これらの行列を表すのにカッコを省略して ${}^tA^{-1}$ と書く．

6.2 行列式の余因子展開

命題 6.5 で示したように，正則行列の行列式は 0 でない．次節ではこの逆も正しいこと，つまり，行列式が 0 でない行列は正則である (逆行列をもつ) ことを証明する．そのための準備として，この節では行列式の余因子展開について説明する．

正方行列 A の行列式は，A のある列 (もしくは行) の成分が一つを除いてすべて 0 であれば，定理 5.9 と定理 5.15 を使って次数下げができる．そうでなければ単純な次数下げはできないが，次のようにすれば次数の小さい行列式の和として表される．

n 次の正方行列 $A = (a_{ij})$ の行列式を考える．A の列ベクトル表示を $A = \begin{pmatrix} \boldsymbol{a}_1 & \boldsymbol{a}_2 & \cdots & \boldsymbol{a}_n \end{pmatrix}$ とする．l を $1, 2, \ldots, n$ のいずれかとする．A の第 l 列を第 $(l-1)$ 列, 第 $(l-2)$ 列, …, 第 1 列と続いて入れ換えれば，行列式は

$$\det A = (-1)^{l-1} \det (\boldsymbol{a}_l, \boldsymbol{a}_1, \cdots, \boldsymbol{a}_{l-1}, \boldsymbol{a}_{l+1}, \cdots, \boldsymbol{a}_n)$$

と表される．右辺の行列の第 1 列を次のように書き直す．$k = 1, 2, \ldots, n$ について，第 k 成分が 1 で，ほかの成分が 0 である列ベクトルを $\boldsymbol{e}_k$ で表す．つまり

$$\boldsymbol{e}_1 = \begin{pmatrix} 1 \\ 0 \\ \vdots \\ 0 \end{pmatrix}, \quad \boldsymbol{e}_2 = \begin{pmatrix} 0 \\ 1 \\ \vdots \\ 0 \end{pmatrix}, \quad \cdots, \quad \boldsymbol{e}_n = \begin{pmatrix} 0 \\ 0 \\ \vdots \\ 1 \end{pmatrix}$$

である (これらを**基本ベクトル**と呼ぶ)．このとき $\boldsymbol{a}_l = \sum_{k=1}^{n} a_{kl} \boldsymbol{e}_k$ であるから，行列式の多重線形性より

$$\det A = \sum_{k=1}^{n} (-1)^{l-1} a_{kl} \det (\boldsymbol{e}_k, \boldsymbol{a}_1, \cdots, \boldsymbol{a}_{l-1}, \boldsymbol{a}_{l+1}, \cdots, \boldsymbol{a}_n)$$

である．右辺の行列式の第 1 列は，$(1, k)$ 成分のみが 1 でほかは 0 である．そこで，第 k 行を第 $(k-1)$ 行, 第 $(k-2)$ 行, …, 第 1 行と順に入れ換えて，定理 5.15 の次数下げを行うと

$$\det A = \sum_{k=1}^{n} (-1)^{l+k} a_{kl} \begin{vmatrix} a_{11} & \cdots & a_{1\,l-1} & a_{1\,l+1} & \cdots & a_{1n} \\ \vdots & \ddots & \vdots & \vdots & \ddots & \vdots \\ a_{k-1\,1} & \cdots & a_{k-1\,l-1} & a_{k-1\,l+1} & \cdots & a_{k-1\,n} \\ a_{k+1\,1} & \cdots & a_{k+1\,l-1} & a_{k+1\,l+1} & \cdots & a_{k+1\,n} \\ \vdots & \ddots & \vdots & \vdots & \ddots & \vdots \\ a_{n1} & \cdots & a_{n\,l-1} & a_{n\,l+1} & \cdots & a_{nn} \end{vmatrix}$$

となる[1]. 右辺の行列式は行列 A から第 k 行と第 l 列を取り除いた行列の行列式である. そこで次の定義をする.

定義 6.10 n 次の正方行列 $A = (a_{ij})$ に対し, 次の値を行列 A の (k, l) 余因子という.

$$(-1)^{k+l} \begin{vmatrix} a_{11} & \cdots & a_{1\,l-1} & a_{1\,l+1} & \cdots & a_{1n} \\ \vdots & \ddots & \vdots & \vdots & \ddots & \vdots \\ a_{k-1\,1} & \cdots & a_{k-1\,l-1} & a_{k-1\,l+1} & \cdots & a_{k-1\,n} \\ a_{k+1\,1} & \cdots & a_{k+1\,l-1} & a_{k+1\,l+1} & \cdots & a_{k+1\,n} \\ \vdots & \ddots & \vdots & \vdots & \ddots & \vdots \\ a_{n1} & \cdots & a_{n\,l-1} & a_{n\,l+1} & \cdots & a_{nn} \end{vmatrix}$$

以上の計算の結果として, 次の定理の等式 (6.1) を得る.

定理 6.11 $A = (a_{ij})$ を n 次の正方行列とし, その (i, j) 余因子を $\tilde{a}_{ij}$ とおく. このとき, すべての $l, s = 1, 2, \ldots, n$ に対して, 次の等式が成り立つ.

$$\det A = \sum_{k=1}^{n} a_{kl} \tilde{a}_{kl}, \tag{6.1}$$

$$\det A = \sum_{t=1}^{n} a_{st} \tilde{a}_{st} \tag{6.2}$$

等式 (6.1) を, 行列式 $\det A$ の第 l 列に関する余因子展開といい, 等式 (6.2) を, 第 s 行に関する余因子展開という.

証明 (6.1) が成り立つことはすでに証明した. (6.2) を示すには, 転置行列を考えればよい. 以下の議論を分かりやすくするために A の転置行列を $B = (b_{ij})$ と

1] ここで $(-1)^{l-1}(-1)^{k-1} = (-1)^{k+l-2} = (-1)^{k+l}(-1)^{-2} = (-1)^{k+l}$ を使った.

おいて，B の (i,j) 余因子を $\tilde{b}_{ij}$ とする．このとき，定理 5.5 より $\det A = \det B$ である．B の行列式の第 s 列に関する余因子展開は

$$\det B = \sum_{t=1}^{n} b_{ts}\tilde{b}_{ts}$$

である．ここで $B = {}^tA$ より $b_{ts} = a_{st}$ であり，B の (t,s) 余因子 $\tilde{b}_{ts}$ は

$$\tilde{b}_{ts} = (-1)^{t+s}\begin{vmatrix} a_{11} & \cdots & a_{s-1\,1} & a_{s+1\,1} & \cdots & a_{n1} \\ \vdots & \ddots & \vdots & \vdots & \ddots & \vdots \\ a_{1\,t-1} & \cdots & a_{s-1\,t-1} & a_{s+1\,t-1} & \cdots & a_{n\,t-1} \\ a_{1\,t+1} & \cdots & a_{s-1\,t+1} & a_{s+1\,t+1} & \cdots & a_{n\,t+1} \\ \vdots & \ddots & \vdots & \vdots & \ddots & \vdots \\ a_{1n} & \cdots & a_{s-1\,n} & a_{s+1\,n} & \cdots & a_{nn} \end{vmatrix}$$

となる．右辺の行列の転置をとると，A から第 s 行と第 t 列を取り除いた行列となるので，定理 5.5 より $\tilde{b}_{ts} = \tilde{a}_{st}$ である．したがって $\det A = \sum_{t=1}^{n} b_{ts}\tilde{b}_{ts} = \sum_{t=1}^{n} a_{st}\tilde{a}_{st}$ である． ■

例 6.12 $A = (a_{ij})$ を 3 次の正方行列とするとき，A の行列式の第 1 列に関する余因子展開は

$$\begin{vmatrix} a_{11} & a_{12} & a_{13} \\ a_{21} & a_{22} & a_{23} \\ a_{31} & a_{32} & a_{33} \end{vmatrix} = a_{11}\begin{vmatrix} a_{22} & a_{23} \\ a_{32} & a_{33} \end{vmatrix} - a_{21}\begin{vmatrix} a_{12} & a_{13} \\ a_{32} & a_{33} \end{vmatrix} + a_{31}\begin{vmatrix} a_{12} & a_{13} \\ a_{22} & a_{23} \end{vmatrix}$$
$$= a_{11}(a_{22}a_{33} - a_{32}a_{23}) - a_{21}(a_{12}a_{33} - a_{32}a_{13}) + a_{31}(a_{12}a_{23} - a_{22}a_{13})$$
$$= a_{11}a_{22}a_{33} - a_{11}a_{32}a_{23} - a_{21}a_{12}a_{33} + a_{21}a_{32}a_{13} + a_{31}a_{12}a_{23} - a_{31}a_{22}a_{13}$$

である．これはサラスの公式 (例 4.14) にほかならない．

例 6.13 行列式 $\begin{vmatrix} 0 & 0 & a & b \\ 0 & c & 0 & d \\ e & 0 & f & 0 \\ g & h & 0 & 0 \end{vmatrix}$ を計算する．

第 1 行に関して余因子展開を行うと

$$\begin{vmatrix} 0 & 0 & a & b \\ 0 & c & 0 & d \\ e & 0 & f & 0 \\ g & h & 0 & 0 \end{vmatrix} = a \begin{vmatrix} 0 & c & d \\ e & 0 & 0 \\ g & h & 0 \end{vmatrix} - b \begin{vmatrix} 0 & c & 0 \\ e & 0 & f \\ g & h & 0 \end{vmatrix}$$

となる．右辺の二つの行列式について，第1列に関して余因子展開をすると

$$\begin{vmatrix} 0 & c & d \\ e & 0 & 0 \\ g & h & 0 \end{vmatrix} = -e \begin{vmatrix} c & d \\ h & 0 \end{vmatrix} + g \begin{vmatrix} c & d \\ 0 & 0 \end{vmatrix} = deh,$$

$$\begin{vmatrix} 0 & c & 0 \\ e & 0 & f \\ g & h & 0 \end{vmatrix} = -e \begin{vmatrix} c & 0 \\ h & 0 \end{vmatrix} + g \begin{vmatrix} c & 0 \\ 0 & f \end{vmatrix} = cfg.$$

よって求める行列式の値は $adeh - bcfg$ である．

定理6.11の系として，次の等式も得られる．

系 6.14 $A = (a_{ij})$ を n 次の正方行列とする．n 以下の正の整数 l, l', s, s' について，$l' \neq l$, $s' \neq s$ のとき

$$\sum_{k=1}^{n} a_{kl'}\tilde{a}_{kl} = 0, \quad \sum_{t=1}^{n} a_{s't}\tilde{a}_{st} = 0$$

が成り立つ．

証明 最初の等式を示す．A の列ベクトル表示を $A = \begin{pmatrix} \boldsymbol{a}_1 & \boldsymbol{a}_2 & \cdots & \boldsymbol{a}_n \end{pmatrix}$ とし，A の第 l 列を $\boldsymbol{a}_{l'}$ に置き換えた行列を A' とする．定理6.11より，左辺は A' の行列式の第 l 列に関する余因子展開である．一方で，$l' \neq l$ より A' の第 l 列と第 l' 列は等しいので，系5.14(1)より A' の行列式の値は0である．よって示すべき等式が成り立つ．

2番目の等式を示すには，定理6.11の証明と同様に転置行列を考えて，最初の等式を使えばよい． ■

定理6.11と系6.14の結論は，**クロネッカー (Kronecker) のデルタ記号**

$$\delta_{ab} = \begin{cases} 1 & (a = b) \\ 0 & (a \neq b) \end{cases}$$

を使うと，次のようにまとめて書ける:

$$\sum_{k=1}^{n} a_{kl'}\tilde{a}_{kl} = \delta_{ll'} \det A, \quad \sum_{t=1}^{n} a_{s't}\tilde{a}_{st} = \delta_{ss'} \det A. \tag{6.3}$$

これらの等式を行列式の余因子展開と呼ぶこともある.

6.3 逆行列の明示公式とクラメールの公式

6.3.1 逆行列の明示公式

ここで命題 6.5 の逆が正しいことを証明しよう.

定理 6.15 行列式が 0 でない正方行列は正則である.

証明 n 次の正方行列 A の行列式は 0 でないとする．A が逆行列をもつことを示せばよい．A の (i,j) 余因子を $\tilde{a}_{ij}$ とし，n 次の正方行列 $B=(b_{ij})$ を

$$b_{ij} = \frac{\tilde{a}_{ji}}{\det A}$$

により定める．このとき B は A の逆行列であることを示す.

行列の積の定義より BA の (i,j) 成分は

$$\sum_{k=1}^{n} b_{ik}a_{kj} = \frac{1}{\det A}\sum_{k=1}^{n} \tilde{a}_{ki}a_{kj}$$

である．等式 (6.3) より，右辺は $\dfrac{1}{\det A}\delta_{ij}\det A = \delta_{ij}$ に等しい (ただし δ_{ij} はクロネッカーのデルタ記号)．よって，BA の (i,j) 成分は，$i=j$ のときは 1, $i \neq j$ のときは 0 である．したがって $BA=I$ である．同様に (6.3) の 2 番目の等式から $AB=I$ であることもわかる．以上より B は A の逆行列である. ■

定理 6.15 の証明では余因子を成分とする行列を使った．このような行列は余因子行列と呼ばれる．正確な定義を以下に述べる.

定義 6.16 n 次の正方行列 A の (i,j) 余因子を $\tilde{a}_{ij}$ とする．このとき，(i,j) 成分が $\tilde{a}_{ji}$ である行列

$$\begin{pmatrix} \tilde{a}_{11} & \tilde{a}_{21} & \cdots & \tilde{a}_{n1} \\ \tilde{a}_{12} & \tilde{a}_{22} & \cdots & \tilde{a}_{n2} \\ \vdots & \vdots & \ddots & \vdots \\ \tilde{a}_{1n} & \tilde{a}_{2n} & \cdots & \tilde{a}_{nn} \end{pmatrix}$$

を A の**余因子行列**という (各成分の添字に注意).

定理 6.15 の証明と，逆行列の一意性 (命題 6.4) より，次のことがわかる．

系 6.17 A を n 次の正方行列とし，その余因子行列を $\tilde{A}$ とする．このとき

$$A\tilde{A} = (\det A)I, \quad \tilde{A}A = (\det A)I$$

である．よって，$\det A \neq 0$ ならば A は正則であり，$A^{-1} = \dfrac{1}{\det A}\tilde{A}$ である．したがって A^{-1} の (i,j) 成分は $\dfrac{\tilde{a}_{ji}}{\det A}$ に等しい．

例 6.18 2 次の正方行列 $A = \begin{pmatrix} a & b \\ c & d \end{pmatrix}$ について $\det A = ad - bc$ である．A の余因子行列は $\tilde{A} = \begin{pmatrix} d & -b \\ -c & a \end{pmatrix}$ だから，$ad - bc \neq 0$ のとき A は正則行列で

$$A^{-1} = \frac{1}{ad - bc}\begin{pmatrix} d & -b \\ -c & a \end{pmatrix}$$

である．この公式は覚えておくとよい．

定理 6.15 からの重要な帰結を述べる．

系 6.19 A, B は同じ型の正方行列で，$AB = I$ であるとする．このとき，A も B も正則で，$A^{-1} = B, B^{-1} = A$ である．

証明 単位行列 I の行列式は 1 であるから，$\det(AB) = \det I = 1$ である．定理 5.19 より $\det(AB) = (\det A)(\det B)$ であるから，$(\det A)(\det B) = 1$ である．よっ

て $\det A$ も $\det B$ も 0 でないので，定理 6.15 より A も B も正則である．

B が A の逆行列であることを示す．仮定より $AB = I$ であるから，$BA = I$ であることを示せばよい．$AB = I$ の両辺に左から B を掛け，右から B^{-1} を掛けると $B(AB)B^{-1} = BB^{-1}$ となる．右辺は I に等しい．左辺は $B(AB)B^{-1} = BA(BB^{-1}) = BA$ である．したがって $BA = I$ である．以上より $B = A^{-1}$ である．さらに，この両辺の逆行列をとれば $B^{-1} = A$ を得る．■

系 6.19 より，行列 B が行列 A の逆行列であることを確かめるためには，$AB = I$ もしくは $BA = I$ のいずれか一方のみを確認すれば十分である．行列の積は一般に可換ではないので，このことは決して自明ではない．

系 6.20 n 次の正方行列 A について，次の三つの条件は同値である．

(1) A は正則行列である．

(2) $\det A \neq 0$ である．

(3) n 次の列ベクトル $\boldsymbol{b}$ がどのように与えられても，連立 1 次方程式 $A\boldsymbol{x} = \boldsymbol{b}$ は解をもつ．

証明 (1) ならば (2) であることは命題 6.5 で示し，(2) ならば (1) であることは定理 6.15 で示した．よって，(1) と (3) が同値であることを示せばよい．

(1) ならば (3) であることの証明　A は正則行列であるとする．このとき，A の逆行列 A^{-1} を連立 1 次方程式 $A\boldsymbol{x} = \boldsymbol{b}$ の両辺に左から掛ければ $\boldsymbol{x} = A^{-1}\boldsymbol{b}$ を得る．したがって，列ベクトル $\boldsymbol{b}$ がどのように与えられても，方程式 $A\boldsymbol{x} = \boldsymbol{b}$ は解 $\boldsymbol{x} = A^{-1}\boldsymbol{b}$ をもつ．

(3) ならば (1) であることの証明　n 次の列ベクトル $\boldsymbol{b}$ がどのように与えられても，連立 1 次方程式 $A\boldsymbol{x} = \boldsymbol{b}$ は解をもつとする．列ベクトル $\boldsymbol{b}$ として基本ベクトル $\boldsymbol{e}_k$ をとったときの解を $\boldsymbol{y}_k$ とおく $(k = 1, 2, \ldots, n)$．このとき，n 次の正方行列 Y を $Y = \begin{pmatrix} \boldsymbol{y}_1 & \boldsymbol{y}_2 & \cdots & \boldsymbol{y}_n \end{pmatrix}$ で定めると

$$AY = \begin{pmatrix} A\boldsymbol{y}_1 & A\boldsymbol{y}_2 & \cdots & A\boldsymbol{y}_n \end{pmatrix} = \begin{pmatrix} \boldsymbol{e}_1 & \boldsymbol{e}_2 & \cdots & \boldsymbol{e}_n \end{pmatrix} = I_n$$

が成り立つ．よって系 6.19 より A は正則である．■

6.3.2 クラメールの公式

系 6.20 で述べたように，A が正則行列であるならば，連立 1 次方程式 $A\boldsymbol{x} = \boldsymbol{b}$ は必ず解をもつ．その解は A と $\boldsymbol{b}$ を使って次のように表される．

定理 6.21 n 次の正方行列 A の列ベクトル表示を $A = \begin{pmatrix}\boldsymbol{a}_1 & \boldsymbol{a}_2 & \cdots & \boldsymbol{a}_n\end{pmatrix}$ とする．A が正則ならば，連立 1 次方程式 $A\boldsymbol{x} = \boldsymbol{b}$ の解 $\boldsymbol{x} = (x_i)$ は

$$x_i = \frac{\det(\boldsymbol{a}_1, \ldots, \boldsymbol{a}_{i-1}, \boldsymbol{b}, \boldsymbol{a}_{i+1}, \ldots, \boldsymbol{a}_n)}{\det A} \tag{6.4}$$

と表される．これを**クラメール (Cramer) の公式**という．

証明 $A\boldsymbol{x} = \boldsymbol{b}$ の両辺に A^{-1} を左から掛けて $\boldsymbol{x} = A^{-1}\boldsymbol{b}$ を得る．A の (i,j) 余因子を $\tilde{a}_{ij}$ とおくと，系 6.17 より A^{-1} の (i,j) 成分は $\dfrac{\tilde{a}_{ji}}{\det A}$ なので，列ベクトル $\boldsymbol{x} = A^{-1}\boldsymbol{b}$ の第 i 成分は

$$x_i = \sum_{k=1}^{n} \frac{\tilde{a}_{ki}}{\det A} b_k = \frac{1}{\det A} \sum_{k=1}^{n} b_k \tilde{a}_{ki}$$

である．右辺の和は $\det(\boldsymbol{a}_1, \ldots, \boldsymbol{a}_{i-1}, \boldsymbol{b}, \boldsymbol{a}_{i+1}, \ldots, \boldsymbol{a}_n)$ の第 i 列に関する余因子展開にほかならない (定理 6.11 の等式 (6.1))．よって示すべき等式 (6.4) を得る． ■

クラメールの公式の応用例を一つ挙げよう．

例題 6.22 n 次の正方行列 A の成分はすべて整数であるとする．このとき，次の二つの条件は同値であることを示せ．

(1) 整数を成分とする n 次の列ベクトル $\boldsymbol{b}$ がどのように与えられても，連立 1 次方程式 $A\boldsymbol{x} = \boldsymbol{b}$ は整数解をもつ．

(2) $\det A = 1$ または $\det A = -1$ である．

解 (1) ならば (2) であることの証明　基本ベクトル $\boldsymbol{e}_k = {}^t(0, \ldots, 1, \ldots, 0)$ に対する方程式 $A\boldsymbol{x} = \boldsymbol{e}_k$ の整数解を $\boldsymbol{y}_k$ とする $(k = 1, 2, \ldots, n)$．このとき，行列 Y を $Y = \begin{pmatrix}\boldsymbol{y}_1 & \boldsymbol{y}_2 & \cdots & \boldsymbol{y}_n\end{pmatrix}$ で定めると，行列の積の定義から $AY = I$ である．よって，定理 5.19 より $(\det A)(\det Y) = 1$ である．A と Y の成分はすべて整数な

ので，$\det A$ と $\det Y$ はともに整数である．したがって $\det A = \pm 1$ である．

(2) ならば (1) であることの証明　$\det A = 1$ または $\det A = -1$ であるとする．このとき $\det A \neq 0$ だから A は正則である (定理 6.15)．よって，方程式 $A\boldsymbol{x} = \boldsymbol{b}$ の解はクラメールの公式 (6.4) で表される．A の成分はすべて整数であるから，$\boldsymbol{b}$ の成分がすべて整数ならば $\det(\boldsymbol{a}_1, \ldots, \boldsymbol{a}_{i-1}, \boldsymbol{b}, \boldsymbol{a}_{i+1}, \ldots, \boldsymbol{a}_n)$ $(i = 1, 2, \ldots, n)$ は整数である．仮定より $\det A = \pm 1$ なので，解 $x_1, x_2, \ldots, x_n$ は整数である．□

6.4 逆行列の計算法

正方行列 A が正則であるとき，系 6.17 より，逆行列 A^{-1} の各成分は A の行列式と余因子を使って書ける．しかし，A の行列式と余因子をすべて計算するのは手間がかかる．そこで，A^{-1} をより簡単に計算する方法を述べる．

n 次の正方行列 A は正則であるとする．このとき，A と単位行列 I を横に並べて $(n, 2n)$ 型行列 $\begin{pmatrix} A & I \end{pmatrix}$ を作る．後で証明するように，この行列に対して行に関する基本変形を行って，左側半分を単位行列にできる．

$$\begin{pmatrix} A & I \end{pmatrix} \longrightarrow \cdots \longrightarrow \begin{pmatrix} I & X \end{pmatrix}$$

このとき，右側の正方行列 X は A^{-1} に等しい．例で確認しよう．

例 6.23 例 6.2 で考えた行列 $A = \begin{pmatrix} 2 & 1 \\ 5 & 3 \end{pmatrix}$ について，上で述べた操作を行う．まず，A の右に単位行列を並べて (2, 4) 型行列 $\begin{pmatrix} 2 & 1 & 1 & 0 \\ 5 & 3 & 0 & 1 \end{pmatrix}$ を作る．そして，行に関する基本変形を行って左側半分を単位行列にする．

$$\begin{pmatrix} 2 & 1 & 1 & 0 \\ 5 & 3 & 0 & 1 \end{pmatrix} \longrightarrow \begin{pmatrix} 2 & 1 & 1 & 0 \\ 0 & \frac{1}{2} & -\frac{5}{2} & 1 \end{pmatrix} \longrightarrow \begin{pmatrix} 2 & 1 & 1 & 0 \\ 0 & 1 & -5 & 2 \end{pmatrix}$$

$$\longrightarrow \begin{pmatrix} 2 & 0 & 6 & -2 \\ 0 & 1 & -5 & 2 \end{pmatrix} \longrightarrow \begin{pmatrix} 1 & 0 & 3 & -1 \\ 0 & 1 & -5 & 2 \end{pmatrix}$$

得られた行列の右側 $\begin{pmatrix} 3 & -1 \\ -5 & 2 \end{pmatrix}$ は，確かに A の逆行列に等しい．

例 6.24 行列 $A = \begin{pmatrix} 7 & -4 & 3 \\ -8 & 4 & -5 \\ 2 & -1 & 1 \end{pmatrix}$ の逆行列を，上の手順で計算しよう．行列

$$\begin{pmatrix} 7 & -4 & 3 & 1 & 0 & 0 \\ -8 & 4 & -5 & 0 & 1 & 0 \\ 2 & -1 & 1 & 0 & 0 & 1 \end{pmatrix}$$

に対して，行に関する基本変形を行って，左側を単位行列にする．ここでは，まず第 3 行を (−3) 倍して第 1 行に加え，4 倍して第 2 行に加えて

$$\begin{pmatrix} 7 & -4 & 3 & 1 & 0 & 0 \\ -8 & 4 & -5 & 0 & 1 & 0 \\ 2 & -1 & 1 & 0 & 0 & 1 \end{pmatrix} \longrightarrow \begin{pmatrix} 1 & -1 & 0 & 1 & 0 & -3 \\ 0 & 0 & -1 & 0 & 1 & 4 \\ 2 & -1 & 1 & 0 & 0 & 1 \end{pmatrix}$$

としてから変形しよう．以下はガウスの消去法と同様にして

$$\begin{pmatrix} 1 & -1 & 0 & 1 & 0 & -3 \\ 0 & 0 & -1 & 0 & 1 & 4 \\ 2 & -1 & 1 & 0 & 0 & 1 \end{pmatrix} \longrightarrow \begin{pmatrix} 1 & -1 & 0 & 1 & 0 & -3 \\ 0 & 0 & -1 & 0 & 1 & 4 \\ 0 & 1 & 1 & -2 & 0 & 7 \end{pmatrix}$$

$$\longrightarrow \begin{pmatrix} 1 & -1 & 0 & 1 & 0 & -3 \\ 0 & 1 & 1 & -2 & 0 & 7 \\ 0 & 0 & -1 & 0 & 1 & 4 \end{pmatrix} \longrightarrow \begin{pmatrix} 1 & -1 & 0 & 1 & 0 & -3 \\ 0 & 1 & 1 & -2 & 0 & 7 \\ 0 & 0 & 1 & 0 & -1 & -4 \end{pmatrix}$$

$$\longrightarrow \begin{pmatrix} 1 & -1 & 0 & 1 & 0 & -3 \\ 0 & 1 & 0 & -2 & 1 & 11 \\ 0 & 0 & 1 & 0 & -1 & -4 \end{pmatrix} \longrightarrow \begin{pmatrix} 1 & 0 & 0 & -1 & 1 & 8 \\ 0 & 1 & 0 & -2 & 1 & 11 \\ 0 & 0 & 1 & 0 & -1 & -4 \end{pmatrix}$$

となる．最後に得られた行列の右側 $\begin{pmatrix} -1 & 1 & 8 \\ -2 & 1 & 11 \\ 0 & -1 & -4 \end{pmatrix}$ は，確かに A の逆行列である (実際に積を計算して確かめよ).

一般の型の正則行列でも同様にして逆行列が計算できることを証明しよう．

命題 6.25 A は n 次の正則行列であるとする．このとき，$(n, 2n)$ 型行列 $\begin{pmatrix} A & I \end{pmatrix}$ に対して行に関する基本変形を行って，左側半分を単位行列にできる．

$$\begin{pmatrix} A & I \end{pmatrix} \longrightarrow \cdots \longrightarrow \begin{pmatrix} I & B \end{pmatrix}$$

このとき，右側に得られる n 次の正方行列 B は A の逆行列である．

命題 6.25 の証明の前に，行に関する基本変形は，定義 3.7 で定めた基本行列 $S_{ij}(\lambda), D_i(\mu), P_{ij}$ を左から掛けることで実現できることを思いだそう．次の補題で示すように，基本行列は正則である．

補題 6.26 基本行列 $S_{ij}(\lambda), D_i(\mu)\,(\mu \neq 0), P_{ij}$ は正則行列であり

$$S_{ij}(\lambda)^{-1} = S_{ij}(-\lambda), \quad D_i(\mu)^{-1} = D_i(\mu^{-1}), \quad P_{ij}^{-1} = P_{ij}$$

である．特に，基本行列の逆行列も基本行列である．

証明 系 6.19 より，$S_{ij}(-\lambda)S_{ij}(\lambda), D_i(\mu^{-1})D_i(\mu), P_{ij}^2$ がいずれも単位行列に等しいことを示せばよい．これは行列の形をよく見て実際に計算すれば確かめられる (次の例を参照せよ)． ■

例 6.27 3 次の基本行列の積 $S_{13}(-\lambda)S_{13}(\lambda), D_2(\mu^{-1})D_2(\mu), P_{13}^2$ を計算すると

$$S_{13}(-\lambda)S_{13}(\lambda) = \begin{pmatrix} 1 & 0 & -\lambda \\ 0 & 1 & 0 \\ 0 & 0 & 1 \end{pmatrix} \begin{pmatrix} 1 & 0 & \lambda \\ 0 & 1 & 0 \\ 0 & 0 & 1 \end{pmatrix} = I,$$

$$D_2(\mu^{-1})D_2(\mu) = \begin{pmatrix} 1 & 0 & 0 \\ 0 & \mu^{-1} & 0 \\ 0 & 0 & 1 \end{pmatrix} \begin{pmatrix} 1 & 0 & 0 \\ 0 & \mu & 0 \\ 0 & 0 & 1 \end{pmatrix} = I,$$

$$P_{13}^2 = \begin{pmatrix} 0 & 0 & 1 \\ 0 & 1 & 0 \\ 1 & 0 & 0 \end{pmatrix} \begin{pmatrix} 0 & 0 & 1 \\ 0 & 1 & 0 \\ 1 & 0 & 0 \end{pmatrix} = I.$$

では，命題 6.25 を証明しよう．

証明 命題 6.25 n 次の正方行列 A は正則であるとする．まず，$(n, 2n)$ 型行列 $\begin{pmatrix} A & I \end{pmatrix}$ に対して行に関する基本変形を行って，左側を簡約階段行列にできる (命題 3.6)．この変形の各ステップで左から掛ける基本行列を $Q_1, Q_2, \ldots, Q_r$ とおく．このとき，$\begin{pmatrix} A & I \end{pmatrix}$ に対する基本変形は

$$\begin{aligned} \begin{pmatrix} A & I \end{pmatrix} \quad &\longrightarrow \quad Q_1 \begin{pmatrix} A & I \end{pmatrix} \quad \longrightarrow \quad Q_2Q_1 \begin{pmatrix} A & I \end{pmatrix} \\ \longrightarrow \quad \cdots \quad &\longrightarrow \quad Q_r \cdots Q_2Q_1 \begin{pmatrix} A & I \end{pmatrix} \end{aligned}$$

と書ける．ここで $Q = Q_r \cdots Q_2 Q_1$ とおく．最後に得られた $(n, 2n)$ 型行列 $Q\begin{pmatrix} A & I \end{pmatrix}$ は $\begin{pmatrix} QA & Q \end{pmatrix}$ に等しいから，QA は簡約階段行列である．ここで，命題 6.6 と補題 6.26 より Q は正則であり，A も正則なので，QA は正則である (命題 6.6)．したがって，簡約階段行列 QA の行列式は 0 でないから (命題 6.5), 系 4.16 より $QA = I$ である．以上より，行に関する基本変形を使って

$$\begin{pmatrix} A & I \end{pmatrix} \longrightarrow \cdots \longrightarrow Q\begin{pmatrix} A & I \end{pmatrix} = \begin{pmatrix} I & Q \end{pmatrix}$$

と変形できることが分かった．$QA = I$ であるから，系 6.19 より Q は A の逆行列である． ■

命題 6.25 の証明から次のことも言える．

命題 6.28 正則行列は基本行列の積として表すことができる．

証明 A は正則行列であるとする．命題 6.25 の証明で示したように，基本行列 $Q_1, Q_2, \ldots, Q_r$ であって $A^{-1} = Q_r \cdots Q_2 Q_1$ となるものが存在する．このとき，系 6.7 より

$$A = (A^{-1})^{-1} = (Q_r \cdots Q_2 Q_1)^{-1} = Q_1^{-1} Q_2^{-1} \cdots Q_r^{-1}$$

である．補題 6.26 より $Q_1^{-1}, Q_2^{-1}, \ldots, Q_r^{-1}$ も基本行列であるから，A は基本行列の積として表される． ■

例 6.29 例 6.23 で行列 $A = \begin{pmatrix} 2 & 1 \\ 5 & 3 \end{pmatrix}$ の逆行列を次のように計算した．

$$\begin{pmatrix} 2 & 1 & 1 & 0 \\ 5 & 3 & 0 & 1 \end{pmatrix} \longrightarrow \begin{pmatrix} 2 & 1 & 1 & 0 \\ 0 & \frac{1}{2} & -\frac{5}{2} & 1 \end{pmatrix} \longrightarrow \begin{pmatrix} 2 & 1 & 1 & 0 \\ 0 & 1 & -5 & 2 \end{pmatrix}$$

$$\longrightarrow \begin{pmatrix} 2 & 0 & 6 & -2 \\ 0 & 1 & -5 & 2 \end{pmatrix} \longrightarrow \begin{pmatrix} 1 & 0 & 3 & -1 \\ 0 & 1 & -5 & 2 \end{pmatrix}$$

ここで行った基本変形は順に以下の通りである．

(1) 第 1 行を $-\frac{5}{2}$ 倍して第 2 行に加える．

(2) 第 2 行を 2 倍する．

(3) 第 2 行を (-1) 倍して第 1 行に加える．

(4) 第 1 行を $\dfrac{1}{2}$ 倍する．

これらの操作はそれぞれ基本行列 $S_{21}\left(-\dfrac{5}{2}\right), D_2(2), S_{12}(-1), D_1\left(\dfrac{1}{2}\right)$ を左から掛けることに対応する．したがって

$$A^{-1} = D_1\left(\frac{1}{2}\right)S_{12}(-1)D_2(2)S_{21}\left(-\frac{5}{2}\right)$$

であるから

$$A = \left(D_1\left(\frac{1}{2}\right)S_{12}(-1)D_2(2)S_{21}\left(-\frac{5}{2}\right)\right)^{-1} = S_{21}\left(\frac{5}{2}\right)D_2\left(\frac{1}{2}\right)S_{12}(1)D_1(2)$$

である (系 6.7, 補題 6.26)．実際に計算して確かめると

$$S_{21}\left(\frac{5}{2}\right)D_2\left(\frac{1}{2}\right)S_{12}(1)D_1(2) = \begin{pmatrix} 1 & 0 \\ \frac{5}{2} & 1 \end{pmatrix}\begin{pmatrix} 1 & 0 \\ 0 & \frac{1}{2} \end{pmatrix}\begin{pmatrix} 1 & 1 \\ 0 & 1 \end{pmatrix}\begin{pmatrix} 2 & 0 \\ 0 & 1 \end{pmatrix}$$

$$= \begin{pmatrix} 1 & 0 \\ \frac{5}{2} & \frac{1}{2} \end{pmatrix}\begin{pmatrix} 1 & 1 \\ 0 & 1 \end{pmatrix}\begin{pmatrix} 2 & 0 \\ 0 & 1 \end{pmatrix} = \begin{pmatrix} 1 & 1 \\ \frac{5}{2} & 3 \end{pmatrix}\begin{pmatrix} 2 & 0 \\ 0 & 1 \end{pmatrix} = \begin{pmatrix} 2 & 1 \\ 5 & 3 \end{pmatrix}$$

となって，これは行列 $A = \begin{pmatrix} 2 & 1 \\ 5 & 3 \end{pmatrix}$ に等しい．

演習問題

問 6.1.1 行列 $A = \begin{pmatrix} 1 & 2 \\ 2 & 4 \end{pmatrix}$ は逆行列をもたないことを，逆行列の定義に従って示せ．

問 6.1.2 A は m 次の正方行列，B は n 次の正方行列，C は (m, n) 型行列とする．A, B が正則行列ならば，$(m+n)$ 次の正方行列 $X = \begin{pmatrix} A & C \\ O & B \end{pmatrix}$ は逆行列

$$X^{-1} = \begin{pmatrix} A^{-1} & -A^{-1}CB^{-1} \\ O & B^{-1} \end{pmatrix}$$

をもつことを示せ．

問 6.2.1 a, b, c は定数とする．余因子展開を使って，次の行列式を計算せよ．

$$\begin{vmatrix} b & c & 0 & 0 \\ a & b & c & 0 \\ 0 & a & b & c \\ 0 & 0 & a & b \end{vmatrix}$$

問 6.2.2　$a_1, a_2, \ldots$ は定数とする．2 以上の整数 n に対し，多項式 $p_n(x)$ を次の行列式で定める．

$$p_n(x) = \begin{vmatrix} x & -1 & & & \\ & x & -1 & & \\ & & \ddots & \ddots & \\ & & & x & -1 \\ a_n & a_{n-1} & \cdots & a_2 & x + a_1 \end{vmatrix}$$

(1)　$p_2(x)$ を計算せよ．

(2)　2 以上のすべての整数 n について $p_{n+1}(x) = xp_n(x) + a_{n+1}$ が成り立つことを示せ．(ヒント：第 1 列に関する余因子展開．)

(3)　$p_n(x)$ を求めよ．

問 6.3.1　次の行列の逆行列を書け．

(1)　$\begin{pmatrix} 3 & 2 \\ -1 & 1 \end{pmatrix}$　　(2)　$\begin{pmatrix} 1 & 1 & 1 \\ 1 & 1 & 0 \\ 1 & 0 & 1 \end{pmatrix}$

問 6.3.2　n を正の整数とし，複素数係数の n 次多項式 $P(x) = c_0x^n + c_1x^{n-1} + c_2x^{n-2} + \cdots + c_{n-1}x + c_n$ を考える．すべての複素数 z について $P(z) = 0$ が成り立つとき，$c_0, c_1, \ldots, c_n$ はすべて 0 であることを，次の手順で示せ．

(1)　$(n+1)$ 個の相異なる複素数 $z_1, z_2, \ldots, z_{n+1}$ を 1 組とる．このとき $k = 1, 2, \ldots, n+1$ について $P(z_k) = 0$ である．この条件を，$c_0, c_1, \ldots, c_n$ に対する連立 1 次方程式として書き直す．

(2)　(1) の連立 1 次方程式の解を求める．

問 6.3.3　次の連立 1 次方程式を，以下のそれぞれの方法で解け．

$$\begin{cases} x_1 + x_2 + x_3 = 1 \\ x_1 - x_2 + x_3 = 2 \\ x_1 + x_2 - x_3 = 3 \end{cases}$$

(1)　ガウスの消去法を使う．

(2)　クラメールの公式を使う．

問 6.4.1 次の行列の逆行列を求めよ.

(1) $\begin{pmatrix} 1 & 2 & 1 \\ 3 & 1 & 2 \\ 2 & 1 & 1 \end{pmatrix}$ (2) $\begin{pmatrix} 1 & 1 & 0 & 0 \\ 1 & 1 & 1 & 0 \\ 0 & 1 & 1 & 1 \\ 0 & 0 & 1 & 1 \end{pmatrix}$

第 7 章から第 10 章までの概要

第 4 章から第 6 章までは方程式と未知数の個数が等しい連立 1 次方程式を扱った．ここからは再び一般の連立 1 次方程式の考察に戻る．

第 1 章の例 1.8 では

$$A = \begin{pmatrix} 1 & 1 & -2 & 1 \\ -1 & -1 & 3 & -4 \\ -1 & -1 & 0 & 5 \end{pmatrix}, \quad \boldsymbol{b} = \begin{pmatrix} 1 \\ -2 \\ 1 \end{pmatrix}$$

の定める連立 1 次方程式 $A\boldsymbol{x} = \boldsymbol{b}$ をガウスの消去法で解いて，次の解を得た[1]．

$$\boldsymbol{x} = {}^t(-1 - s + 5t,\ s,\ -1 + 3t,\ t) \tag{6.5}$$

ただし s, t は任意定数である．これは解の表示の一つであって，ほかの表示もある．たとえば

$$\boldsymbol{x} = {}^t\left(\frac{2}{3} + 5p,\ 5q,\ 3(p+q),\ \frac{1}{3} + p + q\right)$$

(ただし p, q は任意定数) も解であることは容易に確かめられる．このように，連立 1 次方程式の解が任意定数を含む場合には，いろいろな解の表示があり得る．しかし，上で挙げた二つの解の表示には共通点がある．それは任意定数が 2 個であることだ．

では，どのような解の表示でも任意定数は 2 個だろうか．たとえば，解の表示 (6.5) において，任意定数 s, t を $s = s' - s'', t = t' + 2t''$ に置き換えれば

$$\boldsymbol{x} = {}^t(-1 - s' + s'' + 5t' + 10t'',\ s' - s'',\ -1 + 3t' + 6t'',\ t' + 2t'')$$

1］ 以下，列ベクトルを行ベクトルの転置の形で書くことが多い．これは紙面を節約するためであって，数学的な理由があるからではない．

となって，任意定数を 4 個に増やすことができる．もっと複雑な置き換えをすれば，いくらでも任意定数を追加できる．しかし，このような書き換えには意味がないだろう．よって，任意定数の個数が一定かどうかを考える前に，「任意定数の個数」という概念そのものを，きちんと定式化しなければならない．

第 7 章から第 10 章では，以上の問題意識をもって数ベクトル空間と線形写像の理論を展開する．まず，第 7 章では，数ベクトル空間の定義を述べ，部分空間・線形独立性・基底・次元などの基礎的な事項について説明する．数ベクトル空間とは，列ベクトル全体のなす集合に，和と定数倍の演算を合わせて考えたものである．これらの演算で閉じる部分集合を部分空間と呼ぶ．部分空間の要素を表すのに必要な「座標」の個数を，部分空間の次元とよぶ．

第 8 章では，いったん連立 1 次方程式から離れて，$\mathbb{R}$ 上の 3 次元数ベクトル空間 $\mathbb{R}^3$ を扱う．数ベクトル空間 $\mathbb{R}^3$ は，高校で学ぶ空間ベクトルの成分表示を通じて xyz 空間のなかに実現されて，部分空間などの概念を視覚化できる．この幾何学的な見方は線形代数の理論を理解するのに役立つことも多い．

第 9 章では，写像に関する一般的な事項を述べ，線形写像の基本的な性質について説明する．行列 A が与えられたとき，列ベクトル $\boldsymbol{x}$ に対して $A\boldsymbol{x}$ を対応させる写像 L_A が考えられる．この写像は線形性と呼ばれる性質をもつ．線形写像とは線形性をもつ写像のことで，以下で述べるように連立 1 次方程式の理論において重要な役割を果たす．

線形写像に対しては，その像と核という部分空間が定まる．このとき，連立 1 次方程式 $A\boldsymbol{x} = \boldsymbol{b}$ の解が含む任意定数の個数は，行列 A の定める線形写像 L_A の核の次元として定式化できる．一般に，線形写像の像の次元と核の次元には関係があり (次元定理 9.21)，片方の値がわかれば，もう片方の値はただちに求まる．よって，任意定数の個数は，線形写像 L_A の像の次元から計算できる．

行列 A の定める線形写像 L_A の像の次元を，行列 A の階数と呼ぶ．第 10 章では，行列の階数の基本的な性質を証明し，それを使って階数を計算する方法を説明する．行列の階数が計算できれば，連立 1 次方程式 $A\boldsymbol{x} = \boldsymbol{b}$ が解をもつかどうか，さらに，解をもつときに任意定数をいくつ含むのかがわかる．かくして，連立 1 次方程式の解の状況を記述する問題は，行列の階数を計算することで解決する．

第7章

数ベクトル空間

7.1 ベクトルとその演算

数ベクトル空間を扱うときは，考える数の範囲を指定する．ただし，この章と第 9 章，第 10 章では，実数の範囲に限定しても複素数の範囲まで広げても，どちらでも成り立つことのみを扱うので，考える数の集合を記号 K で表すことにする．以下の内容について，実数の範囲で考えるときは $K=\mathbb{R}$ とし，複素数の範囲で考えるときには $K=\mathbb{C}$ とすればよい．

定義 7.1　n を正の整数とする．K の要素を成分とする n 次の列ベクトル全体のなす集合

$$K^n=\left\{\begin{pmatrix}c_1\\c_2\\\vdots\\c_n\end{pmatrix}\;\middle|\;c_1,c_2,\ldots,c_n\in K\right\}$$

を，K 上の n 次元数ベクトル空間という．

K^n には和と定数倍が定義されている．

1. **和**　K^n の要素 $\boldsymbol{x}=\begin{pmatrix}x_1\\x_2\\\vdots\\x_n\end{pmatrix}$, $\boldsymbol{y}=\begin{pmatrix}y_1\\y_2\\\vdots\\y_n\end{pmatrix}$ に対して，$\boldsymbol{x}+\boldsymbol{y}=\begin{pmatrix}x_1+y_1\\x_2+y_2\\\vdots\\x_n+y_n\end{pmatrix}$.

2. **定数倍**　K^n の要素 $\boldsymbol{x} = \begin{pmatrix} x_1 \\ x_2 \\ \vdots \\ x_n \end{pmatrix}$ と K の要素 λ に対して，$\lambda\boldsymbol{x} = \begin{pmatrix} \lambda x_1 \\ \lambda x_2 \\ \vdots \\ \lambda x_n \end{pmatrix}$.

さらに，K^n の特別な要素として**ゼロベクトル** $\mathbf{0}$ を次で定義する．

3. ゼロベクトル $\mathbf{0} = \begin{pmatrix} 0 \\ 0 \\ \vdots \\ 0 \end{pmatrix}$.

数ベクトル空間 K^n は，列ベクトルを集めた単なる集合ではなく，和と定数倍という演算とゼロベクトルが備えつけられた集合である．このように考えるとき，K^n の要素を**ベクトル** (もしくは**数ベクトル**) と呼ぶ．定数倍を $\lambda\boldsymbol{x}$ と書くように，数ベクトル空間 K^n においては K を係数の集合と見なしている．この見方をするとき，K の要素を**スカラー (scalar)** と呼ぶ．「K 上の n 次元数ベクトル空間」の「K 上の」とは，スカラーの集合が K であることを意味している．

命題 2.5 より，K^n のベクトル $\boldsymbol{a}, \boldsymbol{b}, \boldsymbol{c}$ とスカラー λ, μ をどのようにとっても，以下の等式が成り立つ．

(1) $(\boldsymbol{a}+\boldsymbol{b})+\boldsymbol{c} = \boldsymbol{a}+(\boldsymbol{b}+\boldsymbol{c})$　　(2) $\boldsymbol{a}+\boldsymbol{b} = \boldsymbol{b}+\boldsymbol{a}$

(3) $\boldsymbol{a}+\mathbf{0} = \boldsymbol{a}$　　(4) $\boldsymbol{a}+(-1)\boldsymbol{a} = \mathbf{0}$

(5) $\lambda(\boldsymbol{a}+\boldsymbol{b}) = \lambda\boldsymbol{a}+\lambda\boldsymbol{b}$　　(6) $\lambda(\mu\boldsymbol{a}) = (\lambda\mu)\boldsymbol{a}$

(7) $(\lambda+\mu)\boldsymbol{a} = \lambda\boldsymbol{a}+\mu\boldsymbol{a}$　　(8) $1\boldsymbol{a} = \boldsymbol{a}$

以上の八つの性質に加え，すべてのベクトル $\boldsymbol{a}$ とすべてのスカラー λ について

$$0\,\boldsymbol{a} = \mathbf{0}, \quad \lambda\mathbf{0} = \mathbf{0}$$

であることにも注意する．行列の場合と同様に，3 個以上のベクトルの和は順序によらないので，カッコを省略して $\boldsymbol{a}_1+\boldsymbol{a}_2+\cdots+\boldsymbol{a}_r$ のように書く．

以下では，ベクトル $(-1)\boldsymbol{a}$ を $-\boldsymbol{a}$ と略記し，ベクトル $\boldsymbol{a}, \boldsymbol{b}$ に対して $\boldsymbol{a}+(-\boldsymbol{b})$ を $\boldsymbol{a}-\boldsymbol{b}$ と書く．

7.2 部分空間

7.2.1 連立 1 次方程式の解の記述

A は K の要素を成分とする (m,n) 型行列であるとする[1]. K^m のベクトル $\boldsymbol{b}$ が与えられたとして，連立 1 次方程式 $A\boldsymbol{x}=\boldsymbol{b}$ を考える．この方程式の解は K^n のベクトルであるから，方程式の解全体のなす集合は数ベクトル空間 K^n の部分集合となる．この部分集合は空でなければ次の表示をもつ．

命題 7.2 K^n の要素 $\boldsymbol{c}$ は方程式 $A\boldsymbol{x}=\boldsymbol{b}$ の一つの解であるとする．K^n の部分集合 W_0 を

$$W_0=\{\boldsymbol{y}\in K^n \mid A\boldsymbol{y}=\boldsymbol{0}\}$$

と定める．このとき，方程式 $A\boldsymbol{x}=\boldsymbol{b}$ の解全体のなす集合は

$$\{\boldsymbol{x}\in K^n \mid W_0 \text{ の要素 } \boldsymbol{y} \text{ であって } \boldsymbol{x}=\boldsymbol{c}+\boldsymbol{y} \text{ を満たすものが存在する.}\} \tag{7.1}$$

と表される．

証明　$A\boldsymbol{x}=\boldsymbol{b}$ の解全体のなす集合を U とおき，(7.1) の集合を V とおく．$U\subset V$ かつ $U\supset V$ であることを示せばよい．

<u>$U\subset V$ の証明</u>　$\boldsymbol{u}$ は U の要素であるとする．$\boldsymbol{c}$ と $\boldsymbol{u}$ は $A\boldsymbol{x}=\boldsymbol{b}$ の解だから，$\boldsymbol{y}=\boldsymbol{u}-\boldsymbol{c}$ とおくと

$$A\boldsymbol{y}=A(\boldsymbol{u}-\boldsymbol{c})=A\boldsymbol{u}-A\boldsymbol{c}=\boldsymbol{b}-\boldsymbol{b}=\boldsymbol{0}$$

となる．よって $\boldsymbol{y}\in W_0$ である．したがって $\boldsymbol{u}=\boldsymbol{c}+\boldsymbol{y}$ かつ $\boldsymbol{y}\in W_0$ なので，$\boldsymbol{u}\in V$ である．以上より $U\subset V$ である．

<u>$U\supset V$ の証明</u>　$\boldsymbol{v}$ は V の要素であるとする．V の定義から，W_0 の要素 $\boldsymbol{y}$ を適当にとって $\boldsymbol{v}=\boldsymbol{c}+\boldsymbol{y}$ と表される．すると，$A\boldsymbol{c}=\boldsymbol{b}, A\boldsymbol{y}=\boldsymbol{0}$ より

$$A\boldsymbol{v}=A(\boldsymbol{c}+\boldsymbol{y})=A\boldsymbol{c}+A\boldsymbol{y}=\boldsymbol{b}+\boldsymbol{0}=\boldsymbol{b}$$

である．よって $\boldsymbol{v}\in U$ である．以上より $U\supset V$ である．■

1］ つまり，$K=\mathbb{R}$ なら A は実行列であるとし，$K=\mathbb{C}$ なら A は複素行列であるとする．

命題 7.2 より，連立 1 次方程式 $A\boldsymbol{x} = \boldsymbol{b}$ の解は，$A\boldsymbol{x} = \boldsymbol{b}$ の特定の解 $\boldsymbol{c}$ と方程式 $A\boldsymbol{y} = \boldsymbol{0}$ の解の和として表すことができる．

例 7.3 第 1 章の例 1.8 の連立 1 次方程式 $A\boldsymbol{x} = \boldsymbol{b}$ を考える．ただし

$$A = \begin{pmatrix} 1 & 1 & -2 & 1 \\ -1 & -1 & 3 & -4 \\ -1 & -1 & 0 & 5 \end{pmatrix}, \quad \boldsymbol{b} = \begin{pmatrix} 1 \\ -2 \\ 1 \end{pmatrix}$$

である．この方程式の解は $x_1 = -1 - s + 5t,\ x_2 = s,\ x_3 = -1 + 3t,\ x_4 = t$ (s, t は任意定数) と表される．これをベクトルの形で書くと次のようになる．

$$\boldsymbol{x} = \begin{pmatrix} -1 \\ 0 \\ -1 \\ 0 \end{pmatrix} + \begin{pmatrix} -s + 5t \\ s \\ 3t \\ t \end{pmatrix}$$

右辺の第 1 項のベクトル ${}^t(-1, 0, -1, 0)$ は，$A\boldsymbol{x} = \boldsymbol{b}$ の一つの解である．そして，第 2 項のベクトル ${}^t(-s + 5t, s, 3t, t)$ は，連立 1 次方程式 $A\boldsymbol{y} = \boldsymbol{0}$ の解である．

一般に，右辺の定数ベクトルが $\boldsymbol{0}$ である連立 1 次方程式 $A\boldsymbol{y} = \boldsymbol{0}$ を**斉次連立 1 次方程式**という [2]．例 7.3 では，方程式 $A\boldsymbol{x} = \boldsymbol{b}$ の解が含む任意定数 s と t が，付随する斉次連立 1 次方程式 $A\boldsymbol{y} = \boldsymbol{0}$ の解から生じたことに注意する．

斉次連立 1 次方程式の解全体のなす集合は，次の性質をもつ．

命題 7.4 A は K の要素を成分とする (m, n) 型行列であるとする．斉次連立 1 次方程式 $A\boldsymbol{y} = \boldsymbol{0}$ の解全体のなす集合 W_0 について，次のことが成り立つ．

(1) W_0 の要素 $\boldsymbol{a}$ と $\boldsymbol{b}$ をどのようにとっても [3]，$\boldsymbol{a} + \boldsymbol{b} \in W_0$ である．

(2) W_0 の要素 $\boldsymbol{a}$ と K の要素 λ をどのようにとっても，$\lambda\boldsymbol{a} \in W_0$ である．

証明 (1) $\boldsymbol{a}, \boldsymbol{b}$ は W_0 に属するとする．このとき $A\boldsymbol{a} = \boldsymbol{0}, A\boldsymbol{b} = \boldsymbol{0}$ であるから $A(\boldsymbol{a} + \boldsymbol{b}) = A\boldsymbol{a} + A\boldsymbol{b} = \boldsymbol{0} + \boldsymbol{0} = \boldsymbol{0}$. よって $\boldsymbol{a} + \boldsymbol{b} \in W_0$ である．

2] 「斉次」は「せいじ」と読む．

3] $\boldsymbol{a}$ と $\boldsymbol{b}$ で記号が違うが，$\boldsymbol{a}$ と $\boldsymbol{b}$ は同じベクトルであっても構わない．数学では，同じ記号で表せば必ず同じもので，異なる記号で表すときは同じものである場合も含む．

(2) $\lambda \in K, \boldsymbol{a} \in W_0$ とする．$A\boldsymbol{a} = \boldsymbol{0}$ であるから $A(\lambda\boldsymbol{a}) = \lambda(A\boldsymbol{a}) = \lambda\boldsymbol{0} = \boldsymbol{0}$. よって $\lambda\boldsymbol{a} \in W_0$ である． ■

7.2.2 部分空間の定義と例

一般に，命題 7.4 の (1), (2) の性質をもつ部分集合を部分空間という．

定義 7.5 数ベクトル空間 K^n の空でない部分集合 W が，次の二つの条件をともに満たすとき，W は K^n の**部分空間**であるという．

(1) W の要素 $\boldsymbol{a}$ と $\boldsymbol{b}$ をどのようにとっても，$\boldsymbol{a}+\boldsymbol{b} \in W$ である．

(2) W の要素 $\boldsymbol{a}$ と K の要素 λ をどのようにとっても，$\lambda\boldsymbol{a} \in W$ である．

例 7.6 数ベクトル空間 K^n は次の二つの部分空間 W をもつ．

(1) $W = K^n$ (K^n 全体). これが定義 7.5 の条件 (1), (2) を満たすことは明らかである．よって，K^n **自身も** K^n **の部分空間である**．

(2) $W = \{\boldsymbol{0}\}$ (ゼロベクトルだけからなる部分集合). W の要素は $\boldsymbol{0}$ だけで，$\boldsymbol{0}+\boldsymbol{0} = \boldsymbol{0} \in W$ だから，W は定義 7.5 の条件 (1) を満たす．そして，λ がスカラーなら $\lambda\boldsymbol{0} = \boldsymbol{0} \in W$ だから条件 (2) も満たしている．

例 7.7 A は K の要素を成分とする (m,n) 型行列であるとする．命題 7.4 より，斉次連立 1 次方程式 $A\boldsymbol{y} = \boldsymbol{0}$ の解全体のなす集合は K^n の部分空間である

次の事実はほぼ自明であるが，きちんと証明しておこう．

命題 7.8 W は数ベクトル空間 K^n の部分空間であるとする．s を 2 以上の整数とする．$\boldsymbol{a}_1, \boldsymbol{a}_2, \ldots, \boldsymbol{a}_s$ が W の要素であるならば，その和 $\boldsymbol{a}_1 + \boldsymbol{a}_2 + \cdots + \boldsymbol{a}_s$ も W に属する．

証明 s に関する数学的帰納法で示す．$s = 2$ の場合は，部分空間の定義 7.5 (1) そのものである．k を 2 以上の整数として，$s = k$ のときに示すべき命題が正しいとする．$s = k+1$ の場合を考える．W の要素 $\boldsymbol{a}_1, \ldots, \boldsymbol{a}_k, \boldsymbol{a}_{k+1}$ について，数学

的帰納法の仮定から $\boldsymbol{a}_1+\cdots+\boldsymbol{a}_k$ は W に属する．また，$\boldsymbol{a}_{k+1}$ も W に属するので，部分空間の定義 7.5 (1) より，ベクトル

$$\boldsymbol{a}_1+\cdots+\boldsymbol{a}_k+\boldsymbol{a}_{k+1}=(\boldsymbol{a}_1+\cdots+\boldsymbol{a}_k)+\boldsymbol{a}_{k+1}$$

も W に属する．以上より，$s=k+1$ の場合にも示すべき命題は正しい． ■

W が K^n の部分空間であるとき，W は空集合でないから，その要素 $\boldsymbol{a}$ を一つ取れる．このとき，0 はスカラーで，$0\boldsymbol{a}$ はゼロベクトルだから，定義 7.5 の条件 (2) より，ゼロベクトルは W に属する．したがって，K^n のどの部分空間 W についても $\{\boldsymbol{0}\}\subset W$ が成り立つ．この意味で，ゼロベクトルだけからなる部分空間 $\{\boldsymbol{0}\}$ は，K^n の最小の部分空間である．

次に部分空間でない例を挙げる．

例 7.9 K^2 の部分集合 $W=\left\{\begin{pmatrix}x_1\\x_2\end{pmatrix}\in K^2 \mid x_1x_2=0\right\}$ は部分空間でない．たとえば，$\boldsymbol{a}=\begin{pmatrix}1\\0\end{pmatrix}, \boldsymbol{b}=\begin{pmatrix}0\\1\end{pmatrix}$ は W に属するが，$\boldsymbol{a}+\boldsymbol{b}=\begin{pmatrix}1\\1\end{pmatrix}$ は W の要素でない．よって定義 7.5 の条件 (1) が満たされないので，W は部分空間ではない．

7.2.3 線形結合

例 7.3 の行列 A の定める斉次連立 1 次方程式 $A\boldsymbol{y}=\boldsymbol{0}$ の解は，任意定数 s, t を使って $\boldsymbol{y}={}^t(-s+5t,\ s,\ 3t,\ t)$ と表される．これは次のように書き直される．

$$\begin{pmatrix}-s+5t\\s\\3t\\t\end{pmatrix}=s\begin{pmatrix}-1\\1\\0\\0\end{pmatrix}+t\begin{pmatrix}5\\0\\3\\1\end{pmatrix}$$

このことから，${}^t(-1,1,0,0)$ と ${}^t(5,0,3,1)$ の定数倍の和は，すべて $A\boldsymbol{y}=\boldsymbol{0}$ の解である．このように，いくつかのベクトルの定数倍の和は，線形代数の理論における基本的な対象である．そこで次の定義をする．

定義 7.10 $\boldsymbol{a}_1, \boldsymbol{a}_2, \ldots, \boldsymbol{a}_r$ は数ベクトル空間 K^n のベクトルとする．K^n の要素 $\boldsymbol{v}$ について，$\boldsymbol{v} = \lambda_1\boldsymbol{a}_1 + \lambda_2\boldsymbol{a}_2 + \cdots + \lambda_r\boldsymbol{a}_r$ を満たすスカラー $\lambda_1, \lambda_2, \ldots, \lambda_r$ が存在するとき，$\boldsymbol{v}$ は $\boldsymbol{a}_1, \boldsymbol{a}_2, \ldots, \boldsymbol{a}_r$ の**線形結合** (もしくは **1 次結合**) であるという．

以下では，K^n のベクトルの組 $\boldsymbol{a}_1, \boldsymbol{a}_2, \ldots, \boldsymbol{a}_r$ に対し，これらの線形結合全体のなす集合を記号 $\langle \boldsymbol{a}_1, \boldsymbol{a}_2, \ldots, \boldsymbol{a}_r \rangle$ で表す．すなわち

$$\langle \boldsymbol{a}_1, \boldsymbol{a}_2, \ldots, \boldsymbol{a}_r \rangle = \left\{ \boldsymbol{x} \in K^n \;\middle|\; \begin{array}{l} \boldsymbol{x} = \lambda_1\boldsymbol{a}_1 + \lambda_2\boldsymbol{a}_2 + \cdots + \lambda_r\boldsymbol{a}_r \text{ を満たす} \\ \text{スカラー } \lambda_1, \lambda_2, \ldots, \lambda_r \in K \text{ が存在する.} \end{array} \right\}$$

である．各 $j = 1, 2, \ldots, r$ について

$$\boldsymbol{a}_j = 0\boldsymbol{a}_1 + \cdots + 0\boldsymbol{a}_{j-1} + 1\boldsymbol{a}_j + 0\boldsymbol{a}_{j+1} + \cdots + 0\boldsymbol{a}_r$$

であるから，$\boldsymbol{a}_j$ は集合 $\langle \boldsymbol{a}_1, \boldsymbol{a}_2, \ldots, \boldsymbol{a}_r \rangle$ に属する．また，ゼロベクトル $\boldsymbol{0}$ は $\boldsymbol{0} = 0\boldsymbol{a}_1 + 0\boldsymbol{a}_2 + \cdots + 0\boldsymbol{a}_r$ と表せるから，ゼロベクトルもこの集合に属する．以上より，$\langle \boldsymbol{a}_1, \boldsymbol{a}_2, \ldots, \boldsymbol{a}_r \rangle$ は空集合ではない．

次の事実が重要である．

命題 7.11 $\boldsymbol{a}_1, \boldsymbol{a}_2, \ldots, \boldsymbol{a}_r$ は K^n のベクトルとする．このとき，$\langle \boldsymbol{a}_1, \boldsymbol{a}_2, \ldots, \boldsymbol{a}_r \rangle$ は K^n の部分空間である．

証明 以下，記号を簡単にするため $W = \langle \boldsymbol{a}_1, \boldsymbol{a}_2, \ldots, \boldsymbol{a}_r \rangle$ とおく．W が定義 7.5 の条件 (1), (2) を満たすことを示す．

<u>条件 (1) を満たすこと</u> $\boldsymbol{u}, \boldsymbol{v}$ は W に属するベクトルであるとする．W の定義から，$\boldsymbol{u} = \lambda_1\boldsymbol{a}_1 + \lambda_2\boldsymbol{a}_2 + \cdots + \lambda_r\boldsymbol{a}_r$, $\boldsymbol{v} = \mu_1\boldsymbol{a}_1 + \mu_2\boldsymbol{a}_2 + \cdots + \mu_r\boldsymbol{a}_r$ を満たすスカラー $\lambda_1, \ldots, \lambda_r, \mu_1, \ldots, \mu_r \in K$ が存在する．このとき

$$\begin{aligned} \boldsymbol{u} + \boldsymbol{v} &= (\lambda_1\boldsymbol{a}_1 + \cdots + \lambda_r\boldsymbol{a}_r) + (\mu_1\boldsymbol{a}_1 + \cdots + \mu_r\boldsymbol{a}_r) \\ &= (\lambda_1 + \mu_1)\boldsymbol{a}_1 + \cdots + (\lambda_r + \mu_r)\boldsymbol{a}_r \end{aligned}$$

であるから，$\boldsymbol{u} + \boldsymbol{v}$ も $\boldsymbol{a}_1, \ldots, \boldsymbol{a}_r$ の線形結合である．よって $\boldsymbol{u} + \boldsymbol{v} \in W$ である．したがって条件 (1) を満たす．

<u>条件 (2) を満たすこと</u> $\mu \in K, \boldsymbol{u} \in W$ とする．W の定義から，$\boldsymbol{u} = \lambda_1\boldsymbol{a}_1 + \cdots + \lambda_r\boldsymbol{a}_r$ を満たすスカラー $\lambda_1, \lambda_2, \ldots, \lambda_r \in K$ が存在する．このとき

$$\mu\boldsymbol{u} = \mu(\lambda_1\boldsymbol{a}_1 + \cdots + \lambda_r\boldsymbol{a}_r) = (\mu\lambda_1)\boldsymbol{a}_1 + \cdots + (\mu\lambda_r)\boldsymbol{a}_r$$

であるから，$\mu\boldsymbol{u}$ も $\boldsymbol{a}_1, \ldots, \boldsymbol{a}_r$ の線形結合である．よって $\mu\boldsymbol{u} \in W$ であり，したがって条件 (2) も満たす． ■

定義 7.12 $\boldsymbol{a}_1, \boldsymbol{a}_2, \ldots, \boldsymbol{a}_r$ は K^n のベクトルであるとする．K^n の部分空間 $\langle \boldsymbol{a}_1, \boldsymbol{a}_2, \ldots, \boldsymbol{a}_r \rangle$ をベクトルの組 $\boldsymbol{a}_1, \boldsymbol{a}_2, \ldots, \boldsymbol{a}_r$ が**生成する** (もしくは**張る**) **部分空間**という．

命題 7.13 W が数ベクトル空間 K^n の部分空間で，ベクトル $\boldsymbol{b}_1, \boldsymbol{b}_2, \ldots, \boldsymbol{b}_r$ が W に属するとき，$\langle \boldsymbol{b}_1, \boldsymbol{b}_2, \ldots, \boldsymbol{b}_r \rangle \subset W$ が成り立つ．

証明 ベクトル $\boldsymbol{b}$ は $\langle \boldsymbol{b}_1, \boldsymbol{b}_2, \ldots, \boldsymbol{b}_r \rangle$ に属するとする．このとき，スカラー $\lambda_1, \lambda_2, \ldots, \lambda_r$ を適当にとって $\boldsymbol{b} = \lambda_1\boldsymbol{b}_1 + \lambda_2\boldsymbol{b}_2 + \cdots + \lambda_r\boldsymbol{b}_r$ と表される．ここで各 $k = 1, 2, \ldots, r$ について，$\boldsymbol{b}_k$ は W の要素であり，W は部分空間であるから，$\lambda_k\boldsymbol{b}_k$ も W に属する (定義 7.5 (2))．したがって，これらの和 $\lambda_1\boldsymbol{b}_1 + \lambda_2\boldsymbol{b}_2 + \cdots + \lambda_r\boldsymbol{b}_r$ も W に属する (命題 7.8)．よって $\boldsymbol{b}$ は W に属する．以上より，$\langle \boldsymbol{b}_1, \boldsymbol{b}_2, \ldots, \boldsymbol{b}_r \rangle \subset W$ である． ■

7.3 線形独立性

前項では，数ベクトル空間 K^n の部分空間の例として，2 種類のものを構成した．一つは斉次連立 1 次方程式の解全体のなす部分空間で，もう一つはベクトルの組が生成する部分空間である．ここで，斉次連立 1 次方程式 $A\boldsymbol{y} = \boldsymbol{0}$ の解全体のなす部分空間 W_0 が，ベクトルの組 $\boldsymbol{a}_1, \boldsymbol{a}_2, \ldots, \boldsymbol{a}_r$ で生成されるとしよう．つまり $W_0 = \langle \boldsymbol{a}_1, \boldsymbol{a}_2, \ldots, \boldsymbol{a}_r \rangle$ であるとする．このとき，W_0 のどの要素 $\boldsymbol{y}$ も，それに応じて r 個のスカラー $\lambda_1, \lambda_2, \ldots, \lambda_r$ を適当に取れば，$\boldsymbol{y} = \lambda_1\boldsymbol{a}_1 + \cdots + \lambda_r\boldsymbol{a}_r$ と表される．このことから，$A\boldsymbol{y} = \boldsymbol{0}$ の解を記述するためには，r 個の任意定数が必要になると思われる．しかし，必ずしもそうではない．

例として，K^3 のベクトル

$$\boldsymbol{a}_1 = \begin{pmatrix} 1 \\ -1 \\ 0 \end{pmatrix}, \quad \boldsymbol{a}_2 = \begin{pmatrix} 2 \\ 0 \\ 1 \end{pmatrix}, \quad \boldsymbol{a}_3 = \begin{pmatrix} 0 \\ -2 \\ -1 \end{pmatrix}$$

が生成する部分空間 $W = \langle \boldsymbol{a}_1, \boldsymbol{a}_2, \boldsymbol{a}_3 \rangle$ を考える．W は $\boldsymbol{a}_1, \boldsymbol{a}_2, \boldsymbol{a}_3$ の線形結合全体のなす集合だから，その要素を表すためには 3 個のスカラーが必要になりそうである．しかし，以下で述べるように実際は 2 個あれば十分である．

まず，$\boldsymbol{a}_1, \boldsymbol{a}_2, \boldsymbol{a}_3$ の間には $\boldsymbol{a}_3 = 2\boldsymbol{a}_1 - \boldsymbol{a}_2$ という関係があることに着目する．このことから，W の要素は

$$\begin{aligned} \lambda_1 \boldsymbol{a}_1 + \lambda_2 \boldsymbol{a}_2 + \lambda_3 \boldsymbol{a}_3 &= \lambda_1 \boldsymbol{a}_1 + \lambda_2 \boldsymbol{a}_2 + \lambda_3 (2\boldsymbol{a}_1 - \boldsymbol{a}_2) \\ &= (\lambda_1 + 2\lambda_3)\boldsymbol{a}_1 + (\lambda_2 - \lambda_3)\boldsymbol{a}_2 \end{aligned}$$

のように，$\boldsymbol{a}_1, \boldsymbol{a}_2$ だけの線形結合となる．よって $W \subset \langle \boldsymbol{a}_1, \boldsymbol{a}_2 \rangle$ である．一方，線形結合の定義から $\langle \boldsymbol{a}_1, \boldsymbol{a}_2 \rangle \subset W$ は自明に成り立つ[4]．したがって $W = \langle \boldsymbol{a}_1, \boldsymbol{a}_2 \rangle$ である．以上より，W を生成するベクトルの個数は一つ減らせて，W の要素を表すにはスカラーが 2 個あれば十分であることが分かった．これは $\boldsymbol{a}_3 = 2\boldsymbol{a}_1 - \boldsymbol{a}_2$ という関係に起因したことに注意しよう．

上の例を踏まえて，一般に r 個のベクトル $\boldsymbol{a}_1, \boldsymbol{a}_2, \ldots, \boldsymbol{a}_r$ が生成する部分空間 $W = \langle \boldsymbol{a}_1, \boldsymbol{a}_2, \ldots, \boldsymbol{a}_r \rangle$ を考える．いま

$$\lambda_1 \boldsymbol{a}_1 + \lambda_2 \boldsymbol{a}_2 + \cdots + \lambda_r \boldsymbol{a}_r = \boldsymbol{0} \qquad (\lambda_1, \lambda_2, \ldots, \lambda_r \in K) \tag{7.2}$$

という関係があったとする．ただし，$\lambda_1, \lambda_2, \ldots, \lambda_r$ をすべて 0 とした関係式はいつでも成り立つので，この場合は除外する．つまり，スカラー $\lambda_1, \lambda_2, \ldots, \lambda_r$ のうち少なくとも一つは 0 でないとする．0 でないもののうちから一つ選び，それを λ_k とする．このとき (7.2) は

$$\boldsymbol{a}_k = -\frac{1}{\lambda_k}(\lambda_1 \boldsymbol{a}_1 + \cdots + \lambda_{k-1}\boldsymbol{a}_{k-1} + \lambda_{k+1}\boldsymbol{a}_{k+1} + \cdots + \lambda_r \boldsymbol{a}_r) \tag{7.3}$$

と書き換えられるので，W の要素は以下のようにして $\boldsymbol{a}_k$ 以外のベクトルの線形結合として表される．

$$\mu_1 \boldsymbol{a}_1 + \cdots + \mu_k \boldsymbol{a}_k + \cdots + \mu_r \boldsymbol{a}_r$$

4] λ_1, λ_2 がスカラーのとき $\lambda_1 \boldsymbol{a}_1 + \lambda_2 \boldsymbol{a}_2 = \lambda_1 \boldsymbol{a}_1 + \lambda_2 \boldsymbol{a}_2 + 0\boldsymbol{a}_3$ である．よって $\boldsymbol{a}_1, \boldsymbol{a}_2$ の線形結合は，$\boldsymbol{a}_1, \boldsymbol{a}_2, \boldsymbol{a}_3$ の線形結合でもある．

$$= \left(\mu_1 - \mu_k \frac{\lambda_1}{\lambda_k}\right)\boldsymbol{a}_1 + \cdots + \left(\mu_{k-1} - \mu_k \frac{\lambda_{k-1}}{\lambda_k}\right)\boldsymbol{a}_{k-1}$$
$$+ \left(\mu_{k+1} - \mu_k \frac{\lambda_{k+1}}{\lambda_k}\right)\boldsymbol{a}_{k+1} + \left(\mu_r - \mu_k \frac{\lambda_r}{\lambda_k}\right)\boldsymbol{a}_r$$

よって $W \subset \langle \boldsymbol{a}_1, \ldots, \boldsymbol{a}_{k-1}, \boldsymbol{a}_{k+1}, \ldots, \boldsymbol{a}_r \rangle$ である．線形結合の定義より逆向きの包含関係も成り立つので，$W = \langle \boldsymbol{a}_1, \ldots, \boldsymbol{a}_{k-1}, \boldsymbol{a}_{k+1}, \ldots, \boldsymbol{a}_r \rangle$ である．したがって，W の要素を表すには $(r-1)$ 個のスカラーがあれば十分である．

以上のことから，ベクトルの組が生成する部分空間 $\langle \boldsymbol{a}_1, \boldsymbol{a}_2, \ldots, \boldsymbol{a}_r \rangle$ について，この部分空間を生成するベクトルの個数を減らせるかどうかは，(7.2) の形の関係式があるかどうかで決まる．そこで次の概念を導入する．

定義 7.14 $\boldsymbol{a}_1, \boldsymbol{a}_2, \ldots, \boldsymbol{a}_r$ は K^n のベクトルとする．スカラー $\lambda_1, \lambda_2, \ldots, \lambda_r$ であって関係式 $\lambda_1\boldsymbol{a}_1 + \lambda_2\boldsymbol{a}_2 + \cdots + \lambda_r\boldsymbol{a}_r = \boldsymbol{0}$ を満たすものは，$\lambda_1 = 0, \lambda_2 = 0, \ldots, \lambda_r = 0$ に限るとき，ベクトルの組 $\boldsymbol{a}_1, \boldsymbol{a}_2, \ldots, \boldsymbol{a}_r$ は**線形独立** (もしくは **1 次独立**) であるという．ベクトルの組 $\boldsymbol{a}_1, \boldsymbol{a}_2, \ldots, \boldsymbol{a}_r$ が線形独立でないとき，この組は**線形従属** (もしくは **1 次従属**) であるという．

注意 ベクトルの組 $\boldsymbol{a}_1, \boldsymbol{a}_2, \ldots, \boldsymbol{a}_r$ が線形従属であるとは，少なくとも一つが 0 でないスカラーの組 $\lambda_1, \lambda_2, \ldots, \lambda_r$ であって，関係式 (7.2) を満たすものが存在することである．この関係式は (7.3) のように変形できるから，$\boldsymbol{a}_1, \boldsymbol{a}_2, \ldots, \boldsymbol{a}_r$ が線形従属であることと，これらのベクトルのうちの少なくとも一つが他のベクトルの線形結合であることは同値である．

例 7.15 K^2 のベクトルの組 $\boldsymbol{a}_1 = \begin{pmatrix} 1 \\ 1 \end{pmatrix}, \boldsymbol{a}_2 = \begin{pmatrix} 1 \\ -1 \end{pmatrix}$ は線形独立であることを示そう．$c_1\boldsymbol{a}_1 + c_2\boldsymbol{a}_2 = \boldsymbol{0}$ $(c_1, c_2 \in K)$ となったとする．このとき

$$c_1\boldsymbol{a}_1 + c_2\boldsymbol{a}_2 = \begin{pmatrix} c_1 + c_2 \\ c_1 - c_2 \end{pmatrix} = \boldsymbol{0}$$

であるから，$c_1 + c_2 = 0,\ c_1 - c_2 = 0$ であり，よって $c_1 = 0,\ c_2 = 0$ である．したがって $\boldsymbol{a}_1, \boldsymbol{a}_2$ は線形独立である．

例 7.16 K^3 のベクトルの組 $\boldsymbol{b}_1 = \begin{pmatrix} 1 \\ -1 \\ 0 \end{pmatrix}, \boldsymbol{b}_2 = \begin{pmatrix} 0 \\ 2 \\ -2 \end{pmatrix}, \boldsymbol{b}_3 = \begin{pmatrix} -3 \\ 0 \\ 3 \end{pmatrix}$ は線形

従属である．なぜならば $\boldsymbol{b}_1 + \frac{1}{2}\boldsymbol{b}_2 + \frac{1}{3}\boldsymbol{b}_3 = \boldsymbol{0}$ が成り立つからである．

線形独立性は，(7.2) の形の関係式が自明なものしかないことを意味する概念である．このほかに，もう一つの重要な意味がある．次の命題で述べよう．

命題 7.17 K^n のベクトルの組 $\boldsymbol{a}_1, \boldsymbol{a}_2, \ldots, \boldsymbol{a}_r$ は線形独立であるとする．このとき，ベクトル $\boldsymbol{x}$ が部分空間 $W = \langle \boldsymbol{a}_1, \boldsymbol{a}_2, \ldots, \boldsymbol{a}_r \rangle$ に属するならば，$\boldsymbol{x}$ は

$$\boldsymbol{x} = \lambda_1 \boldsymbol{a}_1 + \lambda_2 \boldsymbol{a}_2 + \cdots + \lambda_r \boldsymbol{a}_r \qquad (\lambda_1, \lambda_2, \ldots, \lambda_r \in K) \tag{7.4}$$

の形でただ 1 通りに表される[5]．

証明 $\boldsymbol{x}$ は W の要素であるとする．W は $\boldsymbol{a}_1, \boldsymbol{a}_2, \ldots, \boldsymbol{a}_r$ が生成する部分空間であるから，$\boldsymbol{x}$ は (7.4) の形の表示をもつ (定義 7.12)．この表示が 1 通りであることを示そう．$\boldsymbol{x}$ がスカラー $\lambda_1, \ldots, \lambda_r$ および $\mu_1, \ldots, \mu_r$ を使って

$$\begin{aligned} \boldsymbol{x} &= \lambda_1 \boldsymbol{a}_1 + \lambda_2 \boldsymbol{a}_2 + \cdots + \lambda_r \boldsymbol{a}_r \\ &= \mu_1 \boldsymbol{a}_1 + \mu_2 \boldsymbol{a}_2 + \cdots + \mu_r \boldsymbol{a}_r \end{aligned}$$

と表されたとする．右辺を移項して

$$\begin{aligned} &(\lambda_1 \boldsymbol{a}_1 + \lambda_2 \boldsymbol{a}_2 + \cdots + \lambda_r \boldsymbol{a}_r) - (\mu_1 \boldsymbol{a}_1 + \mu_2 \boldsymbol{a}_2 + \cdots + \mu_r \boldsymbol{a}_r) \\ &= (\lambda_1 - \mu_1)\boldsymbol{a}_1 + (\lambda_2 - \mu_2)\boldsymbol{a}_2 + \cdots + (\lambda_r - \mu_r)\boldsymbol{a}_r = \boldsymbol{0} \end{aligned}$$

を得る．$\boldsymbol{a}_1, \boldsymbol{a}_2, \ldots, \boldsymbol{a}_r$ は線形独立だから，$\lambda_1 = \mu_1, \lambda_2 = \mu_2, \ldots, \lambda_r = \mu_r$ である．したがって $\boldsymbol{x}$ は (7.4) の形でただ 1 通りに表される． ■

以上のように，線形独立性の概念は

- 線形結合で書かれる関係式が自明なものしかないこと
- 線形結合としての表示がただ 1 通りであること

という二つの意味をもつのである．

5] つまり，$\boldsymbol{x}$ に応じてスカラー $\lambda_1, \lambda_2, \ldots, \lambda_r$ はただ 1 通りに決まるということ．

7.4 部分空間の基底

K^n の部分空間 W が，いくつかのベクトルの組で生成されるとする．この組が線形従属であれば，前節で述べたように W を生成するベクトルの個数を減らせる．そこで線形従属でなくなるまでベクトルを減らせば，線形独立なベクトルの組であって W を生成するものが得られるだろう．このようなベクトルの組を W の基底と呼ぶ．正確な定義は次の通りである．

定義 7.18 W は数ベクトル空間 K^n の部分空間であるとする．W の部分集合 $S = \{\boldsymbol{w}_1, \boldsymbol{w}_2, \ldots, \boldsymbol{w}_r\}$ (r は正の整数) が次の条件 (1), (2) をともに満たすとき，集合 S は W の基底であるという．

(1) $W = \langle \boldsymbol{w}_1, \boldsymbol{w}_2, \ldots, \boldsymbol{w}_r \rangle$

(2) $\boldsymbol{w}_1, \boldsymbol{w}_2, \ldots, \boldsymbol{w}_r$ は線形独立である．

注意 W が数ベクトル空間 K^n の部分空間で，$\boldsymbol{w}_1, \boldsymbol{w}_2, \ldots, \boldsymbol{w}_r$ が W に属するとき，$\langle \boldsymbol{w}_1, \boldsymbol{w}_2, \ldots, \boldsymbol{w}_r \rangle \subset W$ が成り立つ (命題 7.13)．よって，定義 7.18 の条件 (1) については，$W \subset \langle \boldsymbol{w}_1, \boldsymbol{w}_2, \ldots, \boldsymbol{w}_r \rangle$ が成り立つこと，すなわち「W のどの要素も $\boldsymbol{w}_1, \boldsymbol{w}_2, \ldots, \boldsymbol{w}_r$ の線形結合として表されること」が本質的である．

部分空間の基底の取り方は 1 通りではないことを，次の例で見ておこう．

例 7.19 K^3 の部分集合 W を

$$W = \left\{ \begin{pmatrix} x_1 \\ x_2 \\ x_3 \end{pmatrix} \in K^3 \;\middle|\; x_1 + x_2 + x_3 = 0 \right\}$$

と定めると，W は K^3 の部分空間である．W の基底を 2 組構成する．

W に属するベクトル $\boldsymbol{v}_1 = {}^t(1, -1, 0), \boldsymbol{v}_2 = {}^t(0, 1, -1)$ は線形独立である．さらに，$\boldsymbol{x} = {}^t(x_1, x_2, x_3)$ が W に属するならば，$x_2 = -(x_1 + x_3)$ であるから

$$\boldsymbol{x} = \begin{pmatrix} x_1 \\ -(x_1 + x_3) \\ x_3 \end{pmatrix} = \begin{pmatrix} x_1 \\ -x_1 \\ 0 \end{pmatrix} + \begin{pmatrix} 0 \\ -x_3 \\ x_3 \end{pmatrix} = x_1 \boldsymbol{v}_1 + (-x_3) \boldsymbol{v}_2$$

と表される．よって $\boldsymbol{x}$ は $\boldsymbol{v}_1, \boldsymbol{v}_2$ の線形結合である．以上より $W = \langle \boldsymbol{v}_1, \boldsymbol{v}_2 \rangle$ である．したがって，集合 $S_1 = \{\boldsymbol{v}_1, \boldsymbol{v}_2\}$ は W の基底である．

次に，W のベクトル $\boldsymbol{w}_1 = {}^t(2, -1, -1), \boldsymbol{w}_2 = {}^t(1, 1, 2)$ も線形独立で，$\boldsymbol{x} = {}^t(x_1, x_2, x_3)$ が W に属するとき

$$\boldsymbol{x} = \frac{x_1 - x_2}{3}\boldsymbol{w}_1 + \frac{x_2 - x_3}{3}\boldsymbol{w}_2$$

と表される ($x_1 + x_2 + x_3 = 0$ であることを使ってこの等式を確認せよ)．したがって $W = \langle \boldsymbol{w}_1, \boldsymbol{w}_2 \rangle$ であるから，集合 $S_2 = \{\boldsymbol{w}_1, \boldsymbol{w}_2\}$ も W の基底である．

上述のように部分空間の基底の取り方は 1 通りでない．しかし，例 7.19 では，基底をなすベクトルは取り方によらず 2 個であった．これは偶然ではなく，一般に次のことが成り立つ．

定理 7.20 数ベクトル空間 K^n の $\{\mathbf{0}\}$ でないすべての部分空間 W について，以下のことが成り立つ．

(1) W は n 個以下のベクトルからなる基底をもつ．

(2) W の基底をなすベクトルの個数は，基底の取り方によらず一定である．

定理 7.20 は次節で証明する．この定理を認めると次元の概念を定義できる．

定義 7.21 W を数ベクトル空間 K^n の部分空間とする．W の基底をなすベクトルの個数を W の**次元**といい，$\dim W$ で表す．ただし，ゼロベクトルだけからなる部分空間 $\{\mathbf{0}\}$ の次元は 0 と定める．

7.5 基底の存在の証明

7.5.1 和の記号 Σ の使い方

以下では，ベクトルの線形結合 $\lambda_1 \boldsymbol{a}_1 + \lambda_2 \boldsymbol{a}_2 + \cdots + \lambda_r \boldsymbol{a}_r$ を表すときに，和の記号 Σ を使って $\sum_{k=1}^{r} \lambda_k \boldsymbol{a}_k$ と書く．数列の和を表すときと同じく，動く変数の記号は k である必要はなく，$\sum_{j=1}^{r} \lambda_j \boldsymbol{a}_j$，$\sum_{s=1}^{r} \lambda_s \boldsymbol{a}_s$ などと書いても同じ線形結合を表

す．ただし，指定されている変数以外は動かさない．たとえば

$$\sum_{j=1}^{r} \lambda_j \boldsymbol{a}_k = \lambda_1 \boldsymbol{a}_k + \lambda_2 \boldsymbol{a}_k + \cdots + \lambda_r \boldsymbol{a}_k = (\lambda_1 + \lambda_2 + \cdots + \lambda_r)\boldsymbol{a}_k$$

である．和の記号 $\sum\limits_{k=a}^{b}$ において，$a > b$ である場合には，この和は 0 もしくは $\mathbf{0}$ であると定める (数の和なら 0 とし，ベクトルの和なら $\mathbf{0}$ とする)．

ベクトル $\boldsymbol{a}_1, \boldsymbol{a}_2, \ldots, \boldsymbol{a}_r$ の線形結合 $\sum\limits_{k=1}^{r} \lambda_k \boldsymbol{a}_k$ と $\sum\limits_{k=1}^{r} \mu_k \boldsymbol{a}_k$ の和は

$$\sum_{k=1}^{r} \lambda_k \boldsymbol{a}_k + \sum_{k=1}^{r} \mu_k \boldsymbol{a}_k = \sum_{k=1}^{r} (\lambda_k + \mu_k)\boldsymbol{a}_k$$

とまとめられる．逆に，右辺のように係数が和である場合は，左辺の二つのベクトルの和に分割できる．

7.5.2 線形独立性に関する基本的な事実

以下，n は正の整数とする．次の二つのことは基本的だが重要である．

命題 7.22 $\boldsymbol{a}_1, \boldsymbol{a}_2, \ldots, \boldsymbol{a}_r$ は K^n のベクトルであるとする．

(1) $\boldsymbol{a}_1, \boldsymbol{a}_2, \ldots, \boldsymbol{a}_r$ が線形独立ならば，$\boldsymbol{a}_1, \boldsymbol{a}_2, \ldots, \boldsymbol{a}_r$ はいずれも $\mathbf{0}$ でない．

(2) $\boldsymbol{a}_1, \boldsymbol{a}_2, \ldots, \boldsymbol{a}_r$ のなかに $\mathbf{0}$ があれば，$\boldsymbol{a}_1, \boldsymbol{a}_2, \ldots, \boldsymbol{a}_r$ は線形従属である．

証明 (1) は (2) の対偶なので，(2) が真であることを示せばよい．$\boldsymbol{a}_1, \boldsymbol{a}_2, \ldots, \boldsymbol{a}_r$ のなかにゼロベクトルがあるとして，その一つを $\boldsymbol{a}_m$ とすると，関係式

$$\sum_{k=1}^{m-1} 0\boldsymbol{a}_k + 1\boldsymbol{a}_m + \sum_{k=m+1}^{r} 0\boldsymbol{a}_k = \mathbf{0}$$

が成り立つ．よって $\boldsymbol{a}_1, \boldsymbol{a}_2, \ldots, \boldsymbol{a}_r$ は線形従属である． ■

命題 7.23 K^n のベクトルの組 $\boldsymbol{a}_1, \boldsymbol{a}_2, \ldots, \boldsymbol{a}_r$ が線形独立であるならば，その一部分を取り出しても線形独立である．

証明 $\boldsymbol{a}_1, \boldsymbol{a}_2, \ldots, \boldsymbol{a}_r$ のなかから s 個のベクトルを選び，$\boldsymbol{b}_1, \boldsymbol{b}_2, \ldots, \boldsymbol{b}_s$ とおく．これらは必ず線形独立であることを示そう．残りの $(r-s)$ 個のベクトルを

$\boldsymbol{c}_1, \boldsymbol{c}_2, \ldots, \boldsymbol{c}_{r-s}$ とおく．スカラー $\lambda_1, \lambda_2, \ldots, \lambda_s$ について $\sum_{k=1}^{s} \lambda_k \boldsymbol{b}_k = \boldsymbol{0}$ が成り立つとする．このとき $\sum_{k=1}^{s} \lambda_k \boldsymbol{b}_k + \sum_{k=1}^{r-s} 0\boldsymbol{c}_k = \boldsymbol{0}+\boldsymbol{0} = \boldsymbol{0}$ となる．$\boldsymbol{b}_1, \ldots, \boldsymbol{b}_s, \boldsymbol{c}_1, \ldots, \boldsymbol{c}_{r-s}$ は線形独立であるから，$\lambda_1, \lambda_2, \ldots, \lambda_s$ はすべて 0 でなければならない．以上より $\boldsymbol{b}_1, \boldsymbol{b}_2, \ldots, \boldsymbol{b}_s$ は線形独立である． ■

基底の存在を証明するには，以下の二つの命題が必要である．

命題 7.24 r は正の整数であるとする．r 個の $\boldsymbol{0}$ でないベクトル $\boldsymbol{v}_1, \boldsymbol{v}_2, \ldots, \boldsymbol{v}_r$ を K^n からどのようにとっても，次のことが成り立つ．

$\boldsymbol{v}_1, \boldsymbol{v}_2, \ldots, \boldsymbol{v}_r$ が生成する K^n の部分空間 $\langle \boldsymbol{v}_1, \boldsymbol{v}_2, \ldots, \boldsymbol{v}_r \rangle$ から $(r+1)$ 個のベクトルをとれば，それらは必ず線形従属である．

証明 r に関する数学的帰納法で証明する．まず，$r=1$ の場合を考える．$\boldsymbol{v}_1 \neq \boldsymbol{0}$ として，$\langle \boldsymbol{v}_1 \rangle$ から 2 個のベクトル $\boldsymbol{w}_1, \boldsymbol{w}_2$ をとる．このとき，スカラー λ, μ をとって $\boldsymbol{w}_1 = \lambda \boldsymbol{v}_1, \boldsymbol{w}_2 = \mu \boldsymbol{v}_1$ とおける．$\lambda = 0$ のとき，$\boldsymbol{w}_1 = \boldsymbol{0}$ であるから，$\boldsymbol{w}_1, \boldsymbol{w}_2$ は線形従属である (命題 7.22 (2))．$\lambda \neq 0$ のときは $(-\mu/\lambda)\boldsymbol{w}_1 + 1\boldsymbol{w}_2 = \boldsymbol{0}$ が成り立つので，やはり $\boldsymbol{w}_1, \boldsymbol{w}_2$ は線形従属である．よって $r=1$ のとき示すべき命題は正しい．

k を正の整数として，$r=k$ の場合に命題が成り立つと仮定する．$r=k+1$ の場合を考える．ベクトル $\boldsymbol{v}_1, \boldsymbol{v}_2, \ldots, \boldsymbol{v}_{k+1}$ は $\boldsymbol{0}$ でないとし，これらが生成する部分空間から $(k+2)$ 個のベクトル $\boldsymbol{w}_1, \boldsymbol{w}_2, \ldots, \boldsymbol{w}_{k+2}$ をとる．このとき，$i = 1, 2, \ldots, k+2$ について $\boldsymbol{w}_i = \sum_{j=1}^{k+1} \lambda_{i,j} \boldsymbol{v}_j$ とおける (ただし $\lambda_{i,j}$ はスカラー)．このうち $\boldsymbol{w}_{k+2}$ に着目して，以下の二つの場合に分けて考える．

(i) $\lambda_{k+2,1}, \lambda_{k+2,2}, \ldots, \lambda_{k+2,k+1}$ がすべて 0 である場合．

$\boldsymbol{w}_{k+2} = \boldsymbol{0}$ であるから，$\boldsymbol{w}_1, \boldsymbol{w}_2, \ldots, \boldsymbol{w}_{k+2}$ は線形従属である (命題 7.22 (2))．

(ii) $\lambda_{k+2,1}, \lambda_{k+2,2}, \ldots, \lambda_{k+2,k+1}$ の少なくとも一つが 0 でない場合．

$\lambda_{k+2,j} \neq 0$ となる j を一つ取り，それを m とおく．このとき，$i = 1, 2, \ldots, k+1$ について $\boldsymbol{u}_i = \boldsymbol{w}_i - (\lambda_{i,m}/\lambda_{k+2,m})\boldsymbol{w}_{k+2}$ とおく．$\boldsymbol{u}_i$ を計算すると

$$\boldsymbol{u}_i = \sum_{j=1}^{k+1} \lambda_{i,j}\boldsymbol{v}_j - \frac{\lambda_{i,m}}{\lambda_{k+2,m}} \sum_{j=1}^{k+1} \lambda_{k+2,j}\boldsymbol{v}_j = \sum_{j=1}^{k+1} \left(\lambda_{i,j} - \lambda_{i,m}\frac{\lambda_{k+2,j}}{\lambda_{k+2,m}}\right)\boldsymbol{v}_j$$

となる．右辺の和のなかの係数は $j = m$ のとき 0 となるので，$\boldsymbol{u}_i$ は $\boldsymbol{v}_1, \ldots, \boldsymbol{v}_{m-1}, \boldsymbol{v}_{m+1}, \ldots, \boldsymbol{v}_{k+1}$ が生成する部分空間に属する．この部分空間を W とおくと，W は k 個の $\boldsymbol{0}$ でないベクトルで生成されて，$(k+1)$ 個のベクトル $\boldsymbol{u}_1, \boldsymbol{u}_2, \ldots, \boldsymbol{u}_{k+1}$ はすべて W に属する．よって，数学的帰納法の仮定より $\boldsymbol{u}_1, \boldsymbol{u}_2, \ldots, \boldsymbol{u}_{k+1}$ は線形従属である．したがって，少なくとも一つは 0 でないスカラーの組 $\mu_1, \mu_2, \ldots, \mu_{k+1}$ であって $\sum_{i=1}^{k+1} \mu_i\boldsymbol{u}_i = \boldsymbol{0}$ を満たすものが存在する．この等式の左辺に $\boldsymbol{u}_i$ の定義式を代入すると

$$\begin{aligned}
\sum_{i=1}^{k+1} \mu_i\boldsymbol{u}_i &= \sum_{i=1}^{k+1} \mu_i \left(\boldsymbol{w}_i - \frac{\lambda_{i,m}}{\lambda_{k+2,m}}\boldsymbol{w}_{k+2}\right) \\
&= \sum_{i=1}^{k+1} \mu_i\boldsymbol{w}_i - \frac{1}{\lambda_{k+2,m}} \left(\sum_{i=1}^{k+1} \mu_i\lambda_{i,m}\right)\boldsymbol{w}_{k+2}
\end{aligned}$$

となる．これが $\boldsymbol{0}$ であって，$\mu_1, \mu_2, \ldots, \mu_{k+1}$ の少なくとも一つは 0 でないから，$\boldsymbol{w}_1, \boldsymbol{w}_2, \ldots, \boldsymbol{w}_{k+2}$ は線形従属である．以上より，$r = k+1$ の場合にも示すべき命題は正しい． ■

命題 7.25 K^n のベクトルの組 $\boldsymbol{v}_1, \boldsymbol{v}_2, \ldots, \boldsymbol{v}_r$ は線形独立であるとする．このとき，K^n のベクトル $\boldsymbol{w}$ について，次の二つの条件は同値である．

(1) $\boldsymbol{v}_1, \boldsymbol{v}_2, \ldots, \boldsymbol{v}_r, \boldsymbol{w}$ は線形独立である．

(2) $\boldsymbol{w}$ は部分空間 $\langle \boldsymbol{v}_1, \boldsymbol{v}_2, \ldots, \boldsymbol{v}_r \rangle$ に属さない．

したがって，次の二つの条件も同値である．

(1) $\boldsymbol{v}_1, \boldsymbol{v}_2, \ldots, \boldsymbol{v}_r, \boldsymbol{w}$ は線形従属である．

(2) $\boldsymbol{w}$ は部分空間 $\langle \boldsymbol{v}_1, \boldsymbol{v}_2, \ldots, \boldsymbol{v}_r \rangle$ に属する．

証明 後者の二つの条件が同値であることを示せばよい．$W = \langle \boldsymbol{v}_1, \boldsymbol{v}_2, \ldots, \boldsymbol{v}_r \rangle$，$W' = \langle \boldsymbol{v}_1, \boldsymbol{v}_2, \ldots, \boldsymbol{v}_r, \boldsymbol{w} \rangle$ とおく．

(1) ならば (2) であること　$\boldsymbol{v}_1, \boldsymbol{v}_2, \ldots, \boldsymbol{v}_r, \boldsymbol{w}$ は線形従属であるとする．このとき，少なくとも一つは 0 でないスカラーの組 $\lambda_1, \lambda_2, \ldots, \lambda_r, \mu$ であって，$\sum_{k=1}^{r} \lambda_k\boldsymbol{v}_k +$

$\mu \boldsymbol{w} = \boldsymbol{0}$ を満たすものが存在する．仮に $\mu = 0$ であるとすると，$\sum_{k=1}^{r} \lambda_k \boldsymbol{v}_k = \boldsymbol{0}$ であり，$\boldsymbol{v}_1, \boldsymbol{v}_2, \ldots, \boldsymbol{v}_r$ は線形独立であるから，$\lambda_1, \lambda_2, \ldots, \lambda_r, \mu$ はすべて 0 となってしまう．したがって $\mu \neq 0$ である．よって $\boldsymbol{w} = -\mu^{-1} \sum_{k=1}^{r} \lambda_k \boldsymbol{v}_k$ であるから，$\boldsymbol{w}$ は部分空間 $\langle \boldsymbol{v}_1, \boldsymbol{v}_2, \ldots, \boldsymbol{v}_r \rangle$ に属する．

(2) ならば (1) であること　$\boldsymbol{w}$ が W に属するなら，あるスカラー $\lambda_1, \lambda_2, \ldots, \lambda_r$ を使って $\boldsymbol{w} = \sum_{k=1}^{r} \lambda_k \boldsymbol{v}_k$ と表せる．よって $\sum_{k=1}^{r} \lambda_k \boldsymbol{v}_k + (-1)\boldsymbol{w} = \boldsymbol{0}$ が成り立つので，$\boldsymbol{v}_1, \boldsymbol{v}_2, \ldots, \boldsymbol{v}_r, \boldsymbol{w}$ は線形従属である．■

7.5.3　部分空間の基底の存在と次元の一意性

この項で定理 7.20 を証明する．まず，K^n 自身は基底をもつことを確認する．

命題 7.26　K^n の基本ベクトル $\boldsymbol{e}_1, \boldsymbol{e}_2, \ldots, \boldsymbol{e}_n$ を

$$\boldsymbol{e}_1 = \begin{pmatrix} 1 \\ 0 \\ \vdots \\ 0 \end{pmatrix}, \quad \boldsymbol{e}_2 = \begin{pmatrix} 0 \\ 1 \\ \vdots \\ 0 \end{pmatrix}, \quad \cdots, \quad \boldsymbol{e}_n = \begin{pmatrix} 0 \\ 0 \\ \vdots \\ 1 \end{pmatrix}$$

で定める (つまり $\boldsymbol{e}_k$ は第 k 成分のみが 1 で，ほかの成分は 0 のベクトルである)．このとき，基本ベクトルのなす集合 $\{\boldsymbol{e}_1, \boldsymbol{e}_2, \ldots, \boldsymbol{e}_n\}$ は K^n の基底である．(この基底を数ベクトル空間 K^n の**標準基底**という．)

証明　$K^n = \langle \boldsymbol{e}_1, \boldsymbol{e}_2, \ldots, \boldsymbol{e}_n \rangle$ の証明　$K^n \supset \langle \boldsymbol{e}_1, \boldsymbol{e}_2, \ldots, \boldsymbol{e}_n \rangle$ であることは明らかである．$\boldsymbol{x} = {}^t(x_1, x_2, \cdots, x_n)$ が K^n の要素であるとき，$\boldsymbol{x} = \sum_{k=1}^{n} x_k \boldsymbol{e}_k$ と表される．よって $K^n \subset \langle \boldsymbol{e}_1, \boldsymbol{e}_2, \ldots, \boldsymbol{e}_n \rangle$ であるから，$K^n = \langle \boldsymbol{e}_1, \boldsymbol{e}_2, \ldots, \boldsymbol{e}_n \rangle$ である．

$\boldsymbol{e}_1, \boldsymbol{e}_2, \ldots, \boldsymbol{e}_n$ が線形独立であることの証明　スカラーの組 $\lambda_1, \lambda_2, \ldots, \lambda_n \in K$ が $\sum_{k=1}^{n} \lambda_k \boldsymbol{e}_k = \boldsymbol{0}$ を満たすとする．$\sum_{k=1}^{n} \lambda_k \boldsymbol{e}_k = {}^t(\lambda_1, \lambda_2, \cdots, \lambda_n)$ であり，これが $\boldsymbol{0}$ であるから，$\lambda_1, \lambda_2, \ldots, \lambda_n$ はすべて 0 である．したがって，$\boldsymbol{e}_1, \boldsymbol{e}_2, \ldots, \boldsymbol{e}_n$ は線形独立である．

以上より，集合 $\{\boldsymbol{e}_1, \boldsymbol{e}_2, \ldots, \boldsymbol{e}_n\}$ は K^n の基底である．■

注意 標準基底は数ベクトル空間の基底の一例であって，基底の取り方はほかにもたくさんある．たとえば，$\boldsymbol{v}_1 = \begin{pmatrix} 1 \\ 1 \end{pmatrix}, \boldsymbol{v}_2 = \begin{pmatrix} 1 \\ -1 \end{pmatrix}$ とおくと，$\{\boldsymbol{v}_1, \boldsymbol{v}_2\}$ は K^2 の基底である．

命題 7.24 と命題 7.26 より，次のことがわかる．

系 7.27 数ベクトル空間 K^n から $(n+1)$ 個のベクトルをどのようにとっても，それらは線形従属である．

証明 命題 7.26 より，K^n は n 個のベクトルで生成される．よって命題 7.24 より，$(n+1)$ 個のベクトルは必ず線形従属である． ■

以上の準備のもとに，定理 7.20 を証明しよう．

証明 定理 7.20 W は K^n の $\{\boldsymbol{0}\}$ でない部分空間であるとする．

(1) W の $\boldsymbol{0}$ でないベクトル $\boldsymbol{w}_1$ を一つ取り，$W_1 = \langle \boldsymbol{w}_1 \rangle$ とおく．W は部分空間だから $W_1 \subset W$ である (命題 7.13)．もし $W_1 = W$ であれば，$\{\boldsymbol{w}_1\}$ は W の基底である．$W_1 \neq W$ であれば，W_1 に属さない W のベクトル $\boldsymbol{w}_2$ が取れる．このとき，命題 7.25 より，$\boldsymbol{w}_1, \boldsymbol{w}_2$ は線形独立である．$W_2 = \langle \boldsymbol{w}_1, \boldsymbol{w}_2 \rangle$ とおくと，$W_2 \subset W$ である．もし $W_2 = W$ であれば，$\{\boldsymbol{w}_1, \boldsymbol{w}_2\}$ は W の基底である．$W_2 \neq W$ であれば，W_2 に属さない W のベクトル $\boldsymbol{w}_3$ が取れる．このとき，$\boldsymbol{w}_1, \boldsymbol{w}_2, \boldsymbol{w}_3$ は線形独立である．以下，この操作を繰り返す．

各段階でベクトルを一つずつ追加して，線形独立なベクトルの組 $\boldsymbol{w}_1, \boldsymbol{w}_2, \ldots$ が得られる．しかし，系 7.27 より，線形独立なベクトルは n 個までしか取れない．したがって，上の操作は有限回で終了する．操作が終了したときには，W から n 個以下の線形独立なベクトル $\boldsymbol{w}_1, \boldsymbol{w}_2, \ldots, \boldsymbol{w}_k$ が取れていて，$W = \langle \boldsymbol{w}_1, \boldsymbol{w}_2, \ldots, \boldsymbol{w}_k \rangle$ が成り立つ．よって $\{\boldsymbol{w}_1, \boldsymbol{w}_2, \ldots, \boldsymbol{w}_k\}$ は W の基底である．以上より，W は n 個以下のベクトルからなる基底をもつ．

(2) W の部分集合 $S = \{\boldsymbol{w}_1, \boldsymbol{w}_2, \ldots, \boldsymbol{w}_m\}$ および $T = \{\boldsymbol{w}'_1, \boldsymbol{w}'_2, \ldots, \boldsymbol{w}'_l\}$ がともに W の基底であるとする (ただし m, l は正の整数)．このとき，$m = l$ であることを示せばよい．S, T は線形独立なベクトルの組であるから，S, T の要素はいずれ

も $\mathbf{0}$ でないことに注意する (命題 7.22).

S は W の基底であるから $W = \langle \boldsymbol{w}_1, \boldsymbol{w}_2, \ldots, \boldsymbol{w}_m \rangle$ である. $\boldsymbol{w}'_1, \boldsymbol{w}'_2, \ldots, \boldsymbol{w}'_l$ はすべて W に属し, これらは線形独立であるから, 命題 7.23 と命題 7.24 より $l \leqq m$ でなければならない. 同様に, T が W の基底であることから議論を始めれば, $m \leqq l$ であることもわかる. したがって, $l \leqq m$ かつ $m \leqq l$ であるので, $m = l$ である. ■

7.6 次元に関する性質

ここでは部分空間とその次元および基底に関する性質を証明する.

命題 7.28 K^n の部分空間 W_1, W_2 について, $W_1 \subset W_2$ が成り立つとする. このとき $\dim W_1 \leqq \dim W_2$ であり, $\dim W_1 = \dim W_2$ が成り立つのは $W_1 = W_2$ のときに限る.

証明 W_1, W_2 の次元をそれぞれ d_1, d_2 とおく. W_1 の基底 $\{\boldsymbol{w}_1, \boldsymbol{w}_2, \ldots, \boldsymbol{w}_{d_1}\}$ を 1 組とって固定する.

$W_1 \subset W_2$ であるとする. このとき $\boldsymbol{w}_1, \boldsymbol{w}_2, \ldots, \boldsymbol{w}_{d_1}$ は線形独立で, W_2 にも属する. 一方, W_2 の次元は d_2 だから, W_2 は d_2 個のベクトルで生成される (定義 7.18 の条件 (1)). よって命題 7.23 と命題 7.24 より, $d_1 \leqq d_2$ でなければならない. したがって $\dim W_1 \leqq \dim W_2$ である.

$W_1 \subset W_2$ であり, さらに $d_1 = d_2$ が成り立つとする. このとき $W_1 = W_2$ であることを証明する. そのためには $W_2 \subset W_1$ であることを示せばよい. $\boldsymbol{v}$ は W_2 に属するベクトルであるとする. このとき, W_2 のベクトルの組 $\boldsymbol{w}_1, \boldsymbol{w}_2, \ldots, \boldsymbol{w}_{d_1}, \boldsymbol{v}$ は, 個数が $d_1 + 1 = d_2 + 1$ である. W_2 は d_2 個のベクトルで生成されるので, 命題 7.24 より, $\boldsymbol{w}_1, \boldsymbol{w}_2, \ldots, \boldsymbol{w}_{d_1}, \boldsymbol{v}$ は線形従属である. $\boldsymbol{w}_1, \boldsymbol{w}_2, \ldots, \boldsymbol{w}_{d_1}$ は線形独立なので, 命題 7.25 より $\boldsymbol{v} \in \langle \boldsymbol{w}_1, \boldsymbol{w}_2, \ldots, \boldsymbol{w}_{d_1} \rangle$ である. 右辺の部分空間は W_1 にほかならないから, $\boldsymbol{v}$ は W_1 に属する. 以上より, $W_2 \subset W_1$ である. ■

命題 7.29 W は K^n の $\{\mathbf{0}\}$ でない部分空間であるとする．W の次元を d とするとき，W の d 個のベクトル $\boldsymbol{w}_1, \boldsymbol{w}_2, \ldots, \boldsymbol{w}_d$ について，次の三つの条件は同値である．

(1) $\boldsymbol{w}_1, \boldsymbol{w}_2, \ldots, \boldsymbol{w}_d$ は線形独立である．

(2) $W = \langle \boldsymbol{w}_1, \boldsymbol{w}_2, \ldots, \boldsymbol{w}_d \rangle$ である．

(3) $\{\boldsymbol{w}_1, \boldsymbol{w}_2, \ldots, \boldsymbol{w}_d\}$ は W の基底である．

証明 (1) ならば (2) であること　$\boldsymbol{w}_1, \boldsymbol{w}_2, \ldots, \boldsymbol{w}_d$ が線形独立であるとすると，これらが生成する部分空間 $\langle \boldsymbol{w}_1, \boldsymbol{w}_2, \ldots, \boldsymbol{w}_d \rangle$ の次元は d であり，かつ W に含まれる (命題 7.13)．よって命題 7.28 より，$W = \langle \boldsymbol{w}_1, \boldsymbol{w}_2, \ldots, \boldsymbol{w}_d \rangle$ である．

(2) ならば (3) であること　$W = \langle \boldsymbol{w}_1, \boldsymbol{w}_2, \ldots, \boldsymbol{w}_d \rangle$ であるとする．このとき $\boldsymbol{w}_1, \boldsymbol{w}_2, \ldots, \boldsymbol{w}_d$ が線形独立であることを示せばよい．仮に線形従属であるとすると，7.3 節の冒頭の議論のようにして，W は $(d-1)$ 個のベクトルで生成されることがわかる．よって，命題 7.24 より，W から d 個のベクトルをどのようにとっても線形従属である．これは W の次元が d であることに反する．したがって $\boldsymbol{w}_1, \boldsymbol{w}_2, \ldots, \boldsymbol{w}_d$ は線形独立である．

(3) ならば (1) であること　基底の定義より明らか． ■

命題 7.29 より次のことがわかる．K^n の部分空間 W の次元が前もって分かっていたとしよう．このとき，線形独立な W のベクトルを，W の次元だけ見つけることができれば，それらは W の基底をなす．もしくは，W の次元と同じ個数のベクトルで，W を生成するものを見つければ，それらは W の基底をなす．

演習問題

問 7.1.1 $\mathbb{C}^3$ のベクトル $\boldsymbol{a}_1 = \begin{pmatrix} 2 \\ -1 \\ 0 \end{pmatrix}$, $\boldsymbol{a}_2 = \begin{pmatrix} 1 \\ 3 \\ 2i \end{pmatrix}$, $\boldsymbol{a}_3 = \frac{1}{2}\begin{pmatrix} -i \\ 2i \\ 1+i \end{pmatrix}$ について，次のベクトルを計算せよ．

(1) $2\boldsymbol{a}_1 + \boldsymbol{a}_2$　　(2) $\boldsymbol{a}_1 - \boldsymbol{a}_2 + i\boldsymbol{a}_3$　　(3) $(1+i)\boldsymbol{a}_2 + (1-i)\boldsymbol{a}_3$

問 7.2.1 次の集合が K^2 の部分空間であるかどうか判定せよ．

(1) $W = \left\{ \begin{pmatrix} x_1 \\ x_2 \end{pmatrix} \in K^2 \,\middle|\, 2x_1 + 3x_2 = 0. \right\}$

(2) $W = \left\{ \begin{pmatrix} x_1 \\ x_2 \end{pmatrix} \in K^2 \,\middle|\, 2x_1 + 3x_2 = 1. \right\}$

問 7.2.2

(1) W_1, W_2 が数ベクトル空間 K^n の部分空間であるとき，これらの共通部分 $W_1 \cap W_2$ も部分空間であることを示せ．

(2) $\mathbb{R}^2$ の部分空間 W_1, W_2 であって，$W_1 \cup W_2$ が部分空間でないものの例を挙げよ．

問 7.3.1 次の $\mathbb{R}^3$ のベクトルの組が線形独立であるかどうか判定せよ．

(1) $\boldsymbol{a}_1 = \begin{pmatrix} 1 \\ 2 \\ 3 \end{pmatrix}, \boldsymbol{a}_2 = \begin{pmatrix} 2 \\ 3 \\ 1 \end{pmatrix}, \boldsymbol{a}_3 = \begin{pmatrix} 1 \\ 1 \\ 1 \end{pmatrix}.$

(2) $\boldsymbol{b}_1 = \begin{pmatrix} \sqrt{2} \\ 2 \\ 0 \end{pmatrix}, \boldsymbol{b}_2 = \begin{pmatrix} 1 \\ \sqrt{2} \\ \sqrt{2} \end{pmatrix}, \boldsymbol{b}_3 = \begin{pmatrix} 1 \\ \sqrt{2} \\ -\sqrt{2} \end{pmatrix}.$

問 7.4.1 次で定義される K^3 の部分空間 W の基底を 1 組構成せよ．

$$W = \left\{ \begin{pmatrix} x_1 \\ x_2 \\ x_3 \end{pmatrix} \in K^3 \,\middle|\, x_1 + 2x_2 + 3x_3 = 0 \right\}$$

問 7.5.1 数ベクトル空間 K^n の部分空間 W の次元を d とおく．このとき，W から $(d+1)$ 個以上のベクトルを取ると，それらは必ず線形従属であることを示せ．

問 7.5.2 n を正の整数とする．$(n+1)$ 個の行列 $A_1, A_2, \ldots, A_{n+1}$ は K の要素を成分とする n 次の正方行列であるとする．このとき，K の要素 $\lambda_1, \lambda_2, \ldots, \lambda_{n+1}$ を適当にとって，行列 $\lambda_1 A_1 + \lambda_2 A_2 + \cdots + \lambda_{n+1} A_{n+1}$ は正則でないようにできることを示せ．(ヒント：$A_1, A_2, \ldots, A_{n+1}$ の第 1 列の列ベクトルに着目せよ．)

問 7.6.1 次のベクトルの組は $\mathbb{C}^4$ の基底をなすことを示せ．

$$\boldsymbol{v}_1 = \begin{pmatrix} 1 \\ 1 \\ 0 \\ 0 \end{pmatrix}, \quad \boldsymbol{v}_2 = \begin{pmatrix} 1 \\ -1 \\ 0 \\ 0 \end{pmatrix}, \quad \boldsymbol{v}_3 = \begin{pmatrix} 1+i \\ 1-i \\ i \\ 0 \end{pmatrix}, \quad \boldsymbol{v}_4 = \begin{pmatrix} 20+12i \\ 20+13i \\ 20+14i \\ 20+15i \end{pmatrix}.$$

第8章

数ベクトル空間$\mathbb{R}^3$の幾何学的描像

前章で数ベクトル空間の概念を導入した．この章では，高校で学習する空間ベクトルと，数ベクトルを関連づけて，$\mathbb{R}$ 上の 3 次元数ベクトル空間 $\mathbb{R}^3$ およびその部分空間が xyz 空間のなかで幾何学的に表されることを説明する．

8.1 空間ベクトル

空間内の線分の端点に順序をつけ，片方を始点，もう片方を終点と定めれば，線分には始点から終点への向きが決まる．このように向きのついた線分を**有向線分**と呼ぶ．有向線分の長さと向きだけに着目して，その位置の情報を捨てるとき，**幾何ベクトル**と呼ぶ．

「位置の情報を捨てる」というとやや分かりにくいが，それほど奇妙な考え方ではない．たとえば，ある人が北西に 1 m 進んだとき，この位置の変化を北西向

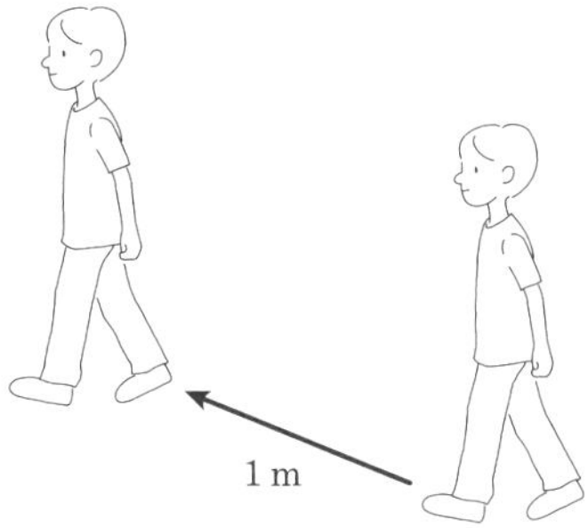

図 8.1

図 8.2　平面ベクトル (左) と空間ベクトル (右)

きの長さ 1 m の有向線分で表すことができる (図 8.1). ここで,「北西に 1 m 進んだ」というときには, それが都会の真ん中であろうと海の上であろうと, 同じだけの位置の変化を記述している. つまり, 位置の変化だけに着目しているときには, その長さと向きにだけ意味があることになる. このように有向線分を扱うとき, 幾何ベクトルと呼ぶのである. したがって, 二つの幾何ベクトルが**等しい**とは, その長さと向きが等しいときにいう. つまり, 平行移動によって (向きも含めて) 重なりあう有向線分を同一視したものが幾何ベクトルである.

幾何ベクトルを扱うとき, 平面上で考えれば十分な場合と, 空間内で考えなければならない場合がある. たとえば, 位置の変化を記述する対象が, スクランブル交差点を歩く人々である場合と, 海の中を泳ぐ魚たちである場合とは大きく異なる. 交差点を歩く人々は宙に浮くことなく同一平面上を動いていると考えられるから, 位置の変化を記述する幾何ベクトルもすべて同一平面上にあると見なせる. 一方, 海の中を泳ぐ魚たちは上下左右どの方向にも動けるから, 空間内のあらゆる方向をもつ幾何ベクトルを考えなければならない (図 8.2). 前者のように同一平面上に含まれる幾何ベクトルのみを扱うとき, これを**平面ベクトル**といい, 後者のように空間内で幾何ベクトルを扱うとき**空間ベクトル**と呼ぶ.

以下では空間ベクトルを扱う. 空間ベクトルは矢印を上につけた文字 $\vec{a}, \vec{x}$ で表す. また, 点 A を始点とし点 B を終点とする有向線分が定める空間ベクトルを $\overrightarrow{\mathrm{AB}}$ と表す.

空間ベクトルの長さを, そのベクトルの大きさと呼ぶ. 空間ベクトル $\vec{a}$ の大き

さを $\|\vec{a}\|$ と表す．空間ベクトルの大きさは 0 以上の実数であることに注意する．二つの空間ベクトルの大きさと向きが等しいとき，これらの空間ベクトルは**等しい**という．

例 8.1 図 8.3 の立方体 ABCD-EFGH の頂点を端点とする空間ベクトルを考える．$\overrightarrow{\mathrm{AD}}$ と $\overrightarrow{\mathrm{BF}}$ の大きさは等しいが向きは異なるので，$\overrightarrow{\mathrm{AD}} \neq \overrightarrow{\mathrm{BF}}$ である．$\overrightarrow{\mathrm{AD}}$ と $\overrightarrow{\mathrm{FG}}$ については，大きさも向きも等しいので $\overrightarrow{\mathrm{AD}} = \overrightarrow{\mathrm{FG}}$ である．

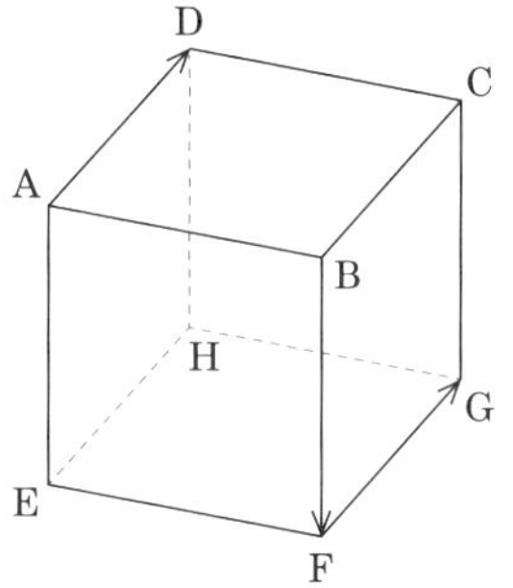

図 8.3

空間ベクトルの終点が始点に近づいていくと，最後は 1 点になるだろう．そこで，1 点を「始点と終点が一致した空間ベクトル」と見なして，これを**ゼロベクトル**といい，$\vec{0}$ で表す．ゼロベクトルの大きさは 0 であると定める．線分の長さは正の値だから，空間ベクトル $\vec{a}$ について，$\|\vec{a}\| = 0$ であることと $\vec{a} = \vec{0}$ であることは同値である．

8.2 空間ベクトルの和と定数倍

空間ベクトルの和を以下のように定める．$\vec{a}, \vec{b}$ はゼロベクトルでないとする．このとき，$\vec{a}$ の終点に $\vec{b}$ の始点が重なるように $\vec{b}$ を平行移動させ，$\vec{a}$ の始点から $\vec{b}$ の終点までを結ぶ空間ベクトルを考える (図 8.4)．この空間ベクトルを $\vec{a}$ と $\vec{b}$ の和と呼び，$\vec{a} + \vec{b}$ で表す．ただし，ゼロベクトルとの和は，すべての空間ベクトル $\vec{a}$ に対して $\vec{a} + \vec{0} = \vec{a}, \vec{0} + \vec{a} = \vec{a}$ と定める．

次に，空間ベクトルの定数倍を定義する．$\vec{a}$ を空間ベクトルとし，k を実数の

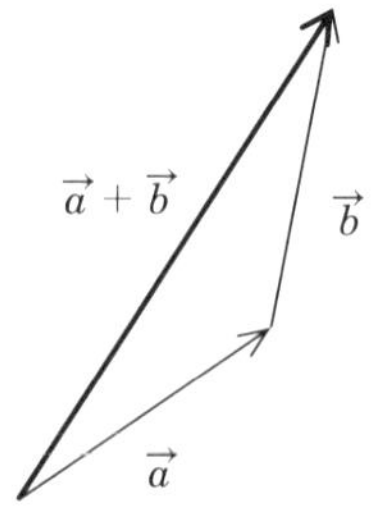

図 8.4　空間ベクトルの和

定数とする．まず，k が正のとき，向きが $\vec{a}$ と等しく大きさが $k\|\vec{a}\|$ である空間ベクトルを $k\vec{a}$ で表す．つまり，$k\vec{a}$ は $\vec{a}$ を k 倍に拡大して得られる空間ベクトルである．k が負のときは，$\vec{a}$ とは逆向きの空間ベクトルで大きさが $-k\|\vec{a}\|$ であるものを $k\vec{a}$ として定める (図 8.5)．最後に，$k=0$ のときは $0\vec{a}=\vec{0}$ と定める．

図 8.5　空間ベクトルの定数倍

二つの $\vec{0}$ でない空間ベクトル $\vec{a}$ と $\vec{b}$ が同じ向き，もしくは反対の向きをもつとき，$\vec{a}$ と $\vec{b}$ は**平行**であるという．$\vec{0}$ でない空間ベクトル $\vec{a}$ と $\vec{b}$ について，これらが平行であることは，$\vec{a}=k\vec{b}$ を満たす 0 でない実数 k が存在することと同値である．

以上のように定義される和と定数倍について，空間ベクトル $\vec{a},\vec{b},\vec{c}$ と定数 λ,μ をどのようにとっても，次の等式が成り立つ．

(1) $(\vec{a}+\vec{b})+\vec{c}=\vec{a}+(\vec{b}+\vec{c})$　　(2) $\vec{a}+\vec{b}=\vec{b}+\vec{a}$

(3) $\vec{a}+\vec{0}=\vec{a}$　　(4) $\vec{a}+(-1)\vec{a}=\vec{0}$

(5) $\lambda(\vec{a}+\vec{b})=\lambda\vec{a}+\lambda\vec{b}$　　(6) $\lambda(\mu\vec{a})=(\lambda\mu)\vec{a}$

(7) $(\lambda+\mu)\vec{a}=\lambda\vec{a}+\mu\vec{a}$　　(8) $1\vec{a}=\vec{a}$

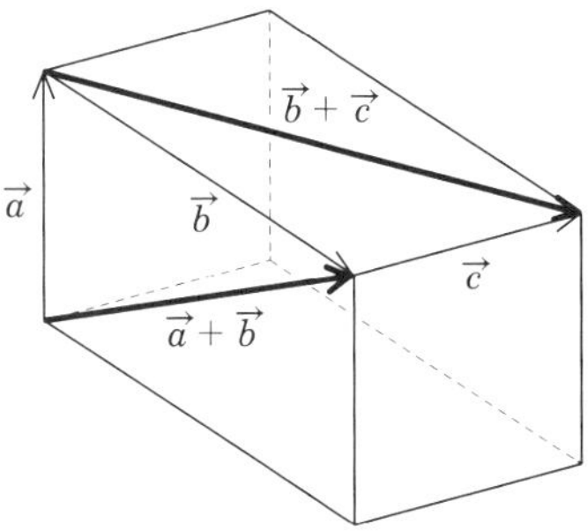

図 8.6

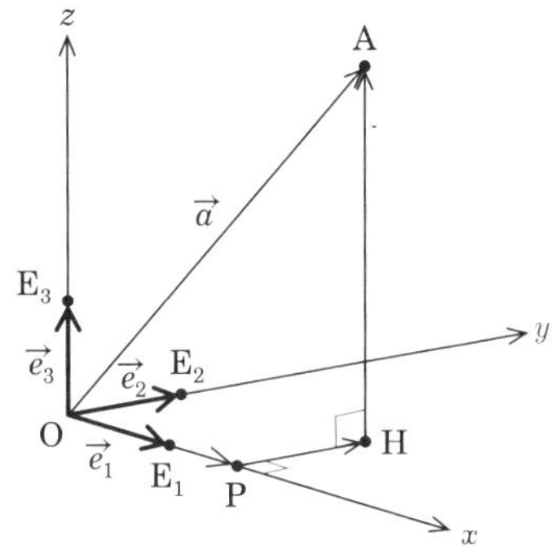

図 8.7

たとえば性質 (1) が成り立つことは，図 8.6 のような平行六面体の上で考えればわかる．これらの性質は数ベクトル空間においてもまったく同じ形で成り立つことに注意する (7.1 節を参照のこと).

8.3 空間ベクトルの成分表示

空間に原点を定め座標軸を入れると，以下で述べるようにして空間ベクトルを $\mathbb{R}^3$ の数ベクトルと同一視できる．

まず，xyz 空間の 3 本の軸の上に点 $E_1(1,0,0)$, $E_2(0,1,0)$, $E_3(0,0,1)$ をとり，$\vec{e}_1=\overrightarrow{OE_1}, \vec{e}_2=\overrightarrow{OE_2}, \vec{e}_3=\overrightarrow{OE_3}$ とおく．軸に平行な空間ベクトルは，$\vec{e}_1, \vec{e}_2$, $\vec{e}_3$ のいずれかの定数倍として表される．たとえば 2 点 $Q(2,-1,3)$, $R(2,4,3)$ の定める空間ベクトル $\overrightarrow{QR}$ は y 軸に平行で，$\overrightarrow{QR}=5\vec{e}_2$ である [1].

xyz 空間において空間ベクトル $\vec{a}$ が与えられたとする．$\vec{a}$ を平行移動して，始点を原点に置く．このときの $\vec{a}$ の終点を A として，A から xy 平面に降ろした垂線の足を H とする．さらに，xy 平面上で H から x 軸に降ろした垂線の足を P とする．このとき，$\vec{a}=\overrightarrow{OP}+\overrightarrow{PH}+\overrightarrow{HA}$ である (図 8.7). 線分 OP, PH, HA はそれぞれ x 軸，y 軸，z 軸と平行であるから，定数 $\lambda_1, \lambda_2, \lambda_3$ を適当にとって $\overrightarrow{OP}=\lambda_1\vec{e}_1, \overrightarrow{PH}=\lambda_2\vec{e}_2, \overrightarrow{HA}=\lambda_3\vec{e}_3$ と表される．したがって

$$\vec{a}=\lambda_1\vec{e}_1+\lambda_2\vec{e}_2+\lambda_3\vec{e}_3$$

1] 自分で図を描いて確認してほしい．

である．どの空間ベクトルも上式の右辺の形でただ 1 通りに表される．そこで，空間ベクトル $\vec{a}$ に数ベクトル ${}^t(\lambda_1, \lambda_2, \lambda_3)$ を対応させて，この数ベクトルを $\vec{a}$ の**成分表示**という．

以上のように，空間ベクトルはその成分表示を通して，$\mathbb{R}^3$ の数ベクトルと対応する．逆に，数ベクトル ${}^t(\mu_1, \mu_2, \mu_3)$ に空間ベクトル $\mu_1\vec{e}_1 + \mu_2\vec{e}_2 + \mu_3\vec{e}_3$ を対応させれば，$\mathbb{R}^3$ の数ベクトルから空間ベクトルが決まる．これらの対応によって，$\mathbb{R}^3$ の数ベクトルと空間ベクトルは一対一に対応する．

この一対一対応によって和と定数倍は保存される．つまり，空間ベクトル $\vec{a}$ と $\vec{b}$ がそれぞれ数ベクトル $\boldsymbol{a}, \boldsymbol{b}$ に対応するとき，$\vec{a} + \vec{b}$ は $\boldsymbol{a} + \boldsymbol{b}$ に対応する．そして，λ が定数のとき，空間ベクトル $\lambda\vec{a}$ は $\lambda\boldsymbol{a}$ に対応し，空間ベクトルのゼロベクトル $\vec{0}$ は $\mathbb{R}^3$ のゼロベクトル $\boldsymbol{0}$ に対応する．さらに，$\mathbb{R}^3$ の和・定数倍・ゼロベクトルと，空間ベクトルの和・定数倍・ゼロベクトルは同じ性質 (p.126 の (1)~(8)) をもっている．よって，前章で述べた数ベクトル空間 $\mathbb{R}^3$ における種々の概念 (線形独立，部分空間など) は，そのまま空間ベクトルの集合にもちこめる．

たとえば，二つの空間ベクトルの組 $\vec{a}, \vec{b}$ が線形独立であるとは，定数 λ, μ が $\lambda\vec{a} + \mu\vec{b} = \vec{0}$ を満たすならば $\lambda = 0$ かつ $\mu = 0$ であるときにいう．そして，$\vec{a}, \vec{b}$ が線形独立でないとき，$\vec{a}, \vec{b}$ は線形従属であるという．

$\vec{0}$ でない空間ベクトルの組 $\vec{a}, \vec{b}$ が線形従属であることは，これらが平行であることと同値である．以下でこれを示そう．もし平行であるとすると，$\vec{a} = k\vec{b}$ を満たす定数 k が存在するので，$1\vec{a} + (-k)\vec{b} = \vec{0}$ が成り立つ．よって $\vec{a}, \vec{b}$ は線形従属である．逆に，$\vec{a}, \vec{b}$ が線形従属ならば，$\lambda\vec{a} + \mu\vec{b} = \vec{0}$ を満たす定数 λ, μ であって，少なくとも一方は 0 でないものが存在する．$\lambda \neq 0$ であれば $\vec{a} = -\dfrac{\mu}{\lambda}\vec{b}$ が成り立ち，$\mu \neq 0$ であれば $\vec{b} = -\dfrac{\lambda}{\mu}\vec{a}$ が成り立つので，いずれにせよ $\vec{a}$ と $\vec{b}$ は平行である．以上より，$\vec{a}$ と $\vec{b}$ が平行であることと，これらが線形従属であることは同値である．対偶を考えれば，二つの空間ベクトル $\vec{a}, \vec{b}$ が線形独立であることと，$\vec{a}$ と $\vec{b}$ が平行でないことの同値性もわかる．

8.4　部分空間の幾何学的描像

前節で述べた同一視を使って，数ベクトル空間 $\mathbb{R}^3$ の部分空間を xyz 空間のなかで可視化しよう．この節の残りの部分では，$\mathbb{R}^3$ の数ベクトル $\boldsymbol{a}$ に対応する空

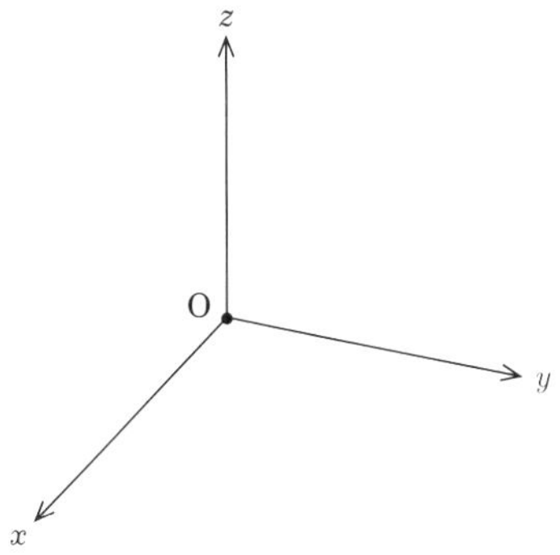

図 8.8

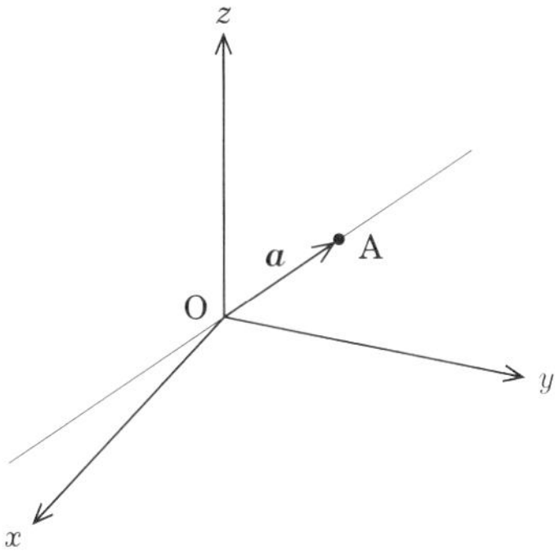

図 8.9

間ベクトルを同じ記号 $\boldsymbol{a}$ で表して，これらを単にベクトルと呼ぶ．

$\mathbb{R}^3$ の部分空間 W をとり，W に属するすべてのベクトルを始点が原点に来るように xyz 空間内に置く．そして，W のベクトルの終点全体のなす集合を $\mathbb{W}$ とおく．このとき $\mathbb{W}$ は xyz 空間のどのような部分集合になるだろうか．

まず，$W = \{\boldsymbol{0}\}$ のとき，$\mathbb{W}$ は原点だけからなる集合である (図 8.8)．

次に，W が 1 次元の場合を考える．このとき，W の基底 $\{\boldsymbol{a}\}$ を一つ取り，$\boldsymbol{a}$ の始点を xyz 空間の原点 O に置いたときの終点を A とする．$W = \langle \boldsymbol{a} \rangle$ であるから，W は $\boldsymbol{a}$ の定数倍全体のなす集合である．よって $\mathbb{W}$ は直線 OA と一致する (図 8.9)．つまり，1 次元の部分空間は原点を通る直線として実現される．

W が 2 次元の場合はどうだろうか．W の基底 $\{\boldsymbol{a}, \boldsymbol{b}\}$ をとる．ベクトル $\boldsymbol{a}, \boldsymbol{b}$ の始点を xyz 空間の原点 O に置き，終点をそれぞれ A, B とする．このとき，3 点 O, A, B は同一直線上にない．なぜなら，仮に同一直線上にあるとすると，$\boldsymbol{b}$ は $\boldsymbol{a}$ の定数倍となり，$\boldsymbol{a}, \boldsymbol{b}$ が線形独立であることに反するからである．そこで，3 点 O, A, B を通る平面を H とする．このとき，$\boldsymbol{a}$ と $\boldsymbol{b}$ の線形結合の終点は，すべて H 上にある．逆に，H 上のどの点についても，O とそれを結ぶベクトルは，$\boldsymbol{a}$ と $\boldsymbol{b}$ の線形結合として表される (図 8.10)．したがって，$\mathbb{W}$ は H と一致する．よって，2 次元の部分空間は原点を通る平面として実現される．

W が 3 次元の場合を考える．$\{\boldsymbol{a}, \boldsymbol{b}, \boldsymbol{c}\}$ は W の基底であるとする．$\boldsymbol{a}, \boldsymbol{b}, \boldsymbol{c}$ の始点を原点 O に置いたときの終点を，それぞれ A, B, C とする．このとき，$\boldsymbol{a}, \boldsymbol{b}, \boldsymbol{c}$ からどの二つを選んでも線形独立であるから，2 次元の場合の議論より直線 OA,

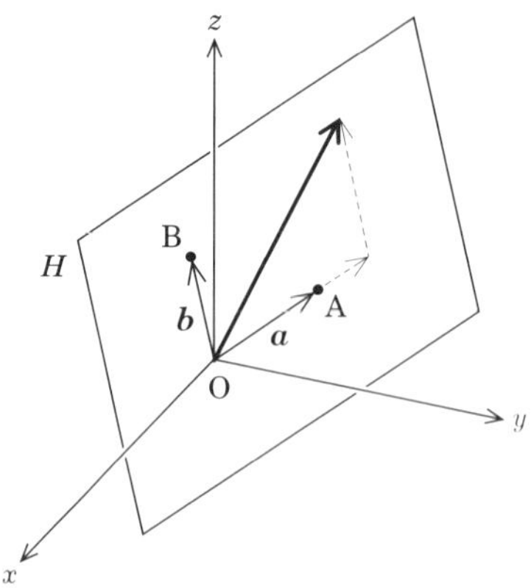

図 8.10

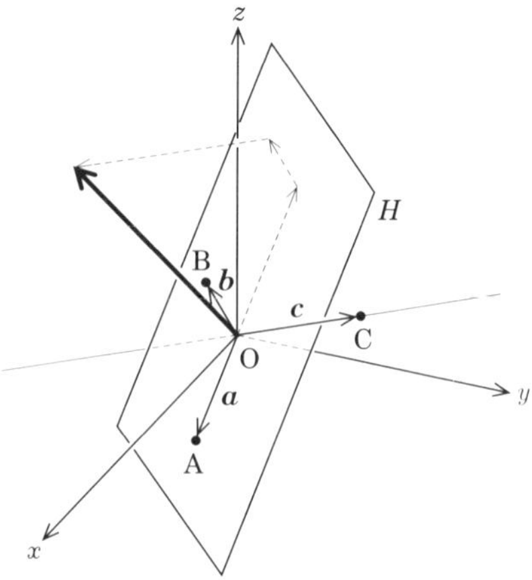

図 8.11

OB, OC は相異なる．そこで，直線 OA, OB を含む平面を H とする．$\boldsymbol{a}, \boldsymbol{b}, \boldsymbol{c}$ は線形独立だから，$\boldsymbol{c}$ は $\boldsymbol{a}, \boldsymbol{b}$ の線形結合でない．よって点 C は平面 H 上にない．したがって，直線 OC は平面 H に含まれず，H と原点で交わる．このことから，xyz 空間のすべての点について，それを終点とするベクトルは $\boldsymbol{a}, \boldsymbol{b}, \boldsymbol{c}$ の線形結合であることがわかる (図 8.11)．したがって，$\mathbb{W}$ は xyz 空間全体と一致する．よって，3 次元の部分空間は $\mathbb{R}^3$ 全体しかない．さらに，以上の議論から，$\mathbb{R}^3$ の三つのベクトルの組で線形独立なものがあれば，それらは $\mathbb{R}^3$ 全体を生成する．よって，$\mathbb{R}^3$ の四つ以上のベクトルが線形独立になることはあり得ない．これは命題 7.24 の幾何学的な説明である．

演習問題

問 8.1.1 図 8.12 の立方体 ABCD-EFGH において次の空間ベクトルを考える．これらのうち等しいものを選べ (複数組ある)．

$$\overrightarrow{\mathrm{AC}},\quad \overrightarrow{\mathrm{DH}},\quad \overrightarrow{\mathrm{FD}},\quad \overrightarrow{\mathrm{EG}},\quad \overrightarrow{\mathrm{DG}},\quad \overrightarrow{\mathrm{AF}},\quad \overrightarrow{\mathrm{GC}},\quad \overrightarrow{\mathrm{BF}}$$

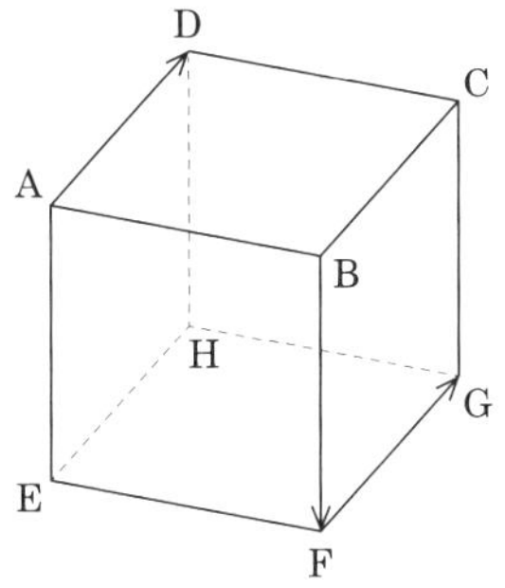

図 8.12

問 8.2.1 図 8.12 の立方体 ABCD-EFGH の頂点を端点とする空間ベクトルで，次の空間ベクトルと等しいものを挙げよ．

(1) $\overrightarrow{\mathrm{AD}}+\overrightarrow{\mathrm{DC}}$ (2) $\overrightarrow{\mathrm{EG}}-\overrightarrow{\mathrm{EA}}$ (3) $\overrightarrow{\mathrm{CB}}+\overrightarrow{\mathrm{FA}}$

(4) $-\overrightarrow{\mathrm{AB}}+\overrightarrow{\mathrm{FG}}+\overrightarrow{\mathrm{EA}}$ (5) $\overrightarrow{\mathrm{EA}}+2\overrightarrow{\mathrm{DC}}+\overrightarrow{\mathrm{BH}}$

問 8.3.1 $\vec{0}$ でない空間ベクトルの組 $\vec{a},\vec{b},\vec{c}$ で，次の二つの条件をともに満たすものの例を挙げよ．

- $\vec{a},\vec{b},\vec{c}$ のどの二つを選んでも平行でない．
- $\vec{a},\vec{b},\vec{c}$ は線形従属である[2]．

問 8.4.1 $\mathbb{R}^3$ の基本ベクトルを $\boldsymbol{e}_1,\boldsymbol{e}_2,\boldsymbol{e}_3$ とする．部分空間 $W=\langle\boldsymbol{e}_1,-\boldsymbol{e}_2+\boldsymbol{e}_3\rangle$ に対して $\mathbb{W}$ を 8.4 節で述べたように定めると，$\mathbb{W}$ は xyz 空間内のどのような図形か．

2] この問の内容からわかるように，三つのベクトルの組が線形独立であることの定義を「どれも $\vec{0}$ でなく，かつ，どの二つも平行でない」と言うと間違いである．

第9章

線形写像

9.1 写像に関する基本事項

9.1.1 写像の定義

X と Y は空でない集合であるとする (X と Y は同じ集合でもよい). X の要素それぞれに対して, Y の一つの要素を対応させる対応関係を, **X から Y への写像**という. f が X から Y への写像であることを $f : X \to Y$ と表す. 後で定義する合成写像を考えるときには

$$X \xrightarrow{f} Y$$

のように表すこともある. 写像 $f : X \to Y$ によって X の要素 x と対応する Y の要素を $f(x)$ で表す. 写像の様子を視覚化するときには, 図 9.1 のように表すことが多い.

集合 X から Y への二つの写像 f_1, f_2 **が等しい**とは, X のどの要素 x について

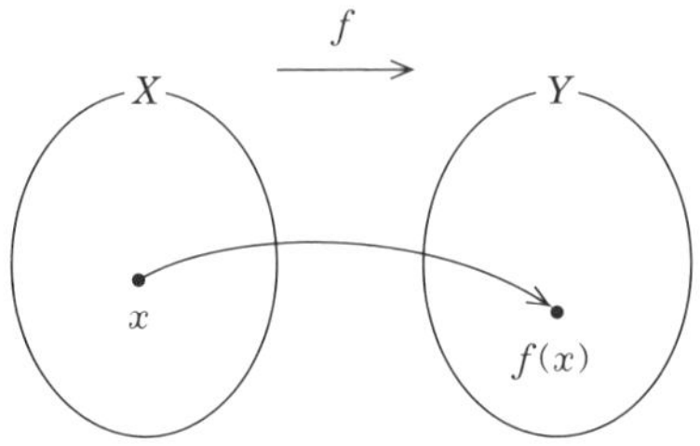

図 9.1 写像

も $f_1(x) = f_2(x)$ が成り立つときにいう.

集合 X のすべての要素 x に自分自身 x を対応させることで, X から X への写像が定まる. この写像を X **上の恒等写像**と呼び, id_X (もしくは 1_X) で表す.

例 9.1 A は K の要素を成分とする (m,n) 型行列であるとする. このとき, 数ベクトル空間 K^n のベクトル $\boldsymbol{x}$ に対して, K^m のベクトル $A\boldsymbol{x}$ を対応させることにより, K^n から K^m への写像が定まる. この写像を L_A で表すと

$$L_A : K^n \to K^m, \quad L_A(\boldsymbol{x}) = A\boldsymbol{x}$$

である. A が単位行列 I_n のとき, K^n のすべてのベクトル $\boldsymbol{x}$ について $L_{I_n}(\boldsymbol{x}) = I_n\boldsymbol{x} = \boldsymbol{x}$ が成り立つから, 写像 L_{I_n} は K^n 上の恒等写像 id_{K^n} に等しい.

9.1.2 合成写像

X, Y, Z が空でない集合で, 二つの写像 $f : X \to Y$ と $g : Y \to Z$ があるとする. x が X の要素であるとき, $f(x)$ は Y の要素であり, $f(x)$ は写像 g によって Z の要素 $g(f(x))$ に対応する. このとき, X の要素 x に Z の要素 $g(f(x))$ を対応させることで, X から Z への写像が定まる (図 9.2). この写像を f と g の**合成写像**と呼び, 記号 $g \circ f$ で表す (f と g の順序に注意せよ). すなわち

$$g \circ f : X \to Z, \quad (g \circ f)(x) = g(f(x))$$

である.

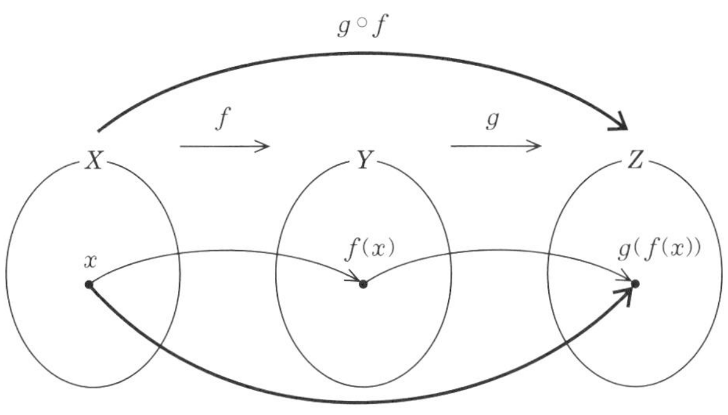

図 9.2 合成写像

命題 9.2 K の要素を成分にもつ行列 A, B はそれぞれ (l, m) 型，(m, n) 型であるとする．例 9.1 で述べたように写像

$$L_A : K^m \to K^l, \quad L_A(\boldsymbol{x}) = A\boldsymbol{x},$$
$$L_B : K^n \to K^m, \quad L_B(\boldsymbol{x}) = B\boldsymbol{x}$$

が定まる．このとき，合成写像 $L_A \circ L_B : K^n \to K^l$ は，(l, n) 型行列 AB の定める写像 $L_{AB} : K^n \to K^l$ に等しい

証明 K^n のどのベクトル $\boldsymbol{x}$ についても

$$(L_A \circ L_B)(\boldsymbol{x}) = L_A(L_B(\boldsymbol{x})) = L_A(B\boldsymbol{x}) = A(B\boldsymbol{x}) = (AB)\boldsymbol{x} = L_{AB}(\boldsymbol{x})$$

である．よって $L_A \circ L_B = L_{AB}$ である． ■

9.1.3 単射・全射・全単射

定義 9.3 写像 $f : X \to Y$ について

(1) 次の条件が成り立つとき，f は**単射**であるという．
(条件) X の要素 x, x' が $f(x) = f(x')$ を満たすならば，$x = x'$ である．

(2) 次の条件が成り立つとき，f は**全射**であるという．
(条件) Y のどの要素 y についても，$f(x) = y$ を満たす X の要素 x が，y に応じて必ずとれる．

(3) f が単射かつ全射であるとき，f は**全単射**であるという．

これらの概念を図で説明しよう．まず，単射の定義 9.3 (1) の条件の対偶をとれば「$x \neq x'$ であれば $f(x) \neq f(x')$ である」となる．よって X の異なる要素は f によって Y の異なる要素に対応する (図 9.3)．これが単射性の意味である．ただし，ある写像が単射であることを証明するときには，対偶を取らずに定義 9.3 (1) の条件そのものを使うことが多い．

次に，全射の定義 9.3 (2) の条件について，もしこれが満たされていれば，Y のどの要素も，写像 f を通じて X の要素と必ず対応している．したがって，Y の要素のうち f によって X の要素と対応する部分を考えれば，これは Y 全体である (図 9.4 の左)．写像 f が全射でなければ，X の要素と対応するのは Y の一部分

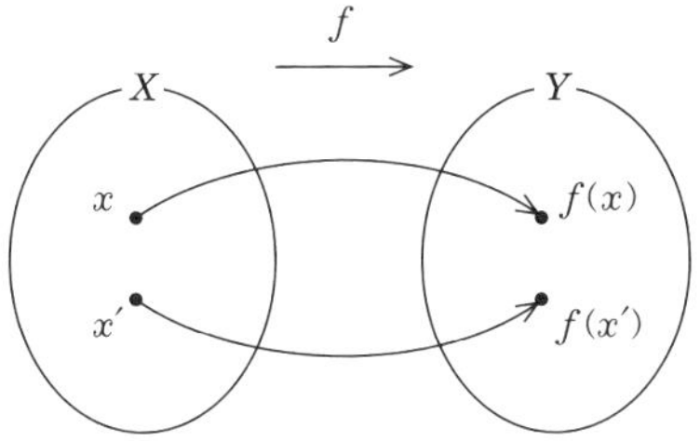

図 9.3 単射性

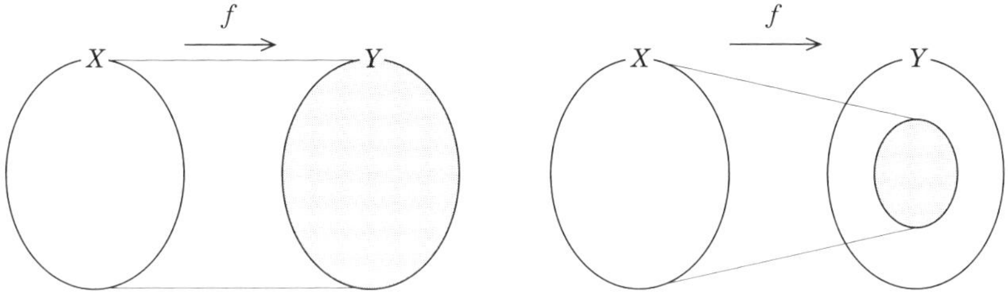

図 9.4 全射性

だけである (図 9.4 の右). これが全射性の意味である.

連立 1 次方程式との関係　K の要素を成分とする (m, n) 型行列 A と, K^m のベクトル $\boldsymbol{b}$ をとって, 連立 1 次方程式 $A\boldsymbol{x} = \boldsymbol{b}$ を考える. このとき, 連立 1 次方程式 $A\boldsymbol{x} = \boldsymbol{b}$ の解とは, 例 9.1 で定義した写像 $L_A : K^n \to K^m$ によって $\boldsymbol{b}$ に対応するベクトル $\boldsymbol{x}$ のことである.

L_A が全射のとき, K^m のどのベクトル $\boldsymbol{b}$ についても, それに応じて $L_A(\boldsymbol{x}) = \boldsymbol{b}$ を満たすベクトル $\boldsymbol{x}$ が取れる. これは, どのベクトル $\boldsymbol{b}$ に対しても連立 1 次方程式 $A\boldsymbol{x} = \boldsymbol{b}$ は解をもつことを意味する.

L_A が単射であるときは何が言えるだろうか. K^n のベクトル $\boldsymbol{a}, \boldsymbol{a}'$ が連立 1 次方程式 $A\boldsymbol{x} = \boldsymbol{b}$ の解であるとする. このとき, $A\boldsymbol{a}$ と $A\boldsymbol{a}'$ はともに $\boldsymbol{b}$ で等しいから, $L_A(\boldsymbol{a}) = L_A(\boldsymbol{a}')$ である. よって, もし L_A が単射ならば, $\boldsymbol{a} = \boldsymbol{a}'$ でなければならない. したがって, L_A が単射であるとき, 方程式 $A\boldsymbol{x} = \boldsymbol{b}$ の解が存在すれば, それはただ一つである.

L_A が全単射であれば，上の二つのことが同時に成り立つ．よって，連立1次方程式 $A\boldsymbol{x} = \boldsymbol{b}$ は，$\boldsymbol{b}$ をどのようにとっても，ただ一つの解をもつ．

命題 9.4　写像 $f: X \to Y, g: Y \to Z$ について，以下のことが成り立つ．

(1) f と g が単射ならば，$g \circ f$ は単射である．

(2) f と g が全射ならば，$g \circ f$ は全射である．

(3) f と g が全単射ならば，$g \circ f$ は全単射である．

(4) $g \circ f$ が単射ならば，f は単射である．

(5) $g \circ f$ が全射ならば，g は全射である．

証明　(1) X の要素 x, x' について $(g \circ f)(x) = (g \circ f)(x')$ が成り立つとする．このとき $g(f(x)) = g(f(x'))$ であり，g は単射であるから，$f(x) = f(x')$ である．さらに f は単射だから，$x = x'$ である．以上より $g \circ f$ は単射である．

(2) z は Z の要素であるとする．g は全射だから，Y の要素 y で $g(y) = z$ を満たすものが取れる．さらに f は全射だから，$f(x) = y$ を満たす X の要素 x が取れる．このとき $(g \circ f)(x) = g(f(x)) = g(y) = z$ である．よって X の要素 x は $g \circ f$ によって z に対応する．以上より $g \circ f$ は全射である．

(3) (1), (2) より明らか．

(4) X の要素 x, x' について $f(x) = f(x')$ が成り立つとする．このとき $g(f(x)) = g(f(x'))$ であるから，$(g \circ f)(x) = (g \circ f)(x')$ である．$g \circ f$ は単射だから $x = x'$ である．以上より f は単射である．

(5) の証明は演習問題とする (問 9.1.1)．■

9.1.4　逆写像

写像 $f: X \to Y$ は全単射であるとする．このとき，Y のそれぞれの要素 y に応じて，$y = f(x)$ となる X の要素 x がただ一つ定まる．この対応により，Y から X へ逆向きに写像が定まる．この写像を f の**逆写像**と呼び，f^{-1} で表す．

$f: X \to Y$ が全単射のとき，$f^{-1}: Y \to X$ だから，合成写像 $f^{-1} \circ f$ は X から X 自身への写像である．x が X の要素であるとき，$f(x) = y$ とおくと，$f^{-1}(y) = x$ であるから

$$(f^{-1} \circ f)(x) = f^{-1}(f(x)) = f^{-1}(y) = x$$

が成り立つ．よって $f^{-1} \circ f$ は X 上の恒等写像に等しい．

次に合成写像 $f \circ f^{-1}$ を考える．これは Y から Y 自身への写像である．y が Y の要素であるとき，$f^{-1}(y) = x$ とおくと，逆写像の定義から $f(x) = y$ である．よって

$$(f \circ f^{-1})(y) = f(f^{-1}(y)) = f(x) = y$$

である．したがって $f \circ f^{-1}$ は Y 上の恒等写像に等しい．以上より，$f : X \to Y$ が全単射ならば

$$f^{-1} \circ f = \mathrm{id}_X, \quad f \circ f^{-1} = \mathrm{id}_Y \tag{9.1}$$

である．等式 (9.1) は逆写像の特徴づけでもある．すなわち，次のことが成り立つ．

命題 9.5 写像 $f : X \to Y$ が与えられたとする．このとき，写像 $g : Y \to X$ であって $g \circ f = \mathrm{id}_X$ かつ $f \circ g = \mathrm{id}_Y$ を満たすものが存在するならば，f は全単射で $f^{-1} = g$ である．

証明 命題の条件を満たす写像 $g : Y \to X$ をとる．

<u>f が全単射であることの証明</u> $g \circ f = \mathrm{id}_X$ であり，id_X は単射だから，命題 9.4 (4) より f は単射である．また，$f \circ g = \mathrm{id}_Y$ であり，id_Y は全射だから，命題 9.4 (5) より f は全射である．よって f は全単射である．

<u>$f^{-1} = g$ であることの証明</u> y は Y の要素であるとする．このとき，$f(g(y)) = (f \circ g)(y) = \mathrm{id}_Y(y) = y$ が成り立つ．よって逆写像の定義から $f^{-1}(y) = g(y)$ である．以上より $f^{-1} = g$ である．■

系 9.6 写像 $f : X \to Y$ が全単射ならば，その逆写像 $f^{-1} : Y \to X$ も全単射である．さらに f^{-1} の逆写像は f に等しい．

証明 写像 $f^{-1} : Y \to X$ に対して命題 9.5 を適用する．写像 f は等式 (9.1) を満たすから，f^{-1} は全単射であり，$(f^{-1})^{-1} = f$ である．■

さらに命題 9.5 より次のことがわかる.

命題 9.7　n 次の正方行列 A の定める写像 $L_A : K^n \to K^n$, $L_A(\boldsymbol{x}) = A\boldsymbol{x}$ を考える (例 9.1). このとき, 次の二つの条件は同値である.

(1)　A は正則行列である.

(2)　L_A は全単射である.

さらに (1) または (2) が真であるとき, L_A の逆写像は $L_{A^{-1}}$ に等しい.

証明　(1) ならば (2) であること　A は正則であるとする. このとき, 逆行列 A^{-1} が存在するので, それが定める写像 $L_{A^{-1}}$ を考えられる. 命題 9.2 より

$$L_A \circ L_{A^{-1}} = L_{AA^{-1}} = L_I = \mathrm{id}_{K^n}, \quad L_{A^{-1}} \circ L_A = L_{A^{-1}A} = L_I = \mathrm{id}_{K^n}$$

が成り立つので, 命題 9.5 より L_A は全単射で $(L_A)^{-1} = L_{A^{-1}}$ である.

(2) ならば (1) であること　L_A は全単射であるとする. このとき, 特に L_A は全射であるから, K^n のどのベクトル $\boldsymbol{b}$ が与えられても連立 1 次方程式 $A\boldsymbol{x} = \boldsymbol{b}$ は解をもつ. よって, 系 6.20 より A は正則である. ■

9.2　線形写像

以下では例 9.1 で定義した写像 L_A をおもに扱う. あらためて定義を述べておこう.

定義 9.8　A は K の要素を成分とする (m, n) 型行列であるとする. このとき, 写像 $L_A : K^n \to K^m$ を $L_A(\boldsymbol{x}) = A\boldsymbol{x}$ $(\boldsymbol{x} \in K^n)$ で定義し, 行列 A の定める写像と呼ぶ.

行列の定める写像は次の性質をもつ.

命題 9.9　K の要素を成分とする (m, n) 型行列 A の定める写像 $L_A : K^n \to K^m$ は, 以下の性質をもつ.

(1) K^n のベクトル $\boldsymbol{x}, \boldsymbol{y}$ をどのようにとっても, $L_A(\boldsymbol{x} + \boldsymbol{y}) = L_A(\boldsymbol{x}) + L_A(\boldsymbol{y})$ が成り立つ.

(2) K^n のベクトル $\boldsymbol{x}$ とスカラー λ をどのようにとっても，$L_A(\lambda \boldsymbol{x}) = \lambda L_A(\boldsymbol{x})$ が成り立つ．

証明 (1) $\boldsymbol{x}, \boldsymbol{y}$ は K^n のベクトルであるとする．このとき

$$L_A(\boldsymbol{x}+\boldsymbol{y}) = A(\boldsymbol{x}+\boldsymbol{y}) = A\boldsymbol{x} + A\boldsymbol{y} = L_A(\boldsymbol{x}) + L_A(\boldsymbol{y})$$

より，$L_A(\boldsymbol{x}+\boldsymbol{y}) = L_A(\boldsymbol{x}) + L_A(\boldsymbol{y})$ が成り立つ．

(2) $\boldsymbol{x}$ は K^n のベクトルで，λ はスカラーであるとする．このとき

$$L_A(\lambda \boldsymbol{x}) = A(\lambda \boldsymbol{x}) = \lambda(A\boldsymbol{x}) = \lambda L_A(\boldsymbol{x})$$

より，$L_A(\lambda \boldsymbol{x}) = \lambda L_A(\boldsymbol{x})$ が成り立つ． ■

命題 9.9 で述べた性質 (1), (2) は，行列が定める写像の**線形性**と呼ばれる．一般に，線形性をもつ写像を線形写像と呼ぶ．次の定義 9.10 で線形写像の正確な定義を述べる．以下，数ベクトル空間を表すのに，その次元を明示する必要がないときには，K^n ではなく U, V などの記号を用いる．

定義 9.10 U, V は K 上の数ベクトル空間であるとする．写像 $f : U \to V$ が次の二つの条件を満たすとき，f は**線形写像**であるという．

(1) U に属するベクトル $\boldsymbol{x}, \boldsymbol{y}$ をどのようにとっても，$f(\boldsymbol{x}+\boldsymbol{y}) = f(\boldsymbol{x}) + f(\boldsymbol{y})$ が成り立つ．

(2) U に属するベクトル $\boldsymbol{x}$ とスカラー λ をどのようにとっても，$f(\lambda \boldsymbol{x}) = \lambda f(\boldsymbol{x})$ が成り立つ．

例 9.11 K の要素を成分にもつ (m, n) 型行列 A の定める写像 $L_A : K^n \to K^m$ は線形写像である (命題 9.9).

命題 9.12 U, V は K 上の数ベクトル空間であるとし，写像 $f : U \to V$ は線形写像であるとする．r を正の整数とする．$\boldsymbol{u}_1, \boldsymbol{u}_2, \ldots, \boldsymbol{u}_r$ が U に属するベクトルであるならば，$f(\sum_{j=1}^{r} \boldsymbol{u}_j) = \sum_{j=1}^{r} f(\boldsymbol{u}_j)$ が成り立つ．

証明 r に関する数学的帰納法で示す．$r=1$ の場合は自明で，$r=2$ の場合は線形写像の定義 9.10 (1) より成り立つ．k を 2 以上の整数として，$r=k$ のときに示すべき命題が正しいと仮定する．$r=k+1$ の場合を考える．$\boldsymbol{u}_1,\dots,\boldsymbol{u}_k,\boldsymbol{u}_{k+1}$ が U に属するベクトルであるとき，$\boldsymbol{u}_1+\cdots+\boldsymbol{u}_k$ は U のベクトルであるから，線形写像の定義 9.10 (1) より

$$f(\sum_{j=1}^{k+1}\boldsymbol{u}_j)=f(\sum_{j=1}^{k}\boldsymbol{u}_j+\boldsymbol{u}_{k+1})=f(\sum_{j=1}^{k}\boldsymbol{u}_j)+f(\boldsymbol{u}_{k+1})$$

である．数学的帰納法の仮定より $f(\sum_{j=1}^{k}\boldsymbol{u}_j)=\sum_{j=1}^{k}f(\boldsymbol{u}_j)$ であるから，右辺は

$$\sum_{j=1}^{k}f(\boldsymbol{u}_j)+f(\boldsymbol{u}_{k+1})=\sum_{j=1}^{k+1}f(\boldsymbol{u}_j)$$

に等しい．以上より，$r=k+1$ の場合も示すべき命題は正しい． ■

次の定理で示すように，数ベクトル空間の間の線形写像は，すべて行列の定める写像として実現できる．

定理 9.13 m,n は正の整数であるとする．写像 $f: K^n \to K^m$ が線形写像であるならば，K の要素を成分とする (m,n) 型行列 A であって，$f=L_A$ となるものがただ一つ存在する．

証明 $f=L_A$ となる行列 A が存在することと，そのような行列 A はただ一つであることを示せばよい．以下，K^n の基本ベクトルを $\boldsymbol{e}_1,\boldsymbol{e}_2,\dots,\boldsymbol{e}_n$ で表す．

<u>$f=L_A$ となる行列 A が存在すること</u>　$f(\boldsymbol{e}_1),f(\boldsymbol{e}_2),\dots,f(\boldsymbol{e}_n)$ は K^m のベクトルだから，これらを並べて (m,n) 型行列 $\begin{pmatrix}f(\boldsymbol{e}_1) & f(\boldsymbol{e}_2) & \cdots & f(\boldsymbol{e}_n)\end{pmatrix}$ が定まる．この行列を A とおく．このとき $f=L_A$ であることを示そう．$\boldsymbol{x}$ は K^n のベクトルであるとする．$\boldsymbol{x}={}^t(x_1,x_2,\cdots,x_n)$ とおくと，$\boldsymbol{x}=\sum_{j=1}^{n}x_j\boldsymbol{e}_j$ であり，f は線形写像であるから，命題 9.12 と定義 9.10 (2) より

$$f(\boldsymbol{x})=f(\sum_{j=1}^{n}x_j\boldsymbol{e}_j)=\sum_{j=1}^{n}f(x_j\boldsymbol{e}_j)=\sum_{j=1}^{n}x_jf(\boldsymbol{e}_j)$$

である．命題 2.12 より，この右辺は $A\boldsymbol{x}$ に等しい．よって $f(\boldsymbol{x})=L_A(\boldsymbol{x})$ である．

以上より $f = L_A$ である．

$f = L_A$ となる行列 A はただ一つであること　二つの (m, n) 型行列 A, B について，$f = L_A$ かつ $f = L_B$ であるとする．A, B の列ベクトル表示をそれぞれ $A = \begin{pmatrix} \boldsymbol{a}_1 & \boldsymbol{a}_2 & \cdots & \boldsymbol{a}_n \end{pmatrix}$, $B = \begin{pmatrix} \boldsymbol{b}_1 & \boldsymbol{b}_2 & \cdots & \boldsymbol{b}_n \end{pmatrix}$ とおく．このとき，各 $j = 1, 2, \ldots, n$ について

$$f(\boldsymbol{e}_j) = L_A(\boldsymbol{e}_j) = A\boldsymbol{e}_j = \boldsymbol{a}_j$$

である．同様に $f(\boldsymbol{e}_j) = L_B(\boldsymbol{e}_j) = B\boldsymbol{e}_j = \boldsymbol{b}_j$ でもある．したがって，すべての $j = 1, 2, \ldots, n$ について $\boldsymbol{a}_j = \boldsymbol{b}_j$ であるから，$A = B$ である．以上より，$f = L_A$ を満たす行列 A はただ一つである． ■

定理 9.13 より，数ベクトル空間の間の線形写像は，すべて行列で表現できる．しかし，理論を組み立てる上では，行列で表現できることはあまり重要ではなく，写像の線形性だけがあれば十分である．そこで以下では，行列による表現が必要ない場合には，線形写像を表すのに f, g などの記号を使う．また，線形写像の性質を考察するときには，いくつかの数ベクトル空間が同時に登場する．このとき，それぞれの数ベクトル空間におけるゼロベクトルを同じ記号 $\boldsymbol{0}$ で表すと混乱するので，必要に応じて数ベクトル空間 U のゼロベクトルを $\boldsymbol{0}_U$ と表して区別する．

以下の二つの命題は，線形写像の行列による表示を使っても証明できるが，ここでは写像の線形性だけを使って証明する．

命題 9.14　U, V は K 上の数ベクトル空間で，$f : U \to V$ は線形写像であるとする．このとき $f(\boldsymbol{0}_U) = \boldsymbol{0}_V$ である．

証明　$\boldsymbol{0}_U = \boldsymbol{0}_U + \boldsymbol{0}_U$ だから $f(\boldsymbol{0}_U) = f(\boldsymbol{0}_U + \boldsymbol{0}_U)$ である．定義 9.10 の条件 (1) より，右辺は $f(\boldsymbol{0}_U) + f(\boldsymbol{0}_U)$ に等しい．したがって $f(\boldsymbol{0}_U) = f(\boldsymbol{0}_U) + f(\boldsymbol{0}_U)$ である (この等式の両辺は V のベクトルであることに注意せよ)．両辺に $-f(\boldsymbol{0}_U)$ を加えて，$\boldsymbol{0}_V = f(\boldsymbol{0}_U)$ を得る． ■

命題 9.15　U, V, W は K 上の数ベクトル空間で，$f : U \to V$, $g : V \to W$ は線形写像であるとする．このとき，合成写像 $g \circ f : U \to W$ も線形写像である．

証明　$\boldsymbol{x}, \boldsymbol{y}$ は U のベクトルであるとする．このとき，f の線形性より $f(\boldsymbol{x}+\boldsymbol{y}) = f(\boldsymbol{x}) + f(\boldsymbol{y})$ である．$f(\boldsymbol{x}), f(\boldsymbol{y})$ は V のベクトルであるから，g の線形性より $g(f(\boldsymbol{x}) + f(\boldsymbol{y})) = g(f(\boldsymbol{x})) + g(f(\boldsymbol{y}))$ である．よって

$$\begin{aligned}(g \circ f)(\boldsymbol{x}+\boldsymbol{y}) &= g(f(\boldsymbol{x}+\boldsymbol{y})) = g(f(\boldsymbol{x}) + f(\boldsymbol{y})) \\ &= g(f(\boldsymbol{x})) + g(f(\boldsymbol{y})) = (g \circ f)(\boldsymbol{x}) + (g \circ f)(\boldsymbol{y})\end{aligned}$$

である．したがって $g \circ f$ は定義 9.10 の条件 (1) を満たす．条件 (2) も同様に証明できる．■

9.3　線形写像の核と像

線形写像があれば，その核および像と呼ばれる部分空間が自然に定まる．この節では，まず核と像を部分集合として定義し，その意味を述べた後で，これらが部分空間であることを証明する．

定義 9.16　U, V は K 上の数ベクトル空間であるとし，写像 $f : U \to V$ は線形写像であるとする．

(1)　U の部分集合 $\mathrm{Ker} f$ を次で定め，これを f の核と呼ぶ．

$$\mathrm{Ker} f = \{\boldsymbol{u} \in U \mid f(\boldsymbol{u}) = \boldsymbol{0}_V\}$$

(2)　V の部分集合 $\mathrm{Im} f$ を次で定め，これを f の像と呼ぶ．

$$\mathrm{Im} f = \{\boldsymbol{v} \in V \mid \boldsymbol{v} = f(\boldsymbol{x}) \text{ を満たす } U \text{ のベクトル } \boldsymbol{x} \text{ が存在する.}\}$$

図 9.5 に $\mathrm{Ker} f$ と $\mathrm{Im} f$ を図示する．$\mathrm{Ker} f$ とは f によって V のゼロベクトルに対応する部分であり，$\mathrm{Im} f$ とは f によって U のいずれかの要素と対応する部分である．$\mathrm{Ker} f$ は U の部分集合で，$\mathrm{Im} f$ は V の部分集合であることに注意する．

命題 9.14 より，$\boldsymbol{0}_U \in \mathrm{Ker} f$ かつ $\boldsymbol{0}_V \in \mathrm{Im} f$ であるから，線形写像の核と像はいずれも空集合ではない．また，f が全射であることと $\mathrm{Im} f = V$ であることは同値であることに注意する．

連立 1 次方程式との関係　K の要素を成分とする (m, n) 型行列 A が定める連立 1 次方程式 $A\boldsymbol{x} = \boldsymbol{b}$ を考える．A の定める線形写像 L_A は，K^n から K^m への写像

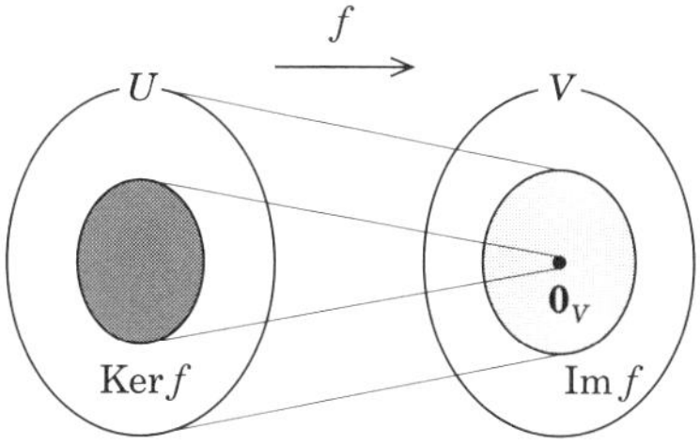

図 9.5　線形写像の核と像

である．写像 L_A の定義 $L_A(\boldsymbol{x}) = A\boldsymbol{x}$ より

$$\mathrm{Ker}L_A = \{\boldsymbol{u} \in K^n \mid A\boldsymbol{u} = \mathbf{0}\}$$

である．よって $\mathrm{Ker}L_A$ は，斉次連立 1 次方程式 $A\boldsymbol{y} = \mathbf{0}$ の解全体のなす集合にほかならない．次に像 $\mathrm{Im}L_A$ は，L_A の定義より

$$\mathrm{Im}L_A = \{\boldsymbol{v} \in K^m \mid \boldsymbol{v} = A\boldsymbol{u} \text{ を満たす } K^n \text{ のベクトル } \boldsymbol{u} \text{ が存在する.}\}$$

となる．「$\boldsymbol{v} = A\boldsymbol{u}$ を満たすベクトル $\boldsymbol{u}$」とは，連立 1 次方程式 $A\boldsymbol{x} = \boldsymbol{v}$ の解のことである．よって $\mathrm{Im}L_A$ とは，K^m のベクトル $\boldsymbol{b}$ であって，連立 1 次方程式 $A\boldsymbol{x} = \boldsymbol{b}$ が解をもつもの全体のなす集合である．

核と像が部分空間であることを証明しよう．

命題 9.17　U, V は K 上の数ベクトル空間であるとし，写像 $f : U \to V$ は線形写像であるとする．このとき，次のことが成り立つ．

(1) $\mathrm{Ker}f$ は U の部分空間である．

(2) $\mathrm{Im}f$ は V の部分空間である．

証明　$\mathrm{Ker}f$ と $\mathrm{Im}f$ が定義 7.5 の条件 (1), (2) を満たすことを示せばよい．

(1) Ker$f$ が条件 (1) を満たすこと　$\boldsymbol{x}, \boldsymbol{y}$ は $\mathrm{Ker}f$ に属するとする．このとき $f(\boldsymbol{x}) = \mathbf{0}_V, f(\boldsymbol{y}) = \mathbf{0}_V$ である．f の線形性より $f(\boldsymbol{x} + \boldsymbol{y}) = f(\boldsymbol{x}) + f(\boldsymbol{y}) = \mathbf{0}_V + \mathbf{0}_V = \mathbf{0}_V$ となるので，$\boldsymbol{x} + \boldsymbol{y} \in \mathrm{Ker}f$ である．

Ker$f$ が条件 (2) を満たすこと　$\boldsymbol{x}$ は $\mathrm{Ker}f$ に属するベクトルで，λ はスカラーであるとする．f の線形性から $f(\lambda\boldsymbol{x}) = \lambda f(\boldsymbol{x}) = \lambda\mathbf{0}_V = \mathbf{0}_V$ となる．よって $\lambda\boldsymbol{x} \in$

$\mathrm{Ker}f$ である．

以上より $\mathrm{Ker}f$ は部分空間である．

(2) $\mathrm{Im}f$ が条件 (1) を満たすこと　$\boldsymbol{x}, \boldsymbol{y}$ は $\mathrm{Im}f$ に属するベクトルであるとする．このとき，$\boldsymbol{x} = f(\boldsymbol{a}), \boldsymbol{y} = f(\boldsymbol{b})$ を満たす U のベクトル $\boldsymbol{a}, \boldsymbol{b}$ が取れる．すると f の線形性より，$\boldsymbol{x} + \boldsymbol{y} = f(\boldsymbol{a}) + f(\boldsymbol{b}) = f(\boldsymbol{a} + \boldsymbol{b})$ となるから，$\boldsymbol{x} + \boldsymbol{y} = f(\boldsymbol{a} + \boldsymbol{b})$ である．よって $\boldsymbol{x} + \boldsymbol{y} \in \mathrm{Im}f$ である．

$\mathrm{Im}f$ が条件 (2) を満たすこと　$\boldsymbol{x}$ は $\mathrm{Im}f$ に属するベクトルで，λ はスカラーであるとする．このとき，$\boldsymbol{x} = f(\boldsymbol{a})$ を満たす U のベクトル $\boldsymbol{a}$ が取れて，$\lambda \boldsymbol{x} = \lambda f(\boldsymbol{a}) = f(\lambda \boldsymbol{a})$ となる．よって $\lambda \boldsymbol{x} \in \mathrm{Im}f$ である．

以上より $\mathrm{Im}f$ は部分空間である．■

次の命題で証明するように，線形写像が単射であるかどうかは，その核を調べればわかる．

命題 9.18　U, V は K 上の数ベクトル空間であるとし，写像 $f: U \to V$ は線形写像であるとする．このとき，次の二つの条件は同値である．

(1)　f は単射である．

(2)　$\mathrm{Ker}f = \{\boldsymbol{0}_U\}$ である．

証明　(1) ならば (2) であること　線形写像 $f: U \to V$ は単射であるとする．命題 9.14 より，$\{\boldsymbol{0}_U\} \subset \mathrm{Ker}f$ である．よって $\mathrm{Ker}f \subset \{\boldsymbol{0}_U\}$ であることを示せばよい．$\boldsymbol{u}$ は $\mathrm{Ker}f$ に属するベクトルであるとする．このとき $f(\boldsymbol{u}) = \boldsymbol{0}_V$ で，命題 9.14 より $f(\boldsymbol{0}_U) = \boldsymbol{0}_V$ でもあるので，$f(\boldsymbol{u}) = f(\boldsymbol{0}_U)$ である．写像 f は単射だから $\boldsymbol{u} = \boldsymbol{0}_U$ である．以上より $\mathrm{Ker}f \subset \{\boldsymbol{0}_U\}$ である．

(2) ならば (1) であること　$\mathrm{Ker}f = \{\boldsymbol{0}_U\}$ であるとする．U のベクトル $\boldsymbol{x}, \boldsymbol{y}$ が $f(\boldsymbol{x}) = f(\boldsymbol{y})$ を満たすとする．このとき，f の線形性から

$$
\begin{aligned}
f(\boldsymbol{x} - \boldsymbol{y}) &= f(\boldsymbol{x} + (-1)\boldsymbol{y}) = f(\boldsymbol{x}) + f((-1)\boldsymbol{y}) \\
&= f(\boldsymbol{x}) + (-1)f(\boldsymbol{y}) = f(\boldsymbol{x}) - f(\boldsymbol{y})
\end{aligned}
$$

であり，$f(\boldsymbol{x}) = f(\boldsymbol{y})$ だから，$f(\boldsymbol{x} - \boldsymbol{y}) = \boldsymbol{0}_V$ である．よって $\boldsymbol{x} - \boldsymbol{y} \in \mathrm{Ker}f$ である．一方 $\mathrm{Ker}f = \{\boldsymbol{0}_U\}$ なので，$\boldsymbol{x} - \boldsymbol{y} = \boldsymbol{0}_U$ である．したがって $\boldsymbol{x} = \boldsymbol{y}$ である．

以上より，f は単射である． ■

線形写像 $f : U \to V$ の像は，U の基底が与えられれば具体的に記述できる．

命題 9.19 V は K 上の数ベクトル空間であるとし，$f : K^n \to V$ は線形写像であるとする．K^n の部分集合 $S = \{\boldsymbol{u}_1, \boldsymbol{u}_2, \ldots, \boldsymbol{u}_n\}$ が K^n の基底であるとき

$$\mathrm{Im} f = \langle f(\boldsymbol{u}_1), f(\boldsymbol{u}_2), \ldots, f(\boldsymbol{u}_n) \rangle$$

が成り立つ．

証明 記号を簡単にするために $W = \langle f(\boldsymbol{u}_1), f(\boldsymbol{u}_2), \ldots, f(\boldsymbol{u}_n) \rangle$ とおく．$\mathrm{Im} f = W$ であることを示せばよい．

$\mathrm{Im} f \subset W$ であること　$\boldsymbol{v}$ は $\mathrm{Im} f$ に属するベクトルであるとする．このとき，$f(\boldsymbol{u}) = \boldsymbol{v}$ を満たす K^n のベクトル $\boldsymbol{u}$ が取れる．S は K^n の基底であるから，$\boldsymbol{u} = \sum_{k=1}^{n} \lambda_k \boldsymbol{u}_k$ を満たすスカラー $\lambda_1, \lambda_2, \ldots, \lambda_n$ を取れる．f の線形性から

$$\boldsymbol{v} = f(\boldsymbol{u}) = f\Big(\sum_{k=1}^{n} \lambda_k \boldsymbol{u}_k\Big) = \sum_{k=1}^{n} \lambda_k f(\boldsymbol{u}_k) \tag{9.2}$$

である．よって $\boldsymbol{v}$ は W に属する．以上より $\mathrm{Im} f \subset W$ である．

$W \subset \mathrm{Im} f$ であること　$\boldsymbol{v}$ は W に属するベクトルであるとする．このとき，$\boldsymbol{v} = \sum_{k=1}^{n} \mu_k f(\boldsymbol{u}_k)$ を満たすスカラー $\mu_1, \mu_2, \ldots, \mu_n$ が取れる．そこで K^n のベクトル $\boldsymbol{u}$ を $\boldsymbol{u} = \sum_{k=1}^{n} \mu_k \boldsymbol{u}_k$ で定める．このとき f の線形性から，(9.2) と同様にして $f(\boldsymbol{u}) = \sum_{k=1}^{n} \mu_k f(\boldsymbol{u}_k)$ であることがわかる．この右辺のベクトルは $\boldsymbol{v}$ にほかならないから，$f(\boldsymbol{u}) = \boldsymbol{v}$ である．よって $\boldsymbol{v}$ は $\mathrm{Im} f$ に属する．以上より $W \subset \mathrm{Im} f$ である． ■

系 9.20 K の要素を成分とする (m, n) 型行列 A の列ベクトル表示を $\begin{pmatrix} \boldsymbol{a}_1 & \boldsymbol{a}_2 & \cdots & \boldsymbol{a}_n \end{pmatrix}$ とする．このとき，A の定める線形写像 $L_A : K^n \to K^m$ の像 $\mathrm{Im} L_A$ は，A の列ベクトルが生成する部分空間 $\langle \boldsymbol{a}_1, \boldsymbol{a}_2, \ldots, \boldsymbol{a}_n \rangle$ に等しい[1]．

1] A は (m, n) 型だから $\boldsymbol{a}_1, \boldsymbol{a}_2, \ldots, \boldsymbol{a}_n$ は K^m のベクトルであることに注意せよ．

証明 K^n の基底として標準基底 $\{\boldsymbol{e}_1, \boldsymbol{e}_2, \ldots, \boldsymbol{e}_n\}$ をとって命題 9.19 を適用する．行列の積の定義から，$k = 1, 2, \ldots, n$ について $L_A(\boldsymbol{e}_k) = A\boldsymbol{e}_k = \boldsymbol{a}_k$ であるから，$\mathrm{Im}L_A = \langle \boldsymbol{a}_1, \boldsymbol{a}_2, \ldots, \boldsymbol{a}_n \rangle$ である． ■

9.4 次元定理

線形写像の核の次元と像の次元の間には，次の定理で述べる関係がある．

定理 9.21 次元定理 V は K 上の数ベクトル空間であるとし，写像 $f : K^n \to V$ は線形写像であるとする．このとき，次の等式が成り立つ．

$$\dim \mathrm{Ker} f + \dim \mathrm{Im} f = n$$

定理 9.21 の等式には，V の情報がまったく入っていないことに注意する．この定理の証明では次項で説明する「基底の拡張」という操作を使う．

9.4.1 基底の拡張

命題 9.22 数ベクトル空間 V の部分空間 U, W について，$W \subset U$ であり，W は $\{\boldsymbol{0}\}$ でも U でもないとする．W の次元を d とおき，U の次元を m とおく (よって $0 < d < m$ である)．$\{\boldsymbol{w}_1, \boldsymbol{w}_2, \ldots, \boldsymbol{w}_d\}$ は W の基底であるとする．このとき，W に属さない $(m-d)$ 個の U のベクトル $\boldsymbol{u}_1, \boldsymbol{u}_2, \ldots, \boldsymbol{u}_{m-d}$ を追加して，集合 $\{\boldsymbol{w}_1, \boldsymbol{w}_2, \ldots, \boldsymbol{w}_d, \boldsymbol{u}_1, \boldsymbol{u}_2, \ldots, \boldsymbol{u}_{m-d}\}$ が U の基底となるようにできる．

証明 $U \neq W$ であるから，W に属さない U のベクトル $\boldsymbol{u}_1$ が取れる．このとき命題 7.25 より，$\boldsymbol{w}_1, \boldsymbol{w}_2, \ldots, \boldsymbol{w}_d, \boldsymbol{u}_1$ は線形独立である．よって，部分空間 $W_1 = \langle \boldsymbol{w}_1, \boldsymbol{w}_2, \ldots, \boldsymbol{w}_d, \boldsymbol{u}_1 \rangle$ の次元は $(d+1)$ である．$d = m-1$ のときは，命題 7.28 より $W_1 = W$ である．$d < m-1$ のときは，$W_1 \neq W$ であるから，W_1 に属さない U のベクトル $\boldsymbol{u}_2$ が取れる．このとき，$\boldsymbol{w}_1, \boldsymbol{w}_2, \ldots, \boldsymbol{w}_d, \boldsymbol{u}_1, \boldsymbol{u}_2$ は線形独立であるから，部分空間 $W_2 = \langle \boldsymbol{w}_1, \boldsymbol{w}_2, \ldots, \boldsymbol{w}_d, \boldsymbol{u}_1, \boldsymbol{u}_2 \rangle$ の次元は $(d+2)$ である．$d = m-2$ のときは $W_2 = U$ であり，$d < m-2$ のときは W_2 に属さない U のベクトル $\boldsymbol{u}_3$ が取れる．以下，同様にベクトルを W に追加していけば，$(m-d)$ 個の U のベ

クトル $\boldsymbol{u}_1, \boldsymbol{u}_2, \ldots, \boldsymbol{u}_{m-d}$ を追加した段階で，これらと $\boldsymbol{w}_1, \boldsymbol{w}_2, \ldots, \boldsymbol{w}_d$ が生成する部分空間の次元は m となり，この部分空間は U と一致する (命題 7.28)．よって $\{\boldsymbol{w}_1, \boldsymbol{w}_2, \ldots, \boldsymbol{w}_d, \boldsymbol{u}_1, \boldsymbol{u}_2, \ldots, \boldsymbol{u}_{m-d}\}$ は U の基底をなす． ■

命題 9.22 のように，部分空間 W の基底にベクトルを追加して，W を含む部分空間 U の基底を構成することを，**基底の拡張**と呼ぶ．

9.4.2 次元定理の証明

基底の拡張を使って次元定理 (定理 9.21) を証明する．

証明　定理 9.21　まず，$\mathrm{Ker} f$ が $\{\mathbf{0}_{K^n}\}$ でも K^n 全体でもない場合に証明する．$\dim \mathrm{Ker} f = d$ とおき，$\mathrm{Ker} f$ の基底 $\{\boldsymbol{w}_1, \boldsymbol{w}_2, \ldots, \boldsymbol{w}_d\}$ を 1 組とる．この基底を拡張して，集合 $S = \{\boldsymbol{w}_1, \boldsymbol{w}_2, \ldots, \boldsymbol{w}_d, \boldsymbol{u}_1, \boldsymbol{u}_2, \ldots, \boldsymbol{u}_{n-d}\}$ が K^n の基底となるようにベクトル $\boldsymbol{u}_1, \boldsymbol{u}_2, \ldots, \boldsymbol{u}_{n-d}$ を取る．このとき $\{f(\boldsymbol{u}_1), f(\boldsymbol{u}_2), \ldots, f(\boldsymbol{u}_{n-d})\}$ が $\mathrm{Im} f$ の基底であることを示す．

<u>$\mathrm{Im} f = \langle f(\boldsymbol{u}_1), f(\boldsymbol{u}_2), \ldots, f(\boldsymbol{u}_{n-d})\rangle$ であることの証明</u>

$W = \langle f(\boldsymbol{u}_1), f(\boldsymbol{u}_2), \ldots, f(\boldsymbol{u}_{n-d})\rangle$ とおく．$f(\boldsymbol{u}_1), f(\boldsymbol{u}_2), \ldots, f(\boldsymbol{u}_{n-d})$ はすべて $\mathrm{Im} f$ に属するから，命題 7.13 より $W \subset \mathrm{Im} f$ である．よって $\mathrm{Im} f \subset W$ であることを示せばよい．

$\boldsymbol{v}$ は $\mathrm{Im} f$ に属するベクトルであるとする．このとき $\boldsymbol{v} = f(\boldsymbol{a})$ となる K^n のベクトル $\boldsymbol{a}$ が取れる．S は K^n の基底であるから，スカラー $\lambda_1, \lambda_2, \ldots, \lambda_d$ および $\mu_1, \mu_2, \ldots, \mu_{n-d}$ をとって $\boldsymbol{a} = \sum_{k=1}^{d} \lambda_k \boldsymbol{w}_k + \sum_{k=1}^{n-d} \mu_k \boldsymbol{u}_k$ とおける．このとき，f の線形性より

$$\boldsymbol{v} = f(\boldsymbol{a}) = f\left(\sum_{k=1}^{d} \lambda_k \boldsymbol{w}_k + \sum_{k=1}^{n-d} \mu_k \boldsymbol{u}_k\right) = \sum_{k=1}^{d} \lambda_k f(\boldsymbol{w}_k) + \sum_{k=1}^{n-d} \mu_k f(\boldsymbol{u}_k)$$

である．$\boldsymbol{w}_1, \boldsymbol{w}_2, \ldots, \boldsymbol{w}_d$ は $\mathrm{Ker} f$ に属するから，$f(\boldsymbol{w}_k) = \mathbf{0}_V$ $(k = 1, 2, \ldots, d)$ である．したがって

$$\boldsymbol{v} = \sum_{k=1}^{d} \lambda_k \mathbf{0}_V + \sum_{k=1}^{n-d} \mu_k f(\boldsymbol{u}_k) = \sum_{k=1}^{n-d} \mu_k f(\boldsymbol{u}_k)$$

であるから，$\boldsymbol{v}$ は W に属する．以上より $\mathrm{Im} f \subset W$ である．

$f(\boldsymbol{u}_1), f(\boldsymbol{u}_2), \ldots, f(\boldsymbol{u}_{n-d})$ は線形独立であることの証明

スカラー $\mu_1, \mu_2, \ldots, \mu_{n-d}$ が $\sum_{k=1}^{n-d} \mu_k f(\boldsymbol{u}_k) = \boldsymbol{0}_V$ を満たすとする．写像 f の線形性から左辺のベクトルは $f(\sum_{k=1}^{n-d} \mu_k \boldsymbol{u}_k)$ に等しい．そこで $\boldsymbol{b} = \sum_{k=1}^{n-d} \mu_k \boldsymbol{u}_k$ とおくと，$f(\boldsymbol{b}) = \boldsymbol{0}$ だから $\boldsymbol{b}$ は $\mathrm{Ker}f$ に属する．集合 $\{\boldsymbol{w}_1, \boldsymbol{w}_2, \ldots, \boldsymbol{w}_d\}$ は $\mathrm{Ker}f$ の基底だから，スカラー $\nu_1, \nu_2, \ldots, \nu_d$ をとって $\boldsymbol{b} = \sum_{k=1}^{d} \nu_k \boldsymbol{w}_k$ とおける．このとき，$\boldsymbol{b} = \sum_{k=1}^{n-d} \mu_k \boldsymbol{u}_k = \sum_{k=1}^{d} \nu_k \boldsymbol{w}_k$ であるので，右辺を移項して

$$\sum_{k=1}^{d} (-\nu_k)\boldsymbol{w}_k + \sum_{k=1}^{n-d} \mu_k \boldsymbol{u}_k = \boldsymbol{0}_{K^n}$$

を得る．集合 S は K^n の基底だから，左辺の和のなかの係数はすべて 0 である．特に $\mu_1, \mu_2, \ldots, \mu_{n-d}$ はすべて 0 である．したがって $f(\boldsymbol{u}_1), f(\boldsymbol{u}_2), \ldots, f(\boldsymbol{u}_{n-d})$ は線形独立である．

以上より $\{f(\boldsymbol{u}_1), f(\boldsymbol{u}_2), \ldots, f(\boldsymbol{u}_{n-d})\}$ は $\mathrm{Im}f$ の基底である．したがって $\dim \mathrm{Im}f = n - d$ であるから，$\dim \mathrm{Ker}f + \dim \mathrm{Im}f = d + (n-d) = n$ が成り立つ．

次に，$\mathrm{Ker}f = \{\boldsymbol{0}_{K^n}\}$ の場合を考える．このとき，K^n の基底 $\{\boldsymbol{u}_1, \boldsymbol{u}_2, \ldots, \boldsymbol{u}_n\}$ を 1 組とると，$\{f(\boldsymbol{u}_1), f(\boldsymbol{u}_2), \ldots, f(\boldsymbol{u}_n)\}$ は $\mathrm{Im}f$ の基底であることが上と同様にして証明できる[2]．よって $\dim \mathrm{Ker}f + \dim \mathrm{Im}f = 0 + n = n$ である．

最後に，$\mathrm{Ker}f = K^n$ の場合は，$\mathrm{Im}f = \{\boldsymbol{0}_V\}$ であるから，$\mathrm{Ker}f$ の次元は n で，$\mathrm{Im}f$ の次元は 0 である．よって示すべき等式が成り立つ． ■

9.4.3　次元定理の応用

数ベクトル空間 V から自分自身への線形写像 $f : V \to V$ は，V 上の線形変換とも呼ばれる．線形変換 $f : V \to V$ については，$\mathrm{Ker}f$ と $\mathrm{Im}f$ がともに V の部分空間となる．この状況に次元定理を適用すれば，次の命題を証明できる．

命題 9.23　V は数ベクトル空間であるとし，$f : V \to V$ は線形変換であるとする．このとき次の三つの条件は同値である．

2]　自分で証明を書き下してほしい．

(1) f は単射である.

(2) f は全射である.

(3) f は全単射である.

証明 (1) ならば (2) であること 線形変換 $f : V \to V$ は単射であるとする. このとき, 命題 9.18 より $\mathrm{Ker} f = \{\mathbf{0}_V\}$ である. したがって $\mathrm{Ker} f$ の次元は 0 である. よって定理 9.21 より $\dim \mathrm{Im} f = \dim V$ である. $\mathrm{Im} f$ は V の部分空間であるから, 命題 7.28 より $\mathrm{Im} f = V$ が成り立つ. よって f は全射である.

(2) ならば (3) であること 線形変換 $f : V \to V$ が全射であるとする. このとき f は単射でもあることを示せばよい. f は全射だから $\mathrm{Im} f = V$ である. よって定理 9.21 より $\dim \mathrm{Ker} f = \dim V - \dim \mathrm{Im} f = 0$ である. したがって $\mathrm{Ker} f = \{\mathbf{0}_V\}$ であるから, 命題 9.18 より f は単射である.

(3) ならば (1) であること 全単射の定義から明らか. ■

次に, 正方行列 A が正則であることを, K^n 上の線形変換 L_A に対する条件として言い換えよう. これまでに得られた結果と合わせて, 次の命題にまとめる.

命題 9.24 n 次の正方行列 A について, 次の条件は同値である.

(1) A は正則である.

(2) $\det A \neq 0$ である.

(3) A の定める線形変換 $L_A : K^n \to K^n$ は全単射である.

(4) 斉次連立 1 次方程式 $A\boldsymbol{x} = \mathbf{0}$ の解は $\boldsymbol{x} = \mathbf{0}$ のみである.

(5) K^n のどのベクトル $\boldsymbol{b}$ に対しても, 連立 1 次方程式 $A\boldsymbol{x} = \boldsymbol{b}$ は解をもつ.

証明 条件 (1), (2), (5) が同値であることは系 6.20 で証明した. 条件 (4) と (5) を次のように言い換えよう. A の定める線形変換 L_A について, 条件 (4) は $\mathrm{Ker} L_A = \{\mathbf{0}\}$ であることを言っている. よって命題 9.18 より, 条件 (4) は L_A が単射であることと同値である. さらに, 条件 (5) は L_A は全射であることと同値だから, 命題 9.23 より, 定理の条件 (3), (4), (5) は同値である. 以上より, 条件 (1) から (5) はすべて同値である. ■

演習問題

問 9.1.1 写像 $f: X \to Y, g: Y \to Z$ について，$g \circ f$ が全射ならば，g は全射であることを示せ．

問 9.2.1 命題 9.7, 命題 9.9 および定理 9.13 を使って，線形写像 $f: K^n \to K^n$ が全単射であるとき，その逆写像 $f^{-1}: K^n \to K^n$ も線形写像であることを示せ．

問 9.3.1 行列 $A = \begin{pmatrix} 1 & 1 & 1 \\ 1 & 1 & 0 \\ 1 & 0 & 1 \\ 0 & 1 & 1 \end{pmatrix}$ の定める線形写像 $L_A: K^3 \to K^4$ は単射であることを示せ．

問 9.3.2 数ベクトル空間 U, V, W の間の線形写像 $f: U \to V, g: V \to W$ を考える．U のすべてのベクトル $\boldsymbol{u}$ について $(g \circ f)(\boldsymbol{u}) = \mathbf{0}_W$ が成り立つとき，$\mathrm{Im} f \subset \mathrm{Ker} g$ であることを示せ．

問 9.4.1 m, n は正の整数で，$m > n$ を満たすとする．次元定理を使って以下のことを示せ．

(1) K^n から K^m への線形写像は全射でない．

(2) K^m から K^n への線形写像は単射でない．

問 9.4.2 m, n は正の整数で，$m > n$ を満たすとする．A が (m, n) 型行列で，B が (n, m) 型行列であるとき，m 次の正方行列 AB は正則でないことを示せ．

第10章

行列の階数

10.1　階数の定義と基本的な性質

定義 10.1　A は K の要素を成分とする (m,n) 型行列であるとする．線形写像 $L_A : K^n \to K^m$ を $L_A(\boldsymbol{x}) = A\boldsymbol{x}\,(\boldsymbol{x} \in K^n)$ で定めるとき，$\mathrm{Im}L_A$ の次元を行列 A の階数と呼び，$\mathrm{rank}\,A$ で表す．つまり

$$\mathrm{rank}\,A = \dim \mathrm{Im}L_A$$

である．

行列の階数については次の性質が基本的である．

命題 10.2　A は K の要素を成分とする (m,n) 型行列であるとする．

(1)　P が m 次の正則行列であるとき，$\mathrm{rank}\,PA = \mathrm{rank}\,A$ が成り立つ．

(2)　Q が n 次の正則行列であるとき，$\mathrm{rank}\,AQ = \mathrm{rank}\,A$ が成り立つ．

証明　(1) 命題 9.2 より $L_{PA} = L_P \circ L_A$ であるから，$\mathrm{Im}L_A$ の次元と $\mathrm{Im}(L_P \circ L_A)$ の次元が等しいことを示せばよい．写像の関係は次のようになっている．

$$K^n \xrightarrow{L_A} K^m \xrightarrow{L_P} K^m$$

次元定理 (定理 9.21) より

$$\dim \mathrm{Im}L_A = n - \dim \mathrm{Ker}L_A, \quad \dim \mathrm{Im}(L_P \circ L_A) = n - \dim \mathrm{Ker}(L_P \circ L_A)$$

である ($L_P \circ L_A$ は K^n から K^m への写像であることに注意)．よって，$\mathrm{Im}L_A$ と $\mathrm{Im}(L_P \circ L_A)$ の次元が等しいことは，$\mathrm{Ker}L_A$ と $\mathrm{Ker}(L_P \circ L_A)$ の次元が等しいこ

とと同値である．さらに，$\mathrm{Ker}L_A$ と $\mathrm{Ker}(L_P \circ L_A)$ はどちらも K^n の部分空間であるから，これらが一致することを示せばよい．

<u>$\mathrm{Ker}L_A \subset \mathrm{Ker}(L_P \circ L_A)$ であることの証明</u>　ベクトル $\boldsymbol{v}$ が $\mathrm{Ker}L_A$ に属するとする．このとき $L_A(\boldsymbol{v}) = \boldsymbol{0}$ であるから

$$(L_P \circ L_A)(\boldsymbol{v}) = L_P(L_A(\boldsymbol{v})) = L_P(\boldsymbol{0}) = \boldsymbol{0}$$

である．よって $\mathrm{Ker}L_A \subset \mathrm{Ker}(L_P \circ L_A)$ である．

<u>$\mathrm{Ker}(L_P \circ L_A) \subset \mathrm{Ker}L_A$ であることの証明</u>　$\boldsymbol{v}$ は $\mathrm{Ker}(L_P \circ L_A)$ に属するベクトルであるとする．このとき，$L_P(L_A(\boldsymbol{v})) = (L_P \circ L_A)(\boldsymbol{v}) = \boldsymbol{0}$ となるから，$L_A(\boldsymbol{v}) \in \mathrm{Ker}L_P$ である．ここで P は正則行列であるから，命題 9.24 より L_P は全単射である．特に単射でもあるから，$\mathrm{Ker}L_P = \{\boldsymbol{0}\}$ である (命題 9.18)．よって $L_A(\boldsymbol{v}) = \boldsymbol{0}$ であるから，$\boldsymbol{v} \in \mathrm{Ker}L_A$ である．以上より $\mathrm{Ker}(L_P \circ L_A) \subset \mathrm{Ker}L_A$ である．

(2) 命題 9.2 より $L_{AQ} = L_A \circ L_Q$ である．L_A と L_Q の関係は

$$K^n \xrightarrow{L_Q} K^n \xrightarrow{L_A} K^m \tag{10.1}$$

となる．$\mathrm{Im}(L_A \circ L_Q)$ と $\mathrm{Im}L_A$ は K^m の部分空間であるから，これらが一致することを示せばよい．

<u>$\mathrm{Im}(L_A \circ L_Q) \subset \mathrm{Im}L_A$ であることの証明</u>　$\boldsymbol{w}$ は $\mathrm{Im}(L_A \circ L_Q)$ に属するベクトルであるとする．このとき，$\boldsymbol{w} = (L_A \circ L_Q)(\boldsymbol{u})$ を満たす K^n のベクトル $\boldsymbol{u}$ が取れる ($\boldsymbol{u}$ は図式 (10.1) の左端の K^n に属することに注意)．合成写像の定義から $\boldsymbol{w} = L_A(L_Q(\boldsymbol{u}))$ であり，$L_Q(\boldsymbol{u})$ は図式 (10.1) の中央の K^n に属する．よって $\boldsymbol{w}$ は $\mathrm{Im}L_A$ に属する．以上より $\mathrm{Im}(L_A \circ L_Q) \subset \mathrm{Im}L_A$ である．

<u>$\mathrm{Im}L_A \subset \mathrm{Im}(L_A \circ L_Q)$ であることの証明</u>　$\boldsymbol{w}$ は $\mathrm{Im}L_A$ のベクトルであるとする．このとき，$\boldsymbol{w} = L_A(\boldsymbol{v})$ を満たす K^n のベクトル $\boldsymbol{v}$ が取れる ($\boldsymbol{v}$ は図式 (10.1) の中央の K^n に属することに注意)．ここで，仮定より Q は正則行列であるから，命題 9.24 より L_Q は全単射である．特に L_Q は全射であるから，$\boldsymbol{v} = L_Q(\boldsymbol{u})$ を満たす K^n のベクトル $\boldsymbol{u}$ が取れる ($\boldsymbol{u}$ は図式 (10.1) の左端の K^n に属する)．したがって $\boldsymbol{w} = L_A(\boldsymbol{v}) = L_A(L_Q(\boldsymbol{u})) = (L_A \circ L_Q)(\boldsymbol{u})$ であるから，$\boldsymbol{w}$ は $\mathrm{Im}(L_A \circ L_Q)$ に属する．以上より $\mathrm{Im}L_A \subset \mathrm{Im}(L_A \circ L_Q)$ である． ■

一般に，ベクトルの組 $\boldsymbol{v}_1, \boldsymbol{v}_2, \ldots, \boldsymbol{v}_n$ が与えられたとき，命題 7.23 より次の二つの条件によって整数 r がただ一つ定まる．

(1) $\boldsymbol{v}_1, \boldsymbol{v}_2, \ldots, \boldsymbol{v}_n$ のなかから，線形独立な r 個のベクトルが取り出せる．

(2) $\boldsymbol{v}_1, \boldsymbol{v}_2, \ldots, \boldsymbol{v}_n$ から $(r+1)$ 個のベクトルをどのようにとっても，それらは線形従属である．

ただし，$\boldsymbol{v}_1, \boldsymbol{v}_2, \ldots, \boldsymbol{v}_n$ がすべてゼロベクトルであるときは，$r = 0$ と定める．この値 r を「$\boldsymbol{v}_1, \boldsymbol{v}_2, \ldots, \boldsymbol{v}_n$ のうち線形独立なものの最大個数」と呼ぶ．このとき，次のことが成り立つ．

命題 10.3 K の要素を成分とする (m, n) 型行列 A の列ベクトル表示を $\begin{pmatrix}\boldsymbol{a}_1 & \boldsymbol{a}_2 & \cdots & \boldsymbol{a}_n\end{pmatrix}$ とするとき，A の階数は $\boldsymbol{a}_1, \boldsymbol{a}_2, \cdots, \boldsymbol{a}_n$ のうち線形独立なものの最大個数に等しい．

証明 $\boldsymbol{a}_1, \boldsymbol{a}_2, \cdots, \boldsymbol{a}_n$ のうち線形独立なものの最大個数を r とおく．$r = 0$ のとき，これらのベクトルはすべてゼロベクトルだから，A は零行列である．よって A の定める線形写像 L_A の像 $\mathrm{Im}L_A$ は $\{\boldsymbol{0}\}$ である．したがって $\operatorname{rank} A = \dim \mathrm{Im}L_A = 0$ である．

$r \geqq 1$ のときを考える．$\boldsymbol{a}_1, \boldsymbol{a}_2, \cdots, \boldsymbol{a}_n$ のなかから線形独立となるような r 個のベクトルを 1 組とり，あらためて $\boldsymbol{b}_1, \boldsymbol{b}_2, \ldots, \boldsymbol{b}_r$ とおく．そして，残りの $(n-r)$ 個のベクトルを $\boldsymbol{c}_1, \boldsymbol{c}_2, \ldots, \boldsymbol{c}_{n-r}$ とおく．系 9.20 より次の等式が成り立つ．

$$\mathrm{Im}L_A = \langle \boldsymbol{b}_1, \boldsymbol{b}_2, \ldots, \boldsymbol{b}_r, \boldsymbol{c}_1, \boldsymbol{c}_2, \ldots, \boldsymbol{c}_{n-r} \rangle \tag{10.2}$$

以下で，集合 $\{\boldsymbol{b}_1, \boldsymbol{b}_2, \ldots, \boldsymbol{b}_r\}$ は $\mathrm{Im}L_A$ の基底であることを示す．(10.2) より $\boldsymbol{b}_1, \boldsymbol{b}_2, \ldots, \boldsymbol{b}_r$ は $\mathrm{Im}L_A$ に属し，これらは線形独立である．よって $\mathrm{Im}L_A = \langle \boldsymbol{b}_1, \boldsymbol{b}_2, \ldots, \boldsymbol{b}_r \rangle$ であることを示せばよい．

$W = \langle \boldsymbol{b}_1, \boldsymbol{b}_2, \ldots, \boldsymbol{b}_r \rangle$ とおく．等式 (10.2) と線形結合の定義より $W \subset \mathrm{Im}L_A$ である．$W \supset \mathrm{Im}L_A$ であることを示そう．r は線形独立なベクトルの最大個数であるから，各 $k = 1, 2, \ldots, n-r$ について，$\boldsymbol{b}_1, \boldsymbol{b}_2, \ldots, \boldsymbol{b}_r, \boldsymbol{c}_k$ は線形従属である [1]．$\boldsymbol{b}_1, \boldsymbol{b}_2, \ldots, \boldsymbol{b}_r$ は線形独立であるから，命題 7.25 より $\boldsymbol{c}_k$ は W に属する．以上よ

1] $\boldsymbol{b}_1, \boldsymbol{b}_2, \ldots, \boldsymbol{b}_r, \boldsymbol{c}_k$ は $\boldsymbol{a}_1, \boldsymbol{a}_2, \cdots, \boldsymbol{a}_n$ のなかから $(r+1)$ 個のベクトルを取り出した組だからである．

り $\boldsymbol{c}_1, \boldsymbol{c}_2, \ldots, \boldsymbol{c}_{n-r}$ はすべて W に属する．さらに $\boldsymbol{b}_1, \boldsymbol{b}_2, \ldots, \boldsymbol{b}_r$ は W に属するから，命題 7.13 と等式 (10.2) より，$\mathrm{Im}L_A \subset W$ である．

以上より集合 $\{\boldsymbol{b}_1, \boldsymbol{b}_2, \ldots, \boldsymbol{b}_r\}$ は $\mathrm{Im}L_A$ の基底である．したがって，$\mathrm{Im}L_A$ の次元は r であるから，$\mathrm{rank}\, A = r$ である． ■

系 10.4 行列の階数について次のことが成り立つ．

(1) r を正の整数とするとき，$\begin{pmatrix} I_r & O \\ O & O \end{pmatrix}$ とブロック分解される行列の階数は r である．

(2) 階数が 0 に等しい行列は零行列に限る．

証明 (1) 行列 $\begin{pmatrix} I_r & O \\ O & O \end{pmatrix}$ の列ベクトルは r 個の基本ベクトル $\boldsymbol{e}_1, \boldsymbol{e}_2, \ldots, \boldsymbol{e}_r$ と $\boldsymbol{0}$ からなる．ここから線形独立なベクトルを取り出すには，$\boldsymbol{e}_1, \boldsymbol{e}_2, \ldots, \boldsymbol{e}_r$ のなかから選ばなければならない (命題 7.22)．そして $\boldsymbol{e}_1, \boldsymbol{e}_2, \ldots, \boldsymbol{e}_r$ は線形独立であるから，この行列の列ベクトルで線形独立なものの最大個数は r である．したがって命題 10.3 より階数は r である．

(2) 命題 10.3 と「線形独立なものの最大個数」の定義より明らか． ■

10.2 行列の階数と基本変形

命題 10.2 (1) より，行列の階数は行に関する基本変形 (定義 3.1) を行っても変わらない．なぜならば，行に関する基本変形は基本行列を左から掛けることで実現できて (命題 3.9)，基本行列は正則だからである (補題 6.26)．よって，行列 A が行に関する基本変形で $\begin{pmatrix} I_r & O \\ O & O \end{pmatrix}$ の形に変形できれば，系 10.4 (1) より $\mathrm{rank}\, A = r$ である．

しかし，行に関する基本変形だけでこの形に変形できるとは限らない．例として行列 $A = \begin{pmatrix} 1 & 2 & 0 \\ 0 & 0 & 1 \end{pmatrix}$ を考えよう．仮に，行に関する基本変形で $\begin{pmatrix} I_r & O \\ O & O \end{pmatrix}$ の形にできたとする．A は零行列でないから，r は 0 でない (系 10.4 (2)) ので，$r = 1$ もしくは $r = 2$ である．よって，2 次の基本行列 $P_1, P_2, \ldots, P_k$ であって

$$P_k \cdots P_2 P_1 A = \begin{pmatrix} 1 & 0 & 0 \\ 0 & 1 & 0 \end{pmatrix} \quad \text{または} \quad \begin{pmatrix} 1 & 0 & 0 \\ 0 & 0 & 0 \end{pmatrix}$$

となるものが取れるはずである．ここで $P = P_k \cdots P_2 P_1$ とおく．$r = 1, 2$ のいずれの場合でも，PA の第 3 列は $\mathbf{0}$ である．P の成分を $P = \begin{pmatrix} a & b \\ c & d \end{pmatrix}$ とおくと

$$PA = \begin{pmatrix} a & b \\ c & d \end{pmatrix} \begin{pmatrix} 1 & 2 & 0 \\ 0 & 0 & 1 \end{pmatrix} = \begin{pmatrix} a & 2a & b \\ c & 2c & d \end{pmatrix}$$

である．よって $b = 0$ かつ $d = 0$ である．しかし，このとき $P = \begin{pmatrix} a & 0 \\ c & 0 \end{pmatrix}$ となり，$\det P = 0$ であるから，P は正則でない．これは P が基本行列の積であり，したがって正則であることに反する．

以上のように，一般の行列は行に関する基本変形だけでは $\begin{pmatrix} I_r & O \\ O & O \end{pmatrix}$ の形にできず，階数が求まらない．そこで，命題 10.2 (2) で示したように，正則行列を右から掛けても行列の階数が変わらないことに着目する．このことから，特に基本行列を右から掛けても階数は不変である．では，この操作によって行列はどのように変化するだろうか．

命題 10.5 m, n を正の整数とする．$S_{ij}(\lambda), D_i(\mu), P_{ij}$ を n 次の基本行列とする (定義 3.7)．A が (m, n) 型の行列であるとき，次のことが成り立つ．

(1) $AS_{ij}(\lambda)$ は，A の第 j 列に，第 i 列の λ 倍を加えてできる行列である．

(2) $AD_i(\mu)$ は，A の第 i 列を μ 倍して得られる行列である．

(3) AP_{ij} は，A の第 i 列と第 j 列を入れ換えた行列である．

証明 ここでは (1) を証明する．記号を簡単にするために $B = AS_{ij}(\lambda)$ とおく．命題 5.3 より ${}^tB = {}^t(AS_{ij}(\lambda)) = {}^t(S_{ij}(\lambda))\,{}^tA$ である．$S_{ij}(\lambda)$ の定義より ${}^t(S_{ij}(\lambda)) = S_{ji}(\lambda)$ であるから，${}^tB = S_{ji}(\lambda)\,{}^tA$ である．命題 3.9 より，${}^tB$ は ${}^tA$ の第 j 行に第 i 行の λ 倍を加えてできる行列である．したがって，その転置である B は，A の第 j 列に第 i 列の λ 倍を加えた行列である．以上で (1) が示された．

(2), (3) についても同様に転置行列を考えて，${}^t(D_i(\mu)) = D_i(\mu)$ および ${}^tP_{ij} = P_{ij}$ であることを使って証明できる． ∎

命題 10.5 より，基本行列を右から掛けることは，行列の列に対して次の操作を行うことに対応する．

定義 10.6 行列に対する次の三つの操作を，列に関する基本変形と呼ぶ．

- 一つの列に別の列の定数倍を加える．
- 一つの列に 0 でない定数を掛ける．
- 二つの列を入れ換える．

以上の議論から次の定理を得る．

定理 10.7 行もしくは列に関する基本変形を行っても，行列の階数は変わらない．

証明 基本変形は基本行列を右もしくは左から掛けることで実現できる．基本行列は正則であるから，命題 10.2 より，この操作で行列の階数は変わらない． ■

一般の行列は，行に関する基本変形だけでは $\begin{pmatrix} I_r & O \\ O & O \end{pmatrix}$ の形にできないが，列に関する基本変形も許すと，必ずこの形にできる．

命題 10.8 どの行列も行および列に関する基本変形によって $\begin{pmatrix} I_r & O \\ O & O \end{pmatrix}$ の形に変形できる (r は 0 以上の整数[2])．このとき，r はもとの行列の階数である．

証明 A は (m, n) 型行列であるとする．命題 3.6 より，行に関する基本変形によって A を階段行列にできる．さらに，各行を定数倍して，もっとも左にある 0 でない成分を 1 にできる．このようにして得られた行列を $A' = (a'_{ij})$ とおく．ここで A' の行のうちゼロベクトルでないものの個数を r とする (図 10.1．空白の部分の成分はすべて 0 である)．ここから列に関する基本変形を行う．

第 1 行において，もっとも左にある 0 でない成分が，第 k_1 列にあるとする (つまり $a'_{1k_1} = 1$ である)．このとき，各 $j = k_1 + 1, k_1 + 2, \dots, n$ について，第 k_1 列

2] $r = 0$ のときは $\begin{pmatrix} I_r & O \\ O & O \end{pmatrix}$ を零行列と見なす．

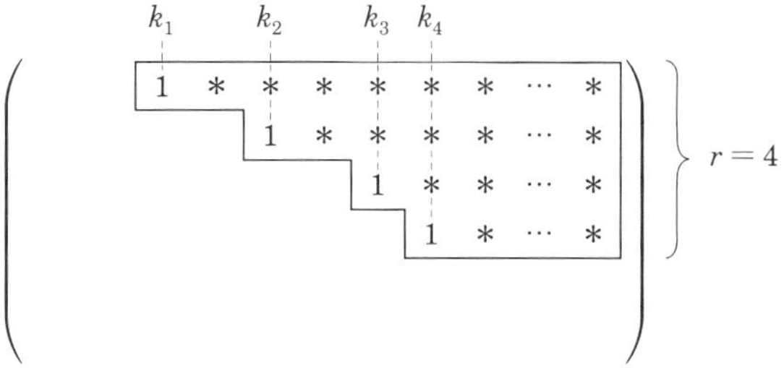
k_1
k_2
k_3
k_4
1 * * * * * * ⋯ *
1 * * * * ⋯ *
1 * * ⋯ *
1 * ⋯ *
$r = 4$

図 10.1　$r = 4$ の場合

を $-a'_{1j}$ 倍して第 j 列に加えれば，第 1 行の第 k_1 列より右側の成分はすべて 0 になり，第 2 行以下の成分はまったく変わらない．このようにして得られた行列を A'' とする．

次に A'' の第 2 行について，先ほどと同様の操作を行う．第 2 行のもっとも左にある 0 でない成分が第 k_2 列にあるとして，第 k_2 列の適当な定数倍をそれより右側の列に加えれば，第 2 行の第 k_2 列から右側の成分をすべて 0 にできる．さらにこのとき，第 2 行以外の部分は A'' とまったく同じである．

以上の操作を第 r 行まで行う．結果として，第 1 行から第 r 行までは，一つの成分が 1 でほかは 0 の行ベクトルとなり，第 $(r+1)$ 行以下の成分はすべて 0 である．さらに 1 は同じ列にない (図 10.2)．よって，1 を含む列を入れ換えて左上を単位行列の形にできる．

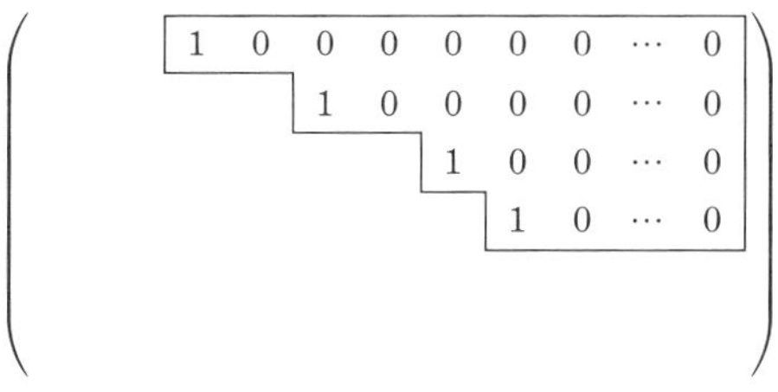
1 0 0 0 0 0 0 ⋯ 0
1 0 0 0 0 ⋯ 0
1 0 0 ⋯ 0
1 0 ⋯ 0

図 10.2

以上のようにして，行および列に関する基本変形で $\begin{pmatrix} I_r & O \\ O & O \end{pmatrix}$ の形にできる．この行列の階数は r であり (系 10.4 (1))，定理 10.7 から，r は行列 A の階数に等しい． ■

例 10.9 命題 10.8 の証明で述べた手順に従って，次の行列を変形しよう．

$$A = \begin{pmatrix} 2 & 6 & -3 & 10 \\ -1 & -3 & 2 & -6 \\ 3 & 9 & -1 & 8 \end{pmatrix}$$

まず，行に関する基本変形で A を階段行列にする．第 2 行を (-1) 倍してから第 1 行と入れ換え，階段行列に変形すると

$$A \longrightarrow \begin{pmatrix} 1 & 3 & -2 & 6 \\ 0 & 0 & 1 & -2 \\ 0 & 0 & 0 & 0 \end{pmatrix}$$

となる．ここから列に関する基本変形を行う．第 1 列の (-3) 倍を第 2 列に，2 倍を第 3 列に，(-6) 倍を第 4 列に加えると

$$\longrightarrow \begin{pmatrix} 1 & 0 & -2 & 6 \\ 0 & 0 & 1 & -2 \\ 0 & 0 & 0 & 0 \end{pmatrix} \longrightarrow \begin{pmatrix} 1 & 0 & 0 & 6 \\ 0 & 0 & 1 & -2 \\ 0 & 0 & 0 & 0 \end{pmatrix} \longrightarrow \begin{pmatrix} 1 & 0 & 0 & 0 \\ 0 & 0 & 1 & -2 \\ 0 & 0 & 0 & 0 \end{pmatrix}$$

となる．次に第 3 列を 2 倍して第 4 列に加えると

$$\longrightarrow \begin{pmatrix} 1 & 0 & 0 & 0 \\ 0 & 0 & 1 & 0 \\ 0 & 0 & 0 & 0 \end{pmatrix}$$

となる．左上が単位行列の形になるように第 3 列を第 2 列と入れ換えて

$$\longrightarrow \begin{pmatrix} 1 & 0 & 0 & 0 \\ 0 & 1 & 0 & 0 \\ 0 & 0 & 0 & 0 \end{pmatrix}$$

と変形できた．したがって A の階数は 2 である．

注意 行列の基本変形は，行列式の計算と似ているため，混同してしまうことが多い．行列の基本変形は行列そのものに対する操作で，変形の操作の後ではまったく違う行列に変化する．したがって，行列の基本変形の過程を等号でつないで

$$\begin{pmatrix} 1 & 2 \\ 3 & 8 \end{pmatrix} = \begin{pmatrix} 1 & 2 \\ 0 & 2 \end{pmatrix} = \begin{pmatrix} 1 & 2 \\ 0 & 1 \end{pmatrix}$$

などと書いてはならない[3]．一方，行列式の計算過程を

3] 2.1 節を読み直して「行列が等しいこと」の定義を復習すること．

$$\begin{vmatrix} 1 & 2 \\ 3 & 8 \end{vmatrix} \to \begin{vmatrix} 1 & 2 \\ 0 & 2 \end{vmatrix} \to 2\begin{vmatrix} 1 & 2 \\ 0 & 1 \end{vmatrix}$$

と矢印で表すと意味をなさない．行列式は行列ではなく数であり，行列の操作を行っても表示が変わるだけで行列式の値は変わらないからである[4]．

命題 10.8 の証明から，次のことも言えている．

系 10.10 行列を行に関する基本変形によって階段行列に変形したとき，0 でない成分を含む行ベクトルの個数 (階段の段数) は，もとの行列の階数に等しい．

したがって，行列の階数を計算するには，$\begin{pmatrix} I_r & O \\ O & O \end{pmatrix}$ の形まで変形する必要はなく，行に関する基本変形で階段行列に変形すれば十分である．このときの階段の段数が，もとの行列の階数に等しい．

例 10.11 例 10.9 では，行列 A を階段行列

$$\begin{pmatrix} 1 & 3 & -2 & 6 \\ 0 & 0 & 1 & -2 \\ 0 & 0 & 0 & 0 \end{pmatrix}$$

に変形した．この行列の階段の段数は 2 であり，これは A の階数に等しい．

命題 10.8 より次の重要な定理が得られる．

定理 10.12 行列 A とその転置行列 ${}^tA$ の階数は等しい．

証明 (m,n) 型行列 A の階数は r であるとする．このとき ${}^tA$ の階数も r であることを示す．以下では (s,t) 型の零行列を $O_{s,t}$ と表す．

命題 10.8 より，A に対して行および列に関する基本変形を行って

4] たとえば $179+23-79=179-79+23=100+23=123$ という計算過程を考えよう．最初の変形では，計算を楽にするために演算の順序を変更している．それにともなって式の表示も $179+23-79$ から $179-79+23$ に変化しているが，これらが表す値はもちろん変わっていない．行列式の計算において行列を変形するのも，これと同じである．

$$\begin{pmatrix} I_r & O_{r,n-r} \\ O_{m-r,r} & O_{m-r,n-r} \end{pmatrix}$$

の形に変形できる．行および列に関する基本変形は，基本行列をそれぞれ左および右から掛けることで実現できる．したがって，基本行列 $P_1, P_2, \dots, P_k$ および $Q_1, Q_2, \dots, Q_l$ であって

$$P_k \cdots P_2 P_1 A Q_1 Q_2 \cdots Q_l = \begin{pmatrix} I_r & O_{r,n-r} \\ O_{m-r,r} & O_{m-r,n-r} \end{pmatrix}$$

となるものが取れる．記号を簡単にするために $P = P_k \cdots P_2 P_1, Q = Q_1 Q_2 \cdots Q_l$ とおく．このとき P, Q は正則行列である (系 6.7, 補題 6.26). 上の等式の両辺の転置を取れば

$$^t(PAQ) = \begin{pmatrix} I_r & O_{r,m-r} \\ O_{n-r,r} & O_{n-r,m-r} \end{pmatrix}$$

となる．左辺は ${}^tQ\,{}^tA\,{}^tP$ に等しく，${}^tQ$ と ${}^tP$ は正則行列であるから (系 6.9), 命題 10.2 より，左辺の行列の階数は ${}^tA$ の階数に等しい．一方，右辺の行列の階数は r だから，${}^tA$ の階数は r である．以上より，A と ${}^tA$ の階数は等しい． ■

定理 10.12 の内容を，行列の階数の定義に戻ってあらためて確認しよう．たとえば，(2,3) 型行列 $A = \begin{pmatrix} 1 & 2 & 3 \\ 4 & 5 & 6 \end{pmatrix}$ が定める線形写像 L_A は，K^3 から K^2 への写像で

$$L_A(\begin{pmatrix} x_1 \\ x_2 \\ x_3 \end{pmatrix}) = \begin{pmatrix} x_1 + 2x_2 + 3x_3 \\ 4x_1 + 5x_2 + 6x_3 \end{pmatrix}$$

と定義される．一方，A の転置 ${}^tA = \begin{pmatrix} 1 & 4 \\ 2 & 5 \\ 3 & 6 \end{pmatrix}$ は (3, 2) 型行列であるから，それが定める線形写像は K^2 から K^3 への写像で，次のように定義される．

$$L_{{}^tA}(\begin{pmatrix} y_1 \\ y_2 \end{pmatrix}) = \begin{pmatrix} y_1 + 4y_2 \\ 2y_1 + 5y_2 \\ 3y_1 + 6y_2 \end{pmatrix}$$

定理 10.12 は，これらの写像 L_A と $L_{{}^tA}$ の像が同じ次元をもつことを述べている．

これは決して自明なことではない.

(m, n) 型行列 A の行ベクトルを第 1 行から順に $\boldsymbol{a}^1, \boldsymbol{a}^2, \ldots, \boldsymbol{a}^m$ とする. これらは n 次の行ベクトルであるから, 転置をとると n 次の列ベクトルになる. そこで, K^n のベクトル ${}^t(\boldsymbol{a}^1), {}^t(\boldsymbol{a}^2), \ldots, {}^t(\boldsymbol{a}^m)$ のうち線形独立なものの最大個数を,「行列 A の行ベクトルのうち線形独立なものの最大個数」という. たとえば, 行列 $A = \begin{pmatrix} 1 & 0 \\ 0 & 1 \\ 1 & 1 \end{pmatrix}$ の行ベクトルのうち線形独立なものの最大個数とは, K^2 のベクトル $\begin{pmatrix} 1 \\ 0 \end{pmatrix}, \begin{pmatrix} 0 \\ 1 \end{pmatrix}, \begin{pmatrix} 1 \\ 1 \end{pmatrix}$ のうち線形独立なものの最大個数のことで, この場合であればその個数は 2 である.

命題 10.13 行列の行ベクトルのうち線形独立なものの最大個数は, その行列の階数に等しい.

証明 A は (m, n) 型行列であるとし, A の行ベクトルを第 1 行から順に $\boldsymbol{a}^1, \boldsymbol{a}^2, \ldots, \boldsymbol{a}^m$ とする. このとき, A の転置行列の列ベクトル表示は ${}^tA = \begin{pmatrix} {}^t(\boldsymbol{a}^1) & {}^t(\boldsymbol{a}^2) & \cdots & {}^t(\boldsymbol{a}^m) \end{pmatrix}$ であるから, A の行ベクトルのうち線形独立なものの最大個数は, ${}^tA$ の列ベクトルのうち線形独立なものの最大個数に等しい. 命題 10.3 より, この値は ${}^tA$ の階数であり, 定理 10.12 より A の階数でもある. ■

ここまでに得られた結果を定理の形でまとめておこう.

定理 10.14 行列 A の階数は以下の値に等しい.

(1) $\mathrm{Im} L_A$ の次元.

(2) A の列ベクトルのうち線形独立なものの最大個数.

(3) A の行ベクトルのうち線形独立なものの最大個数.

(4) 行に関する基本変形で A を階段行列に変形したときの, 階段の段数.

(5) 行および列に関する基本変形で A を $\begin{pmatrix} I_r & O \\ O & O \end{pmatrix}$ の形に変形したときの, r の値.

定理 10.14 において, 特に A が正方行列の場合を考えれば, A が正則であることを，その階数の条件，もしくは行ベクトルや列ベクトルの線形独立性を使って言い換えられる．これまでの結果も含めて，次の定理でまとめておこう．

定理 10.15 n 次の正方行列 A について，次の 10 個の条件は同値である．

(1) A は正則である．

(2) $\det A \neq 0$ である．

(3) A の定める線形変換 $L_A : K^n \to K^n$ は全単射である．

(4) 斉次連立 1 次方程式 $A\boldsymbol{x} = \boldsymbol{0}$ の解は $\boldsymbol{x} = \boldsymbol{0}$ のみである．

(5) K^n のどのベクトル $\boldsymbol{b}$ に対しても，連立 1 次方程式 $A\boldsymbol{x} = \boldsymbol{b}$ は解をもつ．

(6) $\operatorname{rank} A = n$ である．

(7) A の列ベクトルは線形独立である．

(8) A の列ベクトルは K^n の基底をなす．

(9) A の行ベクトルは線形独立である．

(10) A の行ベクトルは K^n の基底をなす．

ただし (9), (10) では，A の行ベクトルをその転置をとって得られる列ベクトルと同一視する．

証明 (1) から (5) が同値であることは命題 9.24 で証明した．また，A は n 個の行ベクトルもしくは列ベクトルからなるので，定理 10.14 より (6), (7), (9) は同値である[5]．さらに，命題 7.29 より，(7) と (8) は同値で，(9) と (10) は同値である (命題 7.29 を $W = K^n$ の場合に適用せよ)．よって (6) から (10) は同値である．以上より，(1) から (5) のいずれかと，(6) から (10) のいずれかが同値であることを示せばよい．以下では (3) と (6) が同値であることを示す．

<u>(3) ならば (6) であること</u>　A の定める線形写像 $L_A : K^n \to K^n$ が全単射であるとする．このとき L_A は全射だから，$\mathrm{Im} L_A = K^n$ である．よって $\mathrm{Im} L_A$ の次元は n であるから，$\operatorname{rank} A = n$ である．

<u>(6) ならば (3) であること</u>　$\operatorname{rank} A = n$ であるとする．このとき，A の定める線形写像 $L_A : K^n \to K^n$ の像 $\mathrm{Im} L_A$ の次元は n である．よって命題 7.28 より $\mathrm{Im} L_A = K^n$ である．したがって L_A は全射であるから，命題 9.23 より L_A は全

5] 「n 個のベクトルのうち線形独立なものの最大個数が n である」ということは，その n 個のベクトルが線形独立であることにほかならない．

単射である. ■

10.3 行列の階数と連立 1 次方程式

連立 1 次方程式 $A\boldsymbol{x} = \boldsymbol{b}$ が解をもつための条件，およびその解が含む任意定数の個数は，行列の階数を使って記述できる．まず，解をもつための条件を述べる．

定理 10.16 連立 1 次方程式 $A\boldsymbol{x} = \boldsymbol{b}$ について，次の二つの条件は同値である．

(1) $A\boldsymbol{x} = \boldsymbol{b}$ は解をもつ．

(2) A の階数と拡大係数行列 $\begin{pmatrix} A & \boldsymbol{b} \end{pmatrix}$ の階数は等しい．

証明 条件 (1), (2) をそれぞれ同値な条件に言い換えよう．A は (m,n) 型行列であるとする．このとき，A が定める線形写像 $L_A : K^n \to K^m$ を考えると，条件 (1) は次の条件と同値である．

(1') $\boldsymbol{b} \in \mathrm{Im} L_A$ である．

拡大係数行列 $\begin{pmatrix} A & \boldsymbol{b} \end{pmatrix}$ を A' とおき，これが定める線形写像 $L_{A'} : K^{n+1} \to K^m$ を考える．A の列ベクトル表示を $A = \begin{pmatrix} \boldsymbol{a}_1 & \boldsymbol{a}_2 & \cdots & \boldsymbol{a}_n \end{pmatrix}$ とすると，A' の列ベクトル表示は $A' = \begin{pmatrix} \boldsymbol{a}_1 & \boldsymbol{a}_2 & \cdots & \boldsymbol{a}_n & \boldsymbol{b} \end{pmatrix}$ であるから，系 9.20 より

$$\mathrm{Im} L_A = \langle \boldsymbol{a}_1, \boldsymbol{a}_2, \ldots, \boldsymbol{a}_n \rangle, \quad \mathrm{Im} L_{A'} = \langle \boldsymbol{a}_1, \boldsymbol{a}_2, \ldots, \boldsymbol{a}_n, \boldsymbol{b} \rangle \tag{10.3}$$

である．よって，命題 7.13 より $\mathrm{Im} L_A \subset \mathrm{Im} L_{A'}$ である．したがって，命題 7.28 と階数の定義から，条件 (2) は次の条件と同値である．

(2') $\mathrm{Im} L_A = \mathrm{Im} L_{A'}$ である．

以上より，条件 (1') と (2') が同値であることを示せばよい．

<u>(1') ならば (2') であること</u> $\boldsymbol{b} \in \mathrm{Im} L_A$ であるとき，$\boldsymbol{a}_1, \boldsymbol{a}_2, \ldots, \boldsymbol{a}_n, \boldsymbol{b}$ はすべて $\mathrm{Im} L_A$ に属するから，命題 7.13 と (10.3) より $\mathrm{Im} L_{A'} \subset \mathrm{Im} L_A$ である．上で述べたように $\mathrm{Im} L_A \subset \mathrm{Im} L_{A'}$ でもあるから，$\mathrm{Im} L_A = \mathrm{Im} L_{A'}$ である．

<u>(2') ならば (1') であること</u> (10.3) より $\boldsymbol{b} \in \mathrm{Im} L_{A'}$ であるから，(2') ならば $\boldsymbol{b} \in \mathrm{Im} L_A$ でもある． ■

以下では，(m,n) 型行列 A の定める連立 1 次方程式 $A\boldsymbol{x} = \boldsymbol{b}$ が解をもつ場合を考える．まず，次のことに注意する．

定理 10.17 A は (m,n) 型行列であるとする．斉次連立 1 次方程式 $A\boldsymbol{x}=\boldsymbol{0}$ の解全体のなす K^n の部分空間の次元は，$n-\operatorname{rank} A$ に等しい．

証明 A の定める線形写像 $L_A : K^n \to K^m$ を考える．このとき，斉次連立 1 次方程式 $A\boldsymbol{y}=\boldsymbol{0}$ の解全体のなす部分空間は $\operatorname{Ker} L_A$ に等しい．次元定理 (定理 9.21) から，$\operatorname{Ker} L_A$ の次元は $\dim K^n - \dim \operatorname{Im} L_A = n - \operatorname{rank} A$ である． ■

定理 10.17 から，連立 1 次方程式の解の完全な記述が得られる．

命題 10.18 A は K の要素を成分とする (m,n) 型行列であるとし，連立 1 次方程式 $A\boldsymbol{x}=\boldsymbol{b}$ は少なくとも一つの解 $\boldsymbol{x}=\boldsymbol{c}$ をもつとする．

(1) $\operatorname{rank} A = n$ のとき，連立 1 次方程式 $A\boldsymbol{x}=\boldsymbol{b}$ の解は $\boldsymbol{c}$ のみである．

(2) $\operatorname{rank} A \leqq n-1$ のとき，$r=n-\operatorname{rank} A$ とおく．斉次連立 1 次方程式 $A\boldsymbol{y}=\boldsymbol{0}$ の解全体のなす部分空間の基底を 1 組とって $\{\boldsymbol{w}_1,\boldsymbol{w}_2,\ldots,\boldsymbol{w}_r\}$ とする．このとき，$A\boldsymbol{x}=\boldsymbol{b}$ のどの解 $\boldsymbol{x}$ も，次の形でただ 1 通りに表される．

$$\boldsymbol{x}=\boldsymbol{c}+\lambda_1\boldsymbol{w}_1+\lambda_2\boldsymbol{w}_2+\cdots+\lambda_r\boldsymbol{w}_r \qquad (\lambda_1,\lambda_2,\ldots,\lambda_r \in K) \tag{10.4}$$

証明 K^n のベクトル $\boldsymbol{x}$ は方程式 $A\boldsymbol{x}=\boldsymbol{b}$ の解であるとする．斉次連立 1 次方程式 $A\boldsymbol{y}=\boldsymbol{0}$ の解全体のなす部分空間を W_0 とすると，命題 7.2 より $\boldsymbol{x}-\boldsymbol{c}\in W_0$ である．また，定理 10.17 より $\dim W_0 = n-\operatorname{rank} A$ である．

(1) $\operatorname{rank} A = n$ より $W_0=\{\boldsymbol{0}\}$ であるから $\boldsymbol{x}-\boldsymbol{c}=\boldsymbol{0}$, すなわち $\boldsymbol{x}=\boldsymbol{c}$ である．よって $A\boldsymbol{x}=\boldsymbol{b}$ の解は $\boldsymbol{c}$ のみである．

(2) $\{\boldsymbol{w}_1,\boldsymbol{w}_2,\ldots,\boldsymbol{w}_r\}$ は W_0 の基底であるから，$\boldsymbol{x}-\boldsymbol{c}=\lambda_1\boldsymbol{w}_1+\lambda_2\boldsymbol{w}_2+\cdots+\lambda_r\boldsymbol{w}_r$ を満たすスカラー $\lambda_1,\lambda_2,\ldots,\lambda_r$ がただ 1 通りに決まる (命題 7.17)．よって $\boldsymbol{x}$ は (10.4) の形でただ 1 通りに表される． ■

連立 1 次方程式 $A\boldsymbol{x}=\boldsymbol{b}$ の解の表示 (10.4) において，$\lambda_1,\lambda_2,\ldots,\lambda_r$ は解が含む任意定数である．その個数 r は付随する斉次連立 1 次方程式 $A\boldsymbol{y}=\boldsymbol{0}$ の解全体のなす部分空間 W_0 の次元 $(n-\operatorname{rank} A)$ に等しい．この値を $A\boldsymbol{x}=\boldsymbol{b}$ の解の**自由度**と呼ぶ．W_0 の基底 $\{\boldsymbol{w}_1,\boldsymbol{w}_2,\ldots,\boldsymbol{w}_r\}$ の取り方は 1 通りではないが，基底をなす

ベクトルの個数は必ず解の自由度に等しい．この意味で，$A\boldsymbol{x} = \boldsymbol{b}$ の解は自由度と等しい個数の任意定数を含み，任意定数の個数は解の表示によらない．

演習問題

問 10.1.1 K の要素を成分とする (m, n) 型行列 A と (n, l) 型行列 B を考える．これらは線形写像

$$L_A : K^n \to K^m, \quad L_B : K^l \to K^n, \quad L_{AB} : K^l \to K^m$$

を定める．以下のことを示せ．

(1) $\mathrm{Ker} L_B \subset \mathrm{Ker} L_{AB}$ である．

(2) $\mathrm{Im} L_{AB} \subset \mathrm{Im} L_A$ である．

(3) $\mathrm{rank}\,(AB) \leqq \mathrm{rank}\,A$ かつ $\mathrm{rank}\,(AB) \leqq \mathrm{rank}\,B$ である．

問 10.2.1 次の行列の階数を求めよ．ただし a は定数とする．

(1) $\begin{pmatrix} 1 & 1 & -1 \\ 2 & 3 & -1 \\ -1 & 1 & 3 \end{pmatrix}$ (2) $\begin{pmatrix} 3 & 7 & -3 & 0 \\ 0 & 2 & 6 & -5 \\ 1 & 4 & 4 & -4 \end{pmatrix}$

(3) $\begin{pmatrix} 2 & 5 & -4 & 5 \\ -1 & -1 & 2 & 2 \\ 1 & 4 & -2 & 7 \end{pmatrix}$ (4) $\begin{pmatrix} 1 & a & a \\ a & 1 & a \\ a & a & 1 \end{pmatrix}$

問 10.2.2 次の $\mathbb{R}^4$ のベクトルのうち線形独立なものの最大個数を求めよ．

$$\begin{pmatrix} 1 \\ 2 \\ 2 \\ 0 \end{pmatrix}, \quad \begin{pmatrix} 2 \\ 0 \\ 1 \\ -1 \end{pmatrix}, \quad \begin{pmatrix} 1 \\ 1 \\ 1 \\ 0 \end{pmatrix}, \quad \begin{pmatrix} -1 \\ 2 \\ 1 \\ 1 \end{pmatrix}, \quad \begin{pmatrix} -2 \\ 3 \\ 1 \\ 2 \end{pmatrix}, \quad \begin{pmatrix} 4 \\ -1 \\ 1 \\ -2 \end{pmatrix}.$$

問 10.3.1 次の連立 1 次方程式を，拡大係数行列の行に関する基本変形を使って解け．さらに，この例において定理 10.16, 命題 10.18 が正しいことを確認せよ．

$$\begin{cases} x_1 + 2x_2 - 5x_3 + 2x_4 = 4 \\ 2x_1 + x_2 - x_3 - 2x_4 = 5 \\ 3x_1 - x_2 + 6x_3 - 8x_4 = 5 \end{cases}$$

第 11 章から第 14 章までの概要

ここまでは連立 1 次方程式とその解について考察してきた．本書の残りの部分では，これまでの結果を使って行列の対角化に関する議論を展開する．

現実の問題に線形代数の理論を応用するときには，正方行列のべき乗を計算しなければならないことが多い (第 11 章の始めに例を挙げる)．一般に正方行列のべき乗の計算は難しいが (例 2.19 を見よ), 対角行列であればべき乗は簡単に計算できる．たとえば 2 次の対角行列 $D = \begin{pmatrix} \alpha & 0 \\ 0 & \beta \end{pmatrix}$ のべき乗は

$$D^2 = \begin{pmatrix} \alpha & 0 \\ 0 & \beta \end{pmatrix}\begin{pmatrix} \alpha & 0 \\ 0 & \beta \end{pmatrix} = \begin{pmatrix} \alpha^2 & 0 \\ 0 & \beta^2 \end{pmatrix},$$
$$D^3 = \begin{pmatrix} \alpha^2 & 0 \\ 0 & \beta^2 \end{pmatrix}\begin{pmatrix} \alpha & 0 \\ 0 & \beta \end{pmatrix} = \begin{pmatrix} \alpha^3 & 0 \\ 0 & \beta^3 \end{pmatrix}, \quad \cdots$$

となるので，n が正の整数のとき

$$D^n = \begin{pmatrix} \alpha^n & 0 \\ 0 & \beta^n \end{pmatrix}$$

である (きちんと証明するには数学的帰納法を使えばよい).

対角行列のべき乗が計算できることを利用して，一般の正方行列のべき乗を計算する上手い方法がある．正方行列 A について，正則行列 P を適当にとると $P^{-1}AP$ が対角行列になるとする．この対角行列を D とおくと $A = PDP^{-1}$ であり

$$A^2 = (PDP^{-1})(PDP^{-1}) = PDP^{-1}PDP^{-1} = PD^2P^{-1},$$
$$A^3 = A^2A = (PD^2P^{-1})(PDP^{-1}) = PD^3P^{-1}, \quad \cdots$$

となるから，$A^n = PD^nP^{-1}$ である．D は対角行列であるから D^n が計算できて，これに P と P^{-1} を掛ければ A^n が求まる．このように，正方行列 A に対して，正則行列 P を上手くとって $P^{-1}AP$ を対角行列にすることを，行列 A の対角化という．

対角化できれば正方行列のべき乗は計算できるが，すべての正方行列が対角化できるわけではない．たとえば $B = \begin{pmatrix} 0 & 1 \\ 0 & 0 \end{pmatrix}$ に対して正則行列 $P = \begin{pmatrix} a & b \\ c & d \end{pmatrix}$ をとって $P^{-1}BP$ を計算すると

$$P^{-1}BP = \frac{1}{ad-bc}\begin{pmatrix} d & -b \\ -c & a \end{pmatrix}\begin{pmatrix} 0 & 1 \\ 0 & 0 \end{pmatrix}\begin{pmatrix} a & b \\ c & d \end{pmatrix} = \frac{1}{ad-bc}\begin{pmatrix} cd & d^2 \\ -c^2 & -cd \end{pmatrix}$$

となる．これが対角行列であるためには $c = 0, d = 0$ でなければならず，このとき P は正則でなくなってしまう．よって B は対角化可能でない．

ここまでに述べたことから，行列の対角化に関しては以下のことが問題となる．

- 正方行列 A が対角化可能であるのは，A がどのような条件を満たすときか．
- A が対角化可能であるとき，$P^{-1}AP = D$ を満たす正則行列 P と対角行列 D は，どうすれば求まるか．

第 11 章では，まず，具体的な問題に行列の対角化を適用する例を挙げる．また，対角化の幾何学的な意味を説明する．次に，行列の対角化に関する基礎的な概念である固有値と固有ベクトルについて説明し，最後に正方行列 A が対角化可能であるための十分条件を挙げる．この十分条件は適用範囲が広いものの，単位行列のように自明に対角化できる場合を捉えられないという欠点もある．そこで第 12 章では，部分空間の和と直和の概念を導入し，正方行列が対角化可能であるための必要十分条件を書き下す．

第 13 章と第 14 章では，実対称行列の対角化について解説する．実数を成分とする正方行列 A が ${}^tA = A$ を満たすとき，A は実対称行列であるという．実対称行列を対角化する問題は，数学に限らず物理学や統計学などにも現れ，応用範囲が広い．実対称行列の対角化には，数ベクトルの内積が重要な役割を果たす．第 13 章で内積の定義とその性質について簡単に説明し，実対称行列の対角化に必要な概念を準備する．そして，第 14 章では実対称行列の対角化の応用例 (多変数関数の極値問題の解法) を挙げ，実対称行列が対角化可能であることを証明する．

第11章
行列の固有値と固有ベクトル

11.1 行列の対角化と固有ベクトルの役割

11.1.1 数学モデルと行列のべき乗の計算

現実世界の現象を理解するのに，数学的なモデルを構成することは有効な方法である．経済学や生物学で使われるモデルのなかには，複数の量の変化を行列で記述するものがあり，それを解析するときには正方行列のべき乗を計算しなければならないことが多い．

例として，ある大学において数学を勉強している学生の人数を記述するモデルを考える．話を単純にして，1 日ごとに次の変化が起こるとする．

- 数学を勉強している学生のうち p %が勉強するのをやめる．
- 数学を勉強していない学生のうち q %が勉強を再開する．

ただし $0 < p < 100$ かつ $0 < q < 100$ とする．入学してから n 日後に数学を勉強している学生の人数を α_n とし，勉強していない学生の人数を β_n とする．以上の設定で，n が大きくなるとき (つまり入学からかなりの日数が経過したときに) α_n と β_n がどのように振る舞うかを調べよう．

まず，α_{n+1} と β_{n+1} を，α_n と β_n を使って表す．$(n+1)$ 日後に数学を勉強している学生は

(1)　n 日後に勉強していて，$(n+1)$ 日目も勉強をやめなかった学生

(2)　n 日後に勉強していなくて，$(n+1)$ 日目に勉強を始めた学生

からなる．p, q がパーセントであることに注意して計算すると，(1) の人数は

$\left(1-\dfrac{p}{100}\right)\alpha_n$ で，(2) の人数は $\dfrac{q}{100}\beta_n$ である[1]．したがって

$$\alpha_{n+1} = \left(1-\frac{p}{100}\right)\alpha_n + \frac{q}{100}\beta_n$$

である．同様に，$(n+1)$ 日後に勉強をしていない学生の人数は

$$\beta_{n+1} = \frac{p}{100}\alpha_n + \left(1-\frac{q}{100}\right)\beta_n$$

となる．これらの漸化式は行列と数ベクトルを使うと一つの式で表される．

$$\begin{pmatrix}\alpha_{n+1}\\ \beta_{n+1}\end{pmatrix} = \begin{pmatrix}1-\dfrac{p}{100} & \dfrac{q}{100}\\ \dfrac{p}{100} & 1-\dfrac{q}{100}\end{pmatrix}\begin{pmatrix}\alpha_n\\ \beta_n\end{pmatrix} \qquad (n=0,1,2,\ldots)$$

そこで記号を簡単にするために $\tilde{p}=\dfrac{p}{100}, \tilde{q}=\dfrac{q}{100}$ とおいて，行列 A を

$$A = \begin{pmatrix}1-\tilde{p} & \tilde{q}\\ \tilde{p} & 1-\tilde{q}\end{pmatrix}$$

で定める．このとき $0<\tilde{p}<1$ かつ $0<\tilde{q}<1$ である．すべての $n=0,1,2,\ldots$ について $\begin{pmatrix}\alpha_{n+1}\\ \beta_{n+1}\end{pmatrix} = A\begin{pmatrix}\alpha_n\\ \beta_n\end{pmatrix}$ であるから，この等式を繰り返し使えば

$$\begin{pmatrix}\alpha_n\\ \beta_n\end{pmatrix} = A\begin{pmatrix}\alpha_{n-1}\\ \beta_{n-1}\end{pmatrix} = AA\begin{pmatrix}\alpha_{n-2}\\ \beta_{n-2}\end{pmatrix} = \cdots = \underbrace{AA\cdots A}_{n\text{ 個}}\begin{pmatrix}\alpha_0\\ \beta_0\end{pmatrix} = A^n\begin{pmatrix}\alpha_0\\ \beta_0\end{pmatrix}$$

を得る．よって，A^n が計算できれば，α_n, β_n を α_0, β_0 で表すことができる．

A の n 乗を計算しよう．天下りであるが行列 P を

$$P = \begin{pmatrix}\tilde{q} & 1\\ \tilde{p} & -1\end{pmatrix}$$

で定める．$\det P = -\tilde{q}-\tilde{p} \neq 0$ だから P は正則で，その逆行列は

$$P^{-1} = \frac{1}{\tilde{p}+\tilde{q}}\begin{pmatrix}1 & 1\\ \tilde{p} & -\tilde{q}\end{pmatrix}$$

となる．したがって

$$P^{-1}AP = \frac{1}{\tilde{p}+\tilde{q}}\begin{pmatrix}1 & 1\\ \tilde{p} & -\tilde{q}\end{pmatrix}\begin{pmatrix}1-\tilde{p} & \tilde{q}\\ \tilde{p} & 1-\tilde{q}\end{pmatrix}\begin{pmatrix}\tilde{q} & 1\\ \tilde{p} & -1\end{pmatrix}$$

1] 正確にはこれらの値は整数値でなければならないが，ここでは人数を大雑把に捉えることにして，実数値で考える．

$$
\begin{aligned}
&= \frac{1}{\tilde{p}+\tilde{q}} \begin{pmatrix} 1 & 1 \\ \tilde{p}(1-\tilde{p}-\tilde{q}) & \tilde{q}(\tilde{p}+\tilde{q}-1) \end{pmatrix} \begin{pmatrix} \tilde{q} & 1 \\ \tilde{p} & -1 \end{pmatrix} \\
&= \frac{1}{\tilde{p}+\tilde{q}} \begin{pmatrix} \tilde{p}+\tilde{q} & 0 \\ 0 & (\tilde{p}+\tilde{q})(1-\tilde{p}-\tilde{q}) \end{pmatrix} = \begin{pmatrix} 1 & 0 \\ 0 & 1-\tilde{p}-\tilde{q} \end{pmatrix}
\end{aligned}
$$

となる．右辺の対角行列を D とおくと $A = PDP^{-1}$ であり，この表示から $A^n = PD^nP^{-1}$ であることがわかる．D は対角行列であるからべき乗が簡単に計算できて

$$
D^n = \begin{pmatrix} 1 & 0 \\ 0 & (1-\tilde{p}-\tilde{q})^n \end{pmatrix}
$$

となる．以上より A^n が

$$
\begin{aligned}
A^n &= PD^nP^{-1} \\
&= \frac{1}{\tilde{p}+\tilde{q}} \begin{pmatrix} \tilde{q} & 1 \\ \tilde{p} & -1 \end{pmatrix} \begin{pmatrix} 1 & 0 \\ 0 & (1-\tilde{p}-\tilde{q})^n \end{pmatrix} \begin{pmatrix} 1 & 1 \\ \tilde{p} & -\tilde{q} \end{pmatrix} \\
&= \frac{1}{\tilde{p}+\tilde{q}} \begin{pmatrix} \tilde{q} & (1-\tilde{p}-\tilde{q})^n \\ \tilde{p} & -(1-\tilde{p}-\tilde{q})^n \end{pmatrix} \begin{pmatrix} 1 & 1 \\ \tilde{p} & -\tilde{q} \end{pmatrix} \\
&= \frac{1}{\tilde{p}+\tilde{q}} \begin{pmatrix} \tilde{q}+\tilde{p}(1-\tilde{p}-\tilde{q})^n & \tilde{q}\{1-(1-\tilde{p}-\tilde{q})^n\} \\ \tilde{p}\{1-(1-\tilde{p}-\tilde{q})^n\} & \tilde{p}+\tilde{q}(1-\tilde{p}-\tilde{q})^n \end{pmatrix}
\end{aligned}
$$

と求まる．

A^n が計算できたので，$\begin{pmatrix} \alpha_n \\ \beta_n \end{pmatrix} = A^n \begin{pmatrix} \alpha_0 \\ \beta_0 \end{pmatrix}$ より α_n, β_n が求まる．計算すると

$$
\begin{aligned}
\alpha_n &= \frac{\tilde{q}+\tilde{p}(1-\tilde{p}-\tilde{q})^n}{\tilde{p}+\tilde{q}}\alpha_0 + \frac{\tilde{q}\{1-(1-\tilde{p}-\tilde{q})^n\}}{\tilde{p}+\tilde{q}}\beta_0, \\
\beta_n &= \frac{\tilde{p}\{1-(1-\tilde{p}-\tilde{q})^n\}}{\tilde{p}+\tilde{q}}\alpha_0 + \frac{\tilde{p}+\tilde{q}(1-\tilde{p}-\tilde{q})^n}{\tilde{p}+\tilde{q}}\beta_0
\end{aligned}
$$

である．ここで n を大きくしよう．$\tilde{p}, \tilde{q}$ はともに 1 より小さい正の数だから，$-1 < 1-\tilde{p}-\tilde{q} < 1$ である．よって，n を大きくすると $(1-\tilde{p}-\tilde{q})^n$ は 0 に限りなく近づく．したがって，α_n, β_n は

$$
\begin{aligned}
\alpha_n &\to \frac{\tilde{q}}{\tilde{p}+\tilde{q}}\alpha_0 + \frac{\tilde{q}}{\tilde{p}+\tilde{q}}\beta_0 = \frac{\tilde{q}}{\tilde{p}+\tilde{q}}(\alpha_0+\beta_0), \\
\beta_n &\to \frac{\tilde{p}}{\tilde{p}+\tilde{q}}\alpha_0 + \frac{\tilde{p}}{\tilde{p}+\tilde{q}}\beta_0 = \frac{\tilde{p}}{\tilde{p}+\tilde{q}}(\alpha_0+\beta_0)
\end{aligned}
$$

という値にそれぞれ近づく．これらの値をそれぞれ $\alpha_\infty, \beta_\infty$ とおく．$N = \alpha_0 +$

β_0 とおく．これは学生全体の人数である．上式に $\tilde{p} = \dfrac{p}{100}, \tilde{q} = \dfrac{q}{100}$ を代入して

$$\alpha_\infty = \frac{q}{p+q}N, \quad \beta_\infty = \frac{p}{p+q}N$$

を得る．たとえば，$p = 95, q = 0.1, N = 1000$ のとき，つまり数学の勉強をやめてしまう割合が 95%で，勉強に復帰する割合が 0.1%しかないとき，学生全体の人数が 1000 人であれば $\alpha_\infty \fallingdotseq 1.1, \beta_\infty \fallingdotseq 998.9$ である．これは，時間がたっても数学の勉強を続けている学生は 1000 人のうち 1 人だけで，ほぼすべての学生が勉強をやめることを意味する．逆に，p が q に比べて小さい場合には，ほとんどすべての学生が数学を勉強している状態に近づいていく．これは自然な結果であろう[2]．

以上の計算の鍵となったのは

$$P^{-1}AP = \begin{pmatrix} 1 & 0 \\ 0 & 1-\tilde{p}-\tilde{q} \end{pmatrix}$$

という等式であった．つまり，行列 A に対して正則行列 P を上手くとって，P と P^{-1} で A を挟むと対角行列になることが，計算を実行できた大きな要因であった．この操作は行列の対角化と呼ばれる．そして，対角化ができるときに，その行列は対角化可能であるという．

11.1.2 固有ベクトル

前項の例では，行列 $A = \begin{pmatrix} 1-\tilde{p} & \tilde{q} \\ \tilde{p} & 1-\tilde{q} \end{pmatrix}$ が正則行列 $P = \begin{pmatrix} \tilde{q} & 1 \\ \tilde{p} & -1 \end{pmatrix}$ で対角化できた．このからくりを明らかにしよう．

P の列ベクトルを

$$\boldsymbol{p}_1 = \begin{pmatrix} \tilde{q} \\ \tilde{p} \end{pmatrix}, \quad \boldsymbol{p}_2 = \begin{pmatrix} 1 \\ -1 \end{pmatrix}$$

とおく．このとき積 AP の列ベクトル表示は $AP = \begin{pmatrix} A\boldsymbol{p}_1 & A\boldsymbol{p}_2 \end{pmatrix}$ となる．この列ベクトルを計算すると

2] ただし，このような数学モデルがもたらす「正しさ」の感覚の根拠がどこにあるのかは，哲学的にきちんと問われなければならない．少なくとも，数学を使って記述されているから正しい，と考えるのは安易に過ぎるだろう．

$$A\boldsymbol{p}_1 = \begin{pmatrix} 1-\tilde{p} & \tilde{q} \\ \tilde{p} & 1-\tilde{q} \end{pmatrix} \begin{pmatrix} \tilde{q} \\ \tilde{p} \end{pmatrix} = \begin{pmatrix} (1-\tilde{p})\tilde{q} + \tilde{p}\tilde{q} \\ \tilde{p}\tilde{q} + (1-\tilde{q})\tilde{p} \end{pmatrix} = \begin{pmatrix} \tilde{q} \\ \tilde{p} \end{pmatrix} = \boldsymbol{p}_1,$$

$$A\boldsymbol{p}_2 = \begin{pmatrix} 1-\tilde{p} & \tilde{q} \\ \tilde{p} & 1-\tilde{q} \end{pmatrix} \begin{pmatrix} 1 \\ -1 \end{pmatrix} = \begin{pmatrix} 1-\tilde{p}-\tilde{q} \\ -1+\tilde{p}+\tilde{q} \end{pmatrix} = (1-\tilde{p}-\tilde{q})\boldsymbol{p}_2$$

となる．したがって AP の列ベクトル表示は

$$AP = \begin{pmatrix} \boldsymbol{p}_1 & (1-\tilde{p}-\tilde{q})\boldsymbol{p}_2 \end{pmatrix}$$

である．ここで命題 2.12 より

$$\boldsymbol{p}_1 = \begin{pmatrix} \boldsymbol{p}_1 & \boldsymbol{p}_2 \end{pmatrix} \begin{pmatrix} 1 \\ 0 \end{pmatrix} = P \begin{pmatrix} 1 \\ 0 \end{pmatrix},$$

$$(1-\tilde{p}-\tilde{q})\boldsymbol{p}_2 = \begin{pmatrix} \boldsymbol{p}_1 & \boldsymbol{p}_2 \end{pmatrix} \begin{pmatrix} 0 \\ 1-\tilde{p}-\tilde{q} \end{pmatrix} = P \begin{pmatrix} 0 \\ 1-\tilde{p}-\tilde{q} \end{pmatrix}$$

であるから

$$AP = P \begin{pmatrix} 1 & 0 \\ 0 & 1-\tilde{p}-\tilde{q} \end{pmatrix}$$

となる．この右辺に現れる対角行列が $P^{-1}AP$ にほかならない．行列 $P^{-1}AP$ が対角行列であるのは，P の列ベクトル $\boldsymbol{p}_1, \boldsymbol{p}_2$ について，$A\boldsymbol{p}_1, A\boldsymbol{p}_2$ がそれぞれ $\boldsymbol{p}_1, \boldsymbol{p}_2$ の定数倍となるからである．以上のことから，行列 A を対角化するときには，$A\boldsymbol{v}$ が $\boldsymbol{v}$ の定数倍となるベクトル $\boldsymbol{v}$ が重要な役割を果たす．このようなベクトルで $\mathbf{0}$ でないものを A の固有ベクトルと呼ぶ (正確な定義は次節で述べる).

ここまでの議論を一般化しよう．n 次の正方行列 A に対して，A の n 個の固有ベクトル $\boldsymbol{p}_1, \boldsymbol{p}_2, \ldots, \boldsymbol{p}_n$ が見つかったとする．n 次の正方行列 P を $P = \begin{pmatrix} \boldsymbol{p}_1 & \boldsymbol{p}_2 & \cdots & \boldsymbol{p}_n \end{pmatrix}$ で定める．各 $j = 1, 2, \ldots, n$ について，$A\boldsymbol{p}_j$ は $\boldsymbol{p}_j$ の定数倍であるので，その定数を α_j とおく．つまり

$$A\boldsymbol{p}_1 = \alpha_1\boldsymbol{p}_1, \quad A\boldsymbol{p}_2 = \alpha_2\boldsymbol{p}_2, \quad \cdots, \quad A\boldsymbol{p}_n = \alpha_n\boldsymbol{p}_n$$

である．このとき，上の計算と同様にして

$$AP = P \begin{pmatrix} \alpha_1 & & & \\ & \alpha_2 & & \\ & & \ddots & \\ & & & \alpha_n \end{pmatrix}$$

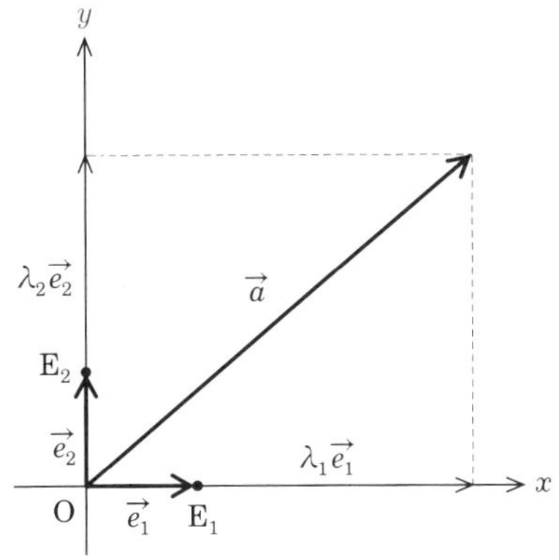

図 11.1

となる (ただし空白の部分の成分はすべて 0 である). この両辺に左から P^{-1} を掛ければ A を対角化できるが, そのためには P が正則行列でなければならない. これは集合 $\{\boldsymbol{p}_1, \boldsymbol{p}_2, \ldots, \boldsymbol{p}_n\}$ が K^n の基底をなすことと同値である (定理 10.15). 以上より, **行列 A を対角化することは, A の固有ベクトルからなる基底を見つけることにほかならない**. もしそのような基底が存在しないのなら, A は対角化可能ではない.

11.1.3　$\mathbb{R}^2$ 上の線形変換と固有ベクトル

行列の対角化の幾何学的な意味を説明する. $\mathbb{R}$ 上の数ベクトル空間は 3 次元まで視覚化できるが, ここでは話をやさしくするために 2 次元の場合を考える.

xy 平面上の平面ベクトルは数ベクトル空間 $\mathbb{R}^2$ のベクトルと以下のようにして同一視できる. xy 平面の原点を O として, x 軸と y 軸の上にそれぞれ点 $\mathrm{E}_1(1,0)$ と $\mathrm{E}_2(0,1)$ をとり, $\vec{e}_1 = \overrightarrow{\mathrm{OE}_1}, \vec{e}_2 = \overrightarrow{\mathrm{OE}_2}$ と定める. xy 平面上の平面ベクトル $\vec{a}$ が与えられたとき, 実数 λ_1, λ_2 であって $\vec{a} = \lambda_1\vec{e}_1 + \lambda_2\vec{e}_2$ となるものが取れる. このとき, $\vec{a}$ に数ベクトル $\begin{pmatrix}\lambda_1\\ \lambda_2\end{pmatrix}$ を対応させる (図 11.1). この対応によって平面ベクトルと $\mathbb{R}^2$ のベクトルは一対一に対応する.

以上の同一視の下で, $\mathbb{R}^2$ 上の線形変換は, 平面ベクトルを平面ベクトルに移

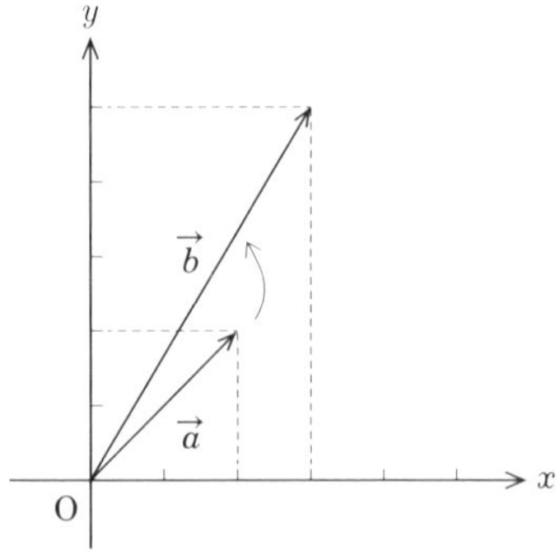

図 11.2

す写像を定める．例として，行列 $A = \begin{pmatrix} 1 & \frac{1}{2} \\ 1 & \frac{3}{2} \end{pmatrix}$ の定める線形変換 L_A を考えよう．原点を始点とし点 $(2,2)$ を終点とするベクトル $\vec{a}$ は，数ベクトル $\begin{pmatrix} 2 \\ 2 \end{pmatrix}$ に対応する．このとき

$$L_A(\begin{pmatrix} 2 \\ 2 \end{pmatrix}) = \begin{pmatrix} 1 & \frac{1}{2} \\ 1 & \frac{3}{2} \end{pmatrix} \begin{pmatrix} 2 \\ 2 \end{pmatrix} = \begin{pmatrix} 3 \\ 5 \end{pmatrix}$$

であるから，$\vec{a}$ は点 $(3,5)$ を終点とするベクトル $\vec{b}$ に移る (図 11.2).

写像 L_A がベクトルを移す様子は，固有ベクトルを使うと簡単に把握できる．行列 A は正則行列 $P = \begin{pmatrix} 1 & 1 \\ -1 & 2 \end{pmatrix}$ によって対角化される．実際に計算すると

$$P^{-1}AP = \frac{1}{3}\begin{pmatrix} 2 & -1 \\ 1 & 1 \end{pmatrix} \begin{pmatrix} 1 & \frac{1}{2} \\ 1 & \frac{3}{2} \end{pmatrix} \begin{pmatrix} 1 & 1 \\ -1 & 2 \end{pmatrix} = \begin{pmatrix} \frac{1}{2} & 0 \\ 0 & 2 \end{pmatrix} \tag{11.1}$$

となる．そこで P の列ベクトルを

$$\boldsymbol{p}_1 = \begin{pmatrix} 1 \\ -1 \end{pmatrix}, \quad \boldsymbol{p}_2 = \begin{pmatrix} 1 \\ 2 \end{pmatrix}$$

とおけば，(11.1) より

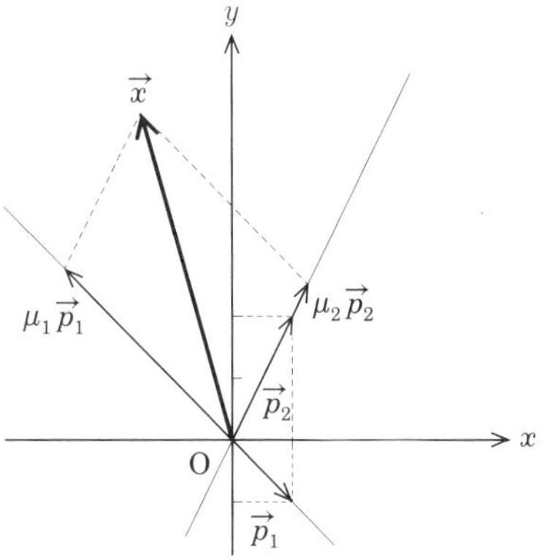

図 11.3

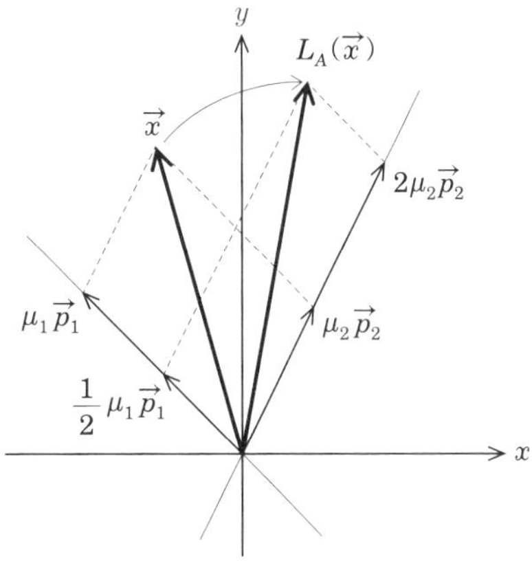

図 11.4

$$L_A(\boldsymbol{p}_1) = \frac{1}{2}\boldsymbol{p}_1, \quad L_A(\boldsymbol{p}_2) = 2\boldsymbol{p}_2$$

である．$\boldsymbol{p}_1, \boldsymbol{p}_2$ に対応する平面ベクトルをそれぞれ $\vec{p}_1, \vec{p}_2$ で表す．集合 $\{\boldsymbol{p}_1, \boldsymbol{p}_2\}$ は $\mathbb{R}^2$ の基底であるから，どの平面ベクトルも $\vec{p}_1$ と $\vec{p}_2$ の線形結合として表される．

平面ベクトル $\vec{x}$ が，実数 μ_1, μ_2 によって

$$\vec{x} = \mu_1\vec{p}_1 + \mu_2\vec{p}_2$$

と表されるとする (図 11.3)．平面ベクトル $\vec{p}_1$ と $\vec{p}_2$ は，L_A によってそれぞれ $\frac{1}{2}\vec{p}_1$ と $2\vec{p}_2$ に移る．L_A が線形写像であることから，$\vec{x}$ は L_A によって

$$L_A(\vec{x}) = \mu_1 L_A(\vec{p}_1) + \mu_2 L_A(\vec{p}_2) = \frac{1}{2}\mu_1\vec{p}_1 + 2\mu_2\vec{p}_2$$

に移る．この表示から，写像 L_A は $\vec{p}_1$ の方向に $\frac{1}{2}$ 倍の縮小を，$\vec{p}_2$ の方向には 2 倍の拡大を引き起こすことがわかる (図 11.4)．

以上のように，行列 A が対角化できれば[3]，固有ベクトルの方向に関する拡大・縮小として写像 L_A の様子が把握できる．

3] 正確には「実数の範囲で対角化できれば」と言うべきである．11.2.3 項を参照のこと．

11.2 固有値と固有ベクトル

11.2.1 固有値と固有ベクトルの定義

定義 11.1　A は K の要素を成分とする n 次の正方行列であるとする．

(1) スカラー $\alpha \in K$ について，K^n の $\mathbf{0}$ でないベクトル $\boldsymbol{v}$ であって

$$A\boldsymbol{v} = \alpha\boldsymbol{v} \tag{11.2}$$

を満たすものが存在するとき，α は A の**固有値**であるという．

(2) α が A の固有値であるとする．K^n の $\mathbf{0}$ でないベクトル $\boldsymbol{v}$ が条件 (11.2) を満たすとき，$\boldsymbol{v}$ は固有値 α に対する A の**固有ベクトル**であるという（α に属する A の固有ベクトルということもある）．

定義より**固有ベクトルはゼロベクトルではない**．また，$\boldsymbol{p}$ が行列 A の固有値 α に対する固有ベクトルであるとき，0 でないスカラー λ について

$$A(\lambda\boldsymbol{p}) = \lambda A\boldsymbol{p} = \lambda\alpha\boldsymbol{p} = \alpha(\lambda\boldsymbol{p})$$

であるから，$\lambda\boldsymbol{p}$ も固有値 α に対する固有ベクトルである．よって，一つの固有値に対する固有ベクトルがただ 1 通りに定まるわけではない．

例 11.2　3 次の正方行列

$$A = \begin{pmatrix} 0 & 2 & -3 \\ 2 & -3 & 6 \\ 1 & -2 & 4 \end{pmatrix}$$

について，ベクトル $\boldsymbol{p}$ を

$$\boldsymbol{p} = \begin{pmatrix} -1 \\ 2 \\ 1 \end{pmatrix}$$

と定めると，$\boldsymbol{p} \neq \mathbf{0}$ であり，次の等式が成り立つ．

$$A\boldsymbol{p} = \begin{pmatrix} 0 & 2 & -3 \\ 2 & -3 & 6 \\ 1 & -2 & 4 \end{pmatrix} \begin{pmatrix} -1 \\ 2 \\ 1 \end{pmatrix} = \begin{pmatrix} 1 \\ -2 \\ -1 \end{pmatrix} = -\boldsymbol{p}$$

よって (-1) は A の固有値であり，$\boldsymbol{p}$ は固有値 (-1) に対する固有ベクトルである．

11.2.2 固有多項式

命題 11.3 A は n 次の正方行列であるとする．K の要素 α について，次の二つの条件は同値である．

(1) α は A の固有値である．

(2) $\det(\alpha I_n - A) = 0$ である．

証明 条件 (1) を言い換える．α が A の固有値であるとは，K^n の $\mathbf{0}$ でないベクトル $\boldsymbol{v}$ であって，$A\boldsymbol{v} = \alpha\boldsymbol{v}$ を満たすものが存在するときにいう．等式 $A\boldsymbol{v} = \alpha\boldsymbol{v}$ は $(\alpha I_n - A)\boldsymbol{v} = \mathbf{0}$ と変形できるから，条件 (1) は次の条件と同値である．

(1') 連立 1 次方程式 $(\alpha I_n - A)\boldsymbol{x} = \mathbf{0}$ は $\mathbf{0}$ でない解をもつ．

定理 10.15 より条件 (1') と (2) は同値であるから[4]，(1) と (2) も同値である． ■

命題 11.3 を踏まえて次の定義をする．

定義 11.4 n 次の正方行列 A に対し，文字 x についての多項式 $F_A(x)$ を

$$F_A(x) = \det(xI_n - A)$$

で定め，これを A の**固有多項式** (もしくは**特性多項式**) という[5]．さらに，方程式 $F_A(x) = 0$ を A の**固有方程式** (もしくは**特性方程式**) と呼ぶ．

命題 11.3 より次のことがわかる．

系 11.5 正方行列 A の固有値全体のなす集合は，固有方程式 $F_A(x) = 0$ の解全体のなす集合と一致する．

例 11.6 次の行列 A の固有値と固有ベクトルを計算しよう．

$$A = \begin{pmatrix} -9 & 2 & 6 \\ -10 & 3 & 6 \\ -12 & 3 & 8 \end{pmatrix}$$

4] 行列 $\alpha I_n - A$ に対して定理 10.15 を適用する．定理 10.15 の条件 (2) と (4) は同値だから，これらの否定も同値である．それぞれの否定はこの証明における条件 (2) と (1') にほかならない．

5] 多項式については付録 B.2 項を参照せよ．

固有多項式の定義から

$$F_A(x) = \begin{vmatrix} x+9 & -2 & -6 \\ 10 & x-3 & -6 \\ 12 & -3 & x-8 \end{vmatrix}$$

である．この行列式は次のように計算できる．

$$\begin{aligned} \begin{vmatrix} x+9 & -2 & -6 \\ 10 & x-3 & -6 \\ 12 & -3 & x-8 \end{vmatrix} &= \begin{vmatrix} x+1 & -2 & -6 \\ x+1 & x-3 & -6 \\ x+1 & -3 & x-8 \end{vmatrix} \\ &= (x+1)\begin{vmatrix} 1 & -2 & -6 \\ 1 & x-3 & -6 \\ 1 & -3 & x-8 \end{vmatrix} = (x+1)\begin{vmatrix} 1 & -2 & -6 \\ 0 & x-1 & 0 \\ 0 & -1 & x-2 \end{vmatrix} \\ &= (x+1)\begin{vmatrix} x-1 & 0 \\ -1 & x-2 \end{vmatrix} = (x+1)(x-1)(x-2) \end{aligned}$$

よって $F_A(x) = (x+1)(x-1)(x-2)$ であるので，A の固有値は $-1, 1, 2$ である．

固有値 (-1) に対する固有ベクトルとは，$A\boldsymbol{p} = -\boldsymbol{p}$ を満たす $\mathbf{0}$ でないベクトル $\boldsymbol{p}$ である．この等式は $(A+I)\boldsymbol{p} = \mathbf{0}$ と変形できるので (I は単位行列), 斉次連立 1 次方程式 $(A+I)\boldsymbol{x} = \mathbf{0}$ の解で $\mathbf{0}$ でないものが固有ベクトルである．$A+I$ に対して行に関する基本変形を行って

$$\begin{aligned} A+I = \begin{pmatrix} -8 & 2 & 6 \\ -10 & 4 & 6 \\ -12 & 3 & 9 \end{pmatrix} &\longrightarrow \begin{pmatrix} -4 & 1 & 3 \\ -5 & 2 & 3 \\ -4 & 1 & 3 \end{pmatrix} \longrightarrow \begin{pmatrix} -4 & 1 & 3 \\ -1 & 1 & 0 \\ 0 & 0 & 0 \end{pmatrix} \\ \longrightarrow \begin{pmatrix} 1 & -1 & 0 \\ -4 & 1 & 3 \\ 0 & 0 & 0 \end{pmatrix} &\longrightarrow \begin{pmatrix} 1 & -1 & 0 \\ 0 & -3 & 3 \\ 0 & 0 & 0 \end{pmatrix} \longrightarrow \begin{pmatrix} 1 & -1 & 0 \\ 0 & 1 & -1 \\ 0 & 0 & 0 \end{pmatrix} \\ \longrightarrow \begin{pmatrix} 1 & 0 & -1 \\ 0 & 1 & -1 \\ 0 & 0 & 0 \end{pmatrix} \end{aligned}$$

となる[6]．連立 1 次方程式に戻すと

$$\begin{cases} x_1 \phantom{{}+x_2} - x_3 = 0 \\ \phantom{x_1 +{}} x_2 - x_3 = 0 \\ 0 = 0 \end{cases}$$

6] 問 3.1.1 の解答の注 (p.246) を参照せよ．

である．$x_3 = t$ とおけば，解が

$$\boldsymbol{x} = \begin{pmatrix} t \\ t \\ t \end{pmatrix} = t \begin{pmatrix} 1 \\ 1 \\ 1 \end{pmatrix}$$

と求まる．よって $\boldsymbol{p} = {}^t(1,1,1)$ が，A の固有値 -1 に対する固有ベクトルの一つである．同様にして，固有値 $1, 2$ に対する固有ベクトルの一つとして，それぞれ ${}^t(2,1,3), {}^t(2,2,3)$ が得られる．

例 11.6 では，それぞれの固有値に対する固有ベクトルが，一つのベクトルの定数倍として記述できた．しかし，一般にはこのようにならないこともある．固有ベクトルの状況について詳しくは次章の 12.3 節で議論する．

固有多項式の基本的な性質を二つ証明する．

命題 11.7 A が n 次の正方行列であるとき，A の固有多項式 $F_A(x)$ の次数は n である．さらに，$F_A(x)$ の x^n の係数は 1 で，x^{n-1} の係数は $-\mathrm{tr}A$ である[7]．

証明 $B = xI_n - A$ とおき，B の (i,j) 成分を b_{ij} とおく．このとき

$$b_{ij} = \begin{cases} x - a_{ii} & (i = j \text{ のとき}) \\ -a_{ij} & (i \neq j \text{ のとき}) \end{cases}$$

である．特に B のすべての成分は x の 1 次式もしくは定数であることに注意する．

A の固有多項式は B の行列式であるので，次のように表される．

$$F_A(x) = \sum_{\sigma \in S_n} \mathrm{sgn}(\sigma) b_{\sigma(1)1} b_{\sigma(2)2} \cdots b_{\sigma(n)n}$$

B の成分は 1 次式もしくは定数であるから，$b_{\sigma(1)1} b_{\sigma(2)2} \cdots b_{\sigma(n)n}$ は n 次以下の多項式である．さらに，これが n 次式であるのは $b_{\sigma(1)1}, b_{\sigma(2)2}, \ldots, b_{\sigma(n)n}$ がすべて 1 次式であるときに限る．したがって，$\sigma(1) = 1, \sigma(2) = 2, \ldots, \sigma(n) = n$ のとき，つまり σ が恒等置換のときだけ $b_{\sigma(1)1} b_{\sigma(2)2} \cdots b_{\sigma(n)n}$ は n 次式である．また，σ が恒等置換でなければ，$\sigma(k) \neq k$ を満たす整数 k が $1, 2, \ldots, n$ のうちに少

7] $\mathrm{tr}A$ の定義については問 2.3.2 を参照せよ．

なくとも二つあるから，$b_{\sigma(1)1}b_{\sigma(2)2}\cdots b_{\sigma(n)n}$ は $(n-2)$ 次以下の多項式である．したがって

$$\begin{aligned} F_A(x) &= b_{11}b_{22}\cdots b_{nn} + \{(n-2)\text{ 次以下の多項式 }\} \\ &= (x-a_{11})(x-a_{22})\cdots(x-a_{nn}) + \{(n-2)\text{ 次以下の多項式 }\} \\ &= x^n - (a_{11}+a_{22}+\cdots+a_{nn})x^{n-1} + \{(n-2)\text{ 次以下の多項式 }\} \end{aligned}$$

と表される．よって $F_A(x)$ は n 次式で，x^n の係数は 1, x^{n-1} の係数は $-(a_{11}+a_{22}+\cdots+a_{nn}) = -\mathrm{tr}A$ である． ■

命題 11.8　A と P は n 次の正方行列であるとし，P は正則であるとする．このとき，A の固有多項式と $P^{-1}AP$ の固有多項式は一致する．

証明　$P^{-1}P = I_n$ であることから

$$xI_n - P^{-1}AP = xP^{-1}P - P^{-1}AP = P^{-1}(xI_n - A)P$$

が成り立つ．よって

$$F_{P^{-1}AP}(x) = \det(xI_n - P^{-1}AP) = \det(P^{-1}(xI_n - A)P)$$

である．定理 5.19 を繰り返し使って右辺を変形すると

$$\begin{aligned} \det(P^{-1}(xI_n - A)P) &= \det(P^{-1})\cdot\det((xI_n - A)P) \\ &= \det(P^{-1})\cdot\det(xI_n - A)\cdot\det P \end{aligned}$$

となる．命題 6.5 より $\det(P^{-1}) = (\det P)^{-1}$ であるから，右辺は $\det(xI_n - A)$ に等しい．よって $F_{P^{-1}AP}(x) = F_A(x)$ である． ■

11.2.3　複素数の範囲で考えることの妥当性

ここまでは，考える数の範囲を実数に限定しても特に問題はなかった．しかし，固有値と固有ベクトルを扱うときは，実行列であっても複素数の範囲で考える方がよい．例として，行列 $A = \begin{pmatrix} 0 & 1 \\ -1 & 0 \end{pmatrix}$ の固有値と固有ベクトルを考える．

$$F_A(x) = \det(xI_2 - A) = \begin{vmatrix} x & -1 \\ 1 & x \end{vmatrix} = x^2 - (-1) = x^2 + 1$$

であるから，A の固有方程式は $x^2+1=0$ である．この方程式は実数の範囲では解をもたない．しかし，複素数の範囲で考えれば $x^2+1=(x-i)(x+i)$ と因数分解するので，解 $x=i,-i$ をもつ．よって A の固有値は $i,-i$ であり，対応する固有ベクトルとして，それぞれ $\begin{pmatrix}1\\i\end{pmatrix}, \begin{pmatrix}1\\-i\end{pmatrix}$ が取れる．

この例のように，実数を成分とする行列であっても，固有値や固有ベクトルが実数の範囲では存在しないことがある．しかし，複素数の範囲で考えれば必ず固有値と固有ベクトルをもつ．このことは，命題 11.7 と次の定理から保証される（付録の B.3 項を参照せよ）．

代数学の基本定理　複素数係数の多項式 $F(x)$ が定める方程式 $F(x)=0$ は，複素数の範囲で必ず解をもつ．

そこで以下では**特に断わらない限り複素数の範囲で考える**．ただし，実数の範囲に限定しても正しい命題や定理においては，今まで通りスカラーの集合を K で表す．

11.2.4　固有値の重複度

命題 11.7 より，n 次の正方行列 A の固有多項式 $F_A(x)$ の次数は n で，x^n の係数は 1 である．よって，$F_A(x)$ は複素数の範囲で次の形の n 個の 1 次式の積に分解される（付録の B.3 項を参照せよ）．

$$F_A(x)=(x-\alpha_1)(x-\alpha_2)\cdots(x-\alpha_n)$$

このときの $\alpha_1,\alpha_2,\ldots,\alpha_n$ が A の固有値である（命題 11.3）．ただし，これらのなかには等しいものもありうる．そこで，等しいものについては因子をまとめて $F_A(x)$ を次の形で表示しよう．

$$F_A(x)=(x-\alpha_1)^{m_1}(x-\alpha_2)^{m_2}\cdots(x-\alpha_r)^{m_r}$$

ここで $\alpha_1,\alpha_2,\ldots,\alpha_r$ は A の相異なる固有値であり，$m_1,m_2,\ldots,m_r$ は正の整数であって $m_1+m_2+\cdots+m_r=n$ を満たす．行列 A の固有多項式をこの形で表示したとき，m_j の値を固有値 α_j の**重複度**という[8]．

8]「重複度」は「ちょうふくど」と読む．

固有値の個数を数えるときには，重複度も込めて数えることが多い．すなわち，固有値 α の重複度が m のときには，α が m 個あると考える．2 次方程式の重解を 2 個と数えるのと同じである．このとき，上で述べたように次のことが成り立つ．

命題 11.9　n 次の正方行列は複素数の範囲で (重複度も込めて) n 個の固有値をもつ．

さらに命題 11.7 より次のことが言える．

命題 11.10　正方行列 A のすべての固有値の和は $\mathrm{tr}A$ に等しい．

証明　A は n 次の正方行列であるとし，その固有値を (重複度も込めて) $\alpha_1, \alpha_2, \ldots, \alpha_n$ とおく．このとき，A の固有多項式 $F_A(x)$ は

$$F_A(x) = (x - \alpha_1)(x - \alpha_2) \cdots (x - \alpha_n)$$

と分解される．この右辺を展開すると

$$\begin{aligned}(x - \alpha_1)(x - \alpha_2) \cdots (x - \alpha_n) = x^n &- (\alpha_1 + \alpha_2 + \cdots + \alpha_n)x^{n-1} \\ &+ \{(n-2)\ \text{次以下の多項式}\}\end{aligned}$$

の形になるので，x^{n-1} の係数を $F_A(x)$ と比較すれば命題 11.7 より $\alpha_1 + \alpha_2 + \cdots + \alpha_n = \mathrm{tr}A$ であることがわかる．■

11.2.5　対角化可能性

以下，紙面を節約するために

$$\begin{pmatrix} \alpha_1 & 0 & \cdots & 0 \\ 0 & \alpha_2 & \cdots & 0 \\ \vdots & \vdots & \ddots & \vdots \\ 0 & 0 & \cdots & \alpha_n \end{pmatrix}$$

という対角行列を

$$\mathrm{diag}(\alpha_1, \alpha_2, \ldots, \alpha_n)$$

と略記する[9]．

定義 11.11 n 次の正方行列 A について，n 次の正則行列 P であって $P^{-1}AP$ が対角行列になるものが存在するとき，行列 A は**対角化可能**であるという．

行列 A が対角化可能であるとき，A を対角化して得られる対角行列の成分は，すべて A の固有値である．さらに，対角成分には等しい固有値が連続して並ぶようにすることもできる．これらのことを証明しよう．

命題 11.12 n 次の正方行列 A の相異なる固有値を $\alpha_1, \alpha_2, \ldots, \alpha_r$ とし，それぞれの重複度を $m_1, m_2, \ldots, m_r$ とする．n 次の対角行列 D を

$$D = \mathrm{diag}(\underbrace{\alpha_1, \ldots, \alpha_1}_{m_1\text{ 個}}, \underbrace{\alpha_2, \ldots, \alpha_2}_{m_2\text{ 個}}, \ldots, \underbrace{\alpha_r, \ldots, \alpha_r}_{m_r\text{ 個}})$$

で定める．このとき，A が対角化可能であるならば，$P^{-1}AP = D$ を満たす n 次の正則行列 P が存在する．

命題 11.12 の証明では次のことを使う．

補題 11.13 P_{ij} は定義 3.7 で定めた n 次の基本行列であるとする．このとき，次の等式が成り立つ．

$$P_{ij}^{-1}\,\mathrm{diag}(\ldots, \nu_i, \ldots, \nu_j, \ldots)\,P_{ij} = \mathrm{diag}(\ldots, \nu_j, \ldots, \nu_i, \ldots)$$

証明 $P_{ij}^{-1} = P_{ij}$ であるから (補題 6.26)，左辺は対角行列 $\mathrm{diag}(\nu_1, \nu_2, \ldots, \nu_n)$ の両側から P_{ij} を掛けたものに等しい．P_{ij} を左から掛けると第 i 行と第 j 行が入れかわり，さらに P_{ij} を右から掛けると第 i 列と第 j 列が入れかわるので，対角成分については i 番目の成分と j 番目の成分が入れかわる (下の例を参照)．よって示すべき等式が成り立つ． ■

例 11.14 $\mathrm{diag}(\nu_1, \nu_2, \nu_3)$ の左から P_{13}^{-1} を掛け，右から P_{13} を掛けると

9] diag は diagonal の略．対角行列を英語では diagonal matrix という．

$$P_{13}^{-1}\operatorname{diag}(\nu_1,\nu_2,\nu_3)\,P_{13} = \begin{pmatrix}0&0&1\\0&1&0\\1&0&0\end{pmatrix}\begin{pmatrix}\nu_1&0&0\\0&\nu_2&0\\0&0&\nu_3\end{pmatrix}\begin{pmatrix}0&0&1\\0&1&0\\1&0&0\end{pmatrix}$$
$$= \begin{pmatrix}0&0&\nu_3\\0&\nu_2&0\\\nu_1&0&0\end{pmatrix}\begin{pmatrix}0&0&1\\0&1&0\\1&0&0\end{pmatrix} = \begin{pmatrix}\nu_3&0&0\\0&\nu_2&0\\0&0&\nu_1\end{pmatrix}$$
$$= \operatorname{diag}(\nu_3,\nu_2,\nu_1)$$

となる．

証明　命題 11.12　n 次の正方行列 A が対角化可能であるとする．このとき，正則行列 Q と対角行列 D' であって $Q^{-1}AQ = D'$ を満たすものが取れる．D' の対角成分を $d_1, d_2, \ldots, d_n$ とおく．このとき，D' の固有多項式は

$$F_{D'}(x) = \begin{vmatrix} x-d_1 & 0 & \cdots & 0 \\ 0 & x-d_2 & \cdots & 0 \\ \vdots & \vdots & \ddots & \vdots \\ 0 & 0 & \cdots & x-d_n \end{vmatrix} = (x-d_1)(x-d_2)\cdots(x-d_n)$$

である．命題 11.8 より，これは A の固有多項式 $F_A(x)$ と等しい．よって，スカラーの組 $d_1, d_2, \ldots, d_n$ には，α_1 が m_1 個，α_2 が m_2 個，$\ldots$，α_r が m_r 個ある．ただしこの順に並んでいるとは限らない．そこで補題 11.13 の結果を使う．D' に P_{ij} の形の基本行列を両側から繰り返し掛けて，対角成分を $\alpha_1, \alpha_2, \ldots, \alpha_r$ の順に並び換える．このときに掛ける基本行列の積を R とおくと，系 6.7 と補題 6.26 より R は正則行列で，$R^{-1}D'R = D$ を満たす．そこで $P = QR$ とおくと，命題 6.6 より P は正則であり

$$P^{-1}AP = (QR)^{-1}AQR = R^{-1}(Q^{-1}AQ)R = R^{-1}D'R = D$$

となる．■

11.3　固有ベクトルの線形独立性と行列の対角化

この節では行列が対角化可能であるための，一つの十分条件を述べる．次に示すことは固有ベクトルの重要な性質である．

命題 11.15 A は K の要素を成分とする n 次の正方行列であるとする．K^n のベクトル $\boldsymbol{p}_1, \boldsymbol{p}_2, \ldots, \boldsymbol{p}_r$ が A の相異なる固有値に対する固有ベクトルであるならば，$\boldsymbol{p}_1, \boldsymbol{p}_2, \ldots, \boldsymbol{p}_r$ は線形独立である．

証明 r に関する数学的帰納法で証明する．$r = 1$ のとき，固有ベクトル $\boldsymbol{p}_1$ は $\boldsymbol{0}$ でないから，$\boldsymbol{p}_1$ だけからなるベクトルの組は線形独立である．よって $r = 1$ の場合は正しい．

k を正の整数として，$r = k$ の場合に示すべき命題が正しいと仮定する．$r = k + 1$ の場合を考える．$(k+1)$ 個の固有ベクトル $\boldsymbol{p}_1, \boldsymbol{p}_2, \ldots, \boldsymbol{p}_k, \boldsymbol{p}_{k+1}$ に対応する固有値 $\alpha_1, \alpha_2, \ldots, \alpha_k, \alpha_{k+1}$ が相異なるとする．このとき，数学的帰納法の仮定より $\boldsymbol{p}_1, \boldsymbol{p}_2, \ldots, \boldsymbol{p}_k$ は線形独立である．

スカラー $\lambda_1, \lambda_2, \ldots, \lambda_k, \lambda_{k+1}$ について

$$\lambda_1 \boldsymbol{p}_1 + \lambda_2 \boldsymbol{p}_2 + \cdots + \lambda_k \boldsymbol{p}_k + \lambda_{k+1} \boldsymbol{p}_{k+1} = \boldsymbol{0} \tag{11.3}$$

が成り立つとする．この両辺に行列 A を左から掛ける．右辺は $A\boldsymbol{0} = \boldsymbol{0}$ である．左辺は，$\boldsymbol{p}_1, \boldsymbol{p}_2, \ldots, \boldsymbol{p}_k, \boldsymbol{p}_{k+1}$ が固有ベクトルであることから

$$\begin{aligned}
&A(\lambda_1 \boldsymbol{p}_1 + \lambda_2 \boldsymbol{p}_2 + \cdots + \lambda_k \boldsymbol{p}_k + \lambda_{k+1} \boldsymbol{p}_{k+1}) \\
&= \lambda_1 A\boldsymbol{p}_1 + \lambda_2 A\boldsymbol{p}_2 + \cdots + \lambda_k A\boldsymbol{p}_k + \lambda_{k+1} A\boldsymbol{p}_{k+1} \\
&= \lambda_1 \alpha_1 \boldsymbol{p}_1 + \lambda_2 \alpha_2 \boldsymbol{p}_2 + \cdots + \lambda_k \alpha_k \boldsymbol{p}_k + \lambda_{k+1} \alpha_{k+1} \boldsymbol{p}_{k+1}
\end{aligned}$$

となる．したがって

$$\lambda_1 \alpha_1 \boldsymbol{p}_1 + \lambda_2 \alpha_2 \boldsymbol{p}_2 + \cdots + \lambda_k \alpha_k \boldsymbol{p}_k + \lambda_{k+1} \alpha_{k+1} \boldsymbol{p}_{k+1} = \boldsymbol{0}$$

である．この等式から，(11.3) の両辺に α_{k+1} を掛けたものを引けば

$$\lambda_1(\alpha_1 - \alpha_{k+1})\boldsymbol{p}_1 + \lambda_2(\alpha_2 - \alpha_{k+1})\boldsymbol{p}_2 + \cdots + \lambda_k(\alpha_k - \alpha_{k+1})\boldsymbol{p}_k = \boldsymbol{0}$$

を得る．$\boldsymbol{p}_1, \ldots, \boldsymbol{p}_k$ は線形独立であるから，各 $j = 1, 2, \ldots, k$ について $\lambda_j(\alpha_j - \alpha_{k+1}) = 0$ が成り立つ．固有値は相異なるので $\alpha_j - \alpha_{k+1}$ は 0 でない．よって，$j = 1, 2, \ldots, k$ について $\lambda_j = 0$ である．これを (11.3) に代入して $\lambda_{k+1} \boldsymbol{p}_{k+1} = \boldsymbol{0}$ を得る．$\boldsymbol{p}_{k+1}$ は固有ベクトルであるから $\boldsymbol{0}$ でないので，$\lambda_{k+1} = 0$ である．したがって $\lambda_1, \lambda_2, \ldots, \lambda_k, \lambda_{k+1}$ はすべて 0 である．以上より $\boldsymbol{p}_1, \boldsymbol{p}_2, \ldots, \boldsymbol{p}_k, \boldsymbol{p}_{k+1}$ は線形独立である． ■

命題 11.15 より，次の定理が得られる．

定理 11.16　n 次の正方行列 A は n 個の相異なる固有値 $\alpha_1, \alpha_2, \ldots, \alpha_n$ をもつとする．このとき A は対角化可能である．

証明　A の相異なる固有値 $\alpha_1, \alpha_2, \ldots, \alpha_n$ に対する固有ベクトル $\boldsymbol{p}_1, \boldsymbol{p}_2, \ldots, \boldsymbol{p}_n$ をとり，これらを列ベクトルにもつ n 次の正方行列 $P = \begin{pmatrix} \boldsymbol{p}_1 & \boldsymbol{p}_2 & \cdots & \boldsymbol{p}_n \end{pmatrix}$ を考える．このとき $D = \mathrm{diag}(\alpha_1, \alpha_2, \ldots, \alpha_n)$ とおくと

$$AP = \begin{pmatrix} A\boldsymbol{p}_1 & A\boldsymbol{p}_2 & \cdots & A\boldsymbol{p}_n \end{pmatrix} = \begin{pmatrix} \alpha_1\boldsymbol{p}_1 & \alpha_2\boldsymbol{p}_2 & \cdots & \alpha_n\boldsymbol{p}_n \end{pmatrix} = PD$$

が成り立つ．命題 11.15 より，$\boldsymbol{p}_1, \boldsymbol{p}_2, \ldots, \boldsymbol{p}_n$ は線形独立であるから，P は正則である (定理 10.15)．よって P の逆行列 P^{-1} が存在するので，$AP = PD$ の両辺に P^{-1} を左から掛けて $P^{-1}AP = D$ を得る．したがって A は対角化可能である．

■

n 次の正方行列 A の固有値は，固有方程式 $F_A(x) = 0$ の解である．この方程式は複素数の範囲で (重複度も込めて) n 個の解をもつ．よって，固有方程式が重解をもたなければ，A は相異なる n 個の固有値をもつ．このとき，定理 11.16 より A は対角化可能である．

例 11.17　例 11.6 の行列

$$A = \begin{pmatrix} -9 & 2 & 6 \\ -10 & 3 & 6 \\ -12 & 3 & 8 \end{pmatrix}$$

の固有多項式は $F_A(x) = (x+1)(x-1)(x-2)$ であった．よって固有方程式 $F_A(x) = 0$ は重解をもたないから，A は対角化可能である．実際に対角化するには，定理 11.16 の証明のように，それぞれの固有値に対する固有ベクトルを一つずつ取り，それらを並べた行列 P を考えればよい．例 11.6 で計算したように，次のベクトル $\boldsymbol{p}_1, \boldsymbol{p}_2, \boldsymbol{p}_3$ がそれぞれ固有値 $-1, 1, 2$ に対する固有ベクトルである．

$$\boldsymbol{p}_1 = \begin{pmatrix} 1 \\ 1 \\ 1 \end{pmatrix}, \quad \boldsymbol{p}_2 = \begin{pmatrix} 2 \\ 1 \\ 3 \end{pmatrix}, \quad \boldsymbol{p}_3 = \begin{pmatrix} 2 \\ 2 \\ 3 \end{pmatrix}$$

これらを並べた行列

$$P = \begin{pmatrix} 1 & 2 & 2 \\ 1 & 1 & 2 \\ 1 & 3 & 3 \end{pmatrix}$$

について

$$P^{-1}AP = \begin{pmatrix} -1 & 0 & 0 \\ 0 & 1 & 0 \\ 0 & 0 & 2 \end{pmatrix}$$

が成り立つ．

固有方程式が重解をもつのは，どのような場合なのかを考えよう．たとえば，$A = (a_{ij})$ が 2 次の正方行列のとき，固有多項式は

$$F_A(x) = \begin{vmatrix} x - a_{11} & -a_{12} \\ -a_{21} & x - a_{22} \end{vmatrix} = x^2 - (a_{11} + a_{22})x + (a_{11}a_{22} - a_{12}a_{21})$$

となる．よって $F_A(x) = 0$ が重解をもつのは，A の成分が

$$(a_{11} + a_{22})^2 - 4(a_{11}a_{22} - a_{12}a_{21}) = 0 \tag{11.4}$$

を満たすときである．したがって，A の成分の間に (11.4) という特別な関係がなければ，A は対角化可能である．このことから，ほとんどの 2 次の正方行列は対角化可能であると言える[10]．これは一般の型の正方行列についても正しい．

しかし，定理 11.16 だけでは不十分である．たとえば，n 次の単位行列 I は，それ自身が対角行列であるから対角化可能である ($P = I$ と取ればよい)．一方で，I の固有多項式は

$$F_I(x) = \begin{vmatrix} x-1 & & & \\ & x-1 & & \\ & & \ddots & \\ & & & x-1 \end{vmatrix} = (x-1)^n$$

であるから，固有方程式 $F_I(x) = 0$ は 1 を n 重解としてもつ．このように自明に対角化できる場合でも，定理 11.16 では捉えられていない．そこで次章では，対

10]「ほとんど」という言葉の意味を数学的にきちんと定式化するには，やや高度な知識を必要とする．ここは大雑把な説明として読んでほしい．

角化可能であるための条件をさらに詳しく調べる.

演習問題

問 11.2.1　次の行列の固有値とその重複度を求めよ.

(1) $\begin{pmatrix} 4 & -1 & 1 \\ -2 & 2 & 0 \\ -14 & 5 & -3 \end{pmatrix}$　(2) $\begin{pmatrix} 4 & -1 & 2 \\ -3 & 2 & -2 \\ -9 & 3 & -5 \end{pmatrix}$

(3) $\begin{pmatrix} 1 & 0 & 0 & -2 \\ 1 & 1 & -1 & 2 \\ 2 & 0 & -1 & -2 \\ -2 & -4 & 2 & -5 \end{pmatrix}$

問 11.2.2　正方行列 A について次の二つの条件は同値であることを示せ.

(1) A は正則である.

(2) A は 0 を固有値としてもたない.

問 11.2.3　n 次の正方行列 A のすべての固有値の積は $\det A$ と等しいことを示せ.

問 11.2.4　A は 3 次の正方行列であるとする. A の固有多項式 $F_A(x)$ の x^p の係数を c_p とおく $(p = 0, 1, 2)$. つまり $F_A(x) = x^3 + c_2x^2 + c_1x + c_0$ である. さらに $X = xI - A$ とおく. このとき $F_A(x) = \det X$ であることに注意する.

(1) X の余因子行列を $\tilde{X}$ とする. このとき, 成分がすべて定数の正方行列 B_0, B_1, B_2 であって, $\tilde{X} = x^2B_2 + xB_1 + B_0$ となるものが定まることを示せ.

(2) 以下の等式が成り立つことを示せ. (ヒント：系 6.17 を使う.)

$$B_2 = I, \quad B_1 - AB_2 = c_2I, \quad B_0 - AB_1 = c_1I, \quad -AB_0 = c_0I.$$

(3) $A^3 + c_2A^2 + c_1A + c_0I = O$ が成り立つことを示せ (この結果は 3 次の正方行列に対するハミルトン–ケーリーの定理と呼ばれる).

問 11.3.1　次の行列は対角化可能であることを確認し, 固有ベクトルを適当にとって対角化せよ.

(1) $\begin{pmatrix} 3 & 1 & -3 \\ -2 & 3 & 0 \\ 4 & 1 & -4 \end{pmatrix}$　(2) $\begin{pmatrix} 4 & -3 & -1 \\ 6 & -5 & -1 \\ 2 & 0 & -2 \end{pmatrix}$　(3) $\begin{pmatrix} 0 & 1 & 2 & 3 \\ 1 & 0 & 2 & 3 \\ 1 & 2 & 0 & 3 \\ 1 & 2 & 3 & 0 \end{pmatrix}$

第12章
部分空間の和と直和

12.1 部分空間の和

12.1.1 部分空間の和の定義

W_1, W_2 が数ベクトル空間 V の部分空間であるとき，W_1 と W_2 の両方に含まれる部分空間は，これらの共通部分 $W_1 \cap W_2$ にも含まれる．そして，$W_1 \cap W_2$ は部分空間であるから (問 7.2.2 (1)), $W_1 \cap W_2$ は W_1 と W_2 の両方に含まれる部分空間のうち最大のものである．では，W_1 と W_2 の両方を含む最小の部分空間はどのようなものだろうか [1]．以下では，この問題を部分空間が 2 個の場合に限定せず，3 個以上の場合も含めて考える．

命題 12.1 $W_1, W_2, \ldots, W_r$ は数ベクトル空間 V の部分空間であるとする．V の部分集合 U を次で定める．

$$U = \left\{ \boldsymbol{v} \in V \;\middle|\; \begin{array}{l} \text{ベクトル } \boldsymbol{w}_1 \in W_1, \boldsymbol{w}_2 \in W_2, \ldots, \boldsymbol{w}_r \in W_r \text{ であって} \\ \boldsymbol{v} = \boldsymbol{w}_1 + \boldsymbol{w}_2 + \cdots + \boldsymbol{w}_r \text{ を満たすものが存在する．} \end{array} \right\}$$

このとき U は V の部分空間である．

証明 定義 7.5 の二つの条件を確認すればよい．

条件 (1) を満たすこと　$\boldsymbol{u} \in U, \boldsymbol{v} \in U$ とすると，W_j のベクトル $\boldsymbol{w}_j, \boldsymbol{w}'_j$ $(j = 1, 2, \ldots, r)$ を適当にとれば，$\boldsymbol{u} = \sum_{j=1}^{r} \boldsymbol{w}_j, \boldsymbol{v} = \sum_{j=1}^{r} \boldsymbol{w}'_j$ と表される．このとき

1] そのような部分空間は $W_1 \cup W_2$ を含むが，$W_1 \cup W_2$ は一般に部分空間ではない (問 7.2.2 (2))．

$$\boldsymbol{u}+\boldsymbol{v}=\sum_{j=1}^{r}\boldsymbol{w}_j+\sum_{j=1}^{r}\boldsymbol{w}'_j=\sum_{j=1}^{r}(\boldsymbol{w}_j+\boldsymbol{w}'_j)$$

である．$j=1,2,\ldots,r$ について，W_j は部分空間だから $\boldsymbol{w}_j+\boldsymbol{w}'_j\in W_j$ である．よって $\boldsymbol{u}+\boldsymbol{v}\in U$ である．

条件 (2) を満たすこと　$\boldsymbol{u}\in U,\lambda\in K$ とする．このとき $\boldsymbol{u}=\sum_{j=1}^{r}\boldsymbol{w}_j$ (ただし $\boldsymbol{w}_1\in W_1,\boldsymbol{w}_2\in W_2,\ldots,\boldsymbol{w}_r\in W_r$) と表されて

$$\lambda\boldsymbol{u}=\lambda\sum_{j=1}^{r}\boldsymbol{w}_j=\sum_{j=1}^{r}\lambda\boldsymbol{w}_j$$

となる．$j=1,2,\ldots,r$ について，W_j は部分空間であるから $\lambda\boldsymbol{w}_j\in W_j$ である．よって $\lambda\boldsymbol{u}\in U$ である．■

定義 12.2　命題 12.1 で定めた部分空間 U を $W_1+W_2+\cdots+W_r$ (もしくは $\sum_{j=1}^{r}W_j$) で表し，**部分空間** $W_1,W_2,\ldots,W_r$ **の和と呼ぶ**．

例 12.3　$\mathbb{R}^3$ の部分空間 $W_1=\langle\boldsymbol{e}_1\rangle$, $W_2=\langle-\boldsymbol{e}_2+\boldsymbol{e}_3\rangle$ を考える (ただし $\boldsymbol{e}_1,\boldsymbol{e}_2,\boldsymbol{e}_3$ は基本ベクトルである)．第 8 章で述べた同一視によって，$\mathbb{R}^3$ の部分空間を xyz 空間のなかで可視化するとき，部分空間の和 W_1+W_2 はどのような図形として実現されるだろうか．

基本ベクトル $\boldsymbol{e}_1,\boldsymbol{e}_2,\boldsymbol{e}_3$ は，それぞれ x 軸，y 軸，z 軸方向の大きさ 1 の空間ベクトル $\vec{e}_1,\vec{e}_2,\vec{e}_3$ に対応する．ベクトル $\lambda\vec{e}_1$ $(\lambda\in\mathbb{R})$ の始点を原点に置いて，λ を動かすと，終点は x 軸全体を動く．よって W_1 は x 軸に対応する．同様に，W_2 は点 $(0,-1,1)$ と原点を通る直線 ℓ に対応する (図 12.1)．

部分空間の和 W_1+W_2 は，W_1 のベクトルと W_2 のベクトルの和全体のなす部分空間である．W_1 のベクトルは x 軸の上に，W_2 のベクトルは直線 ℓ の上に乗っているので，これらの和は x 軸と直線 ℓ を含む平面 H の上に乗る (図 12.2)．したがって，W_1+W_2 は xyz 空間のなかで平面 H として実現される．

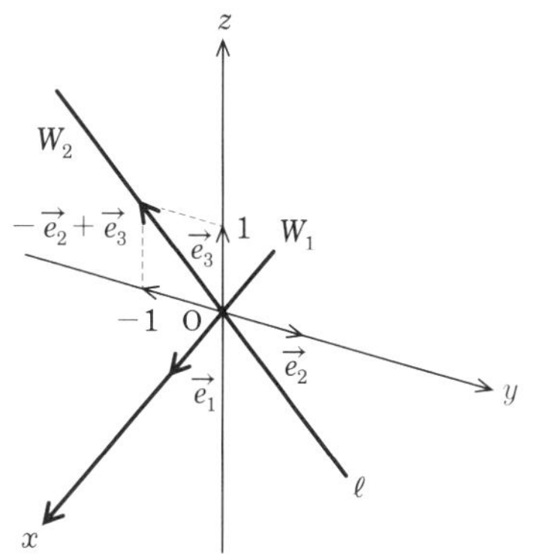

図 12.1

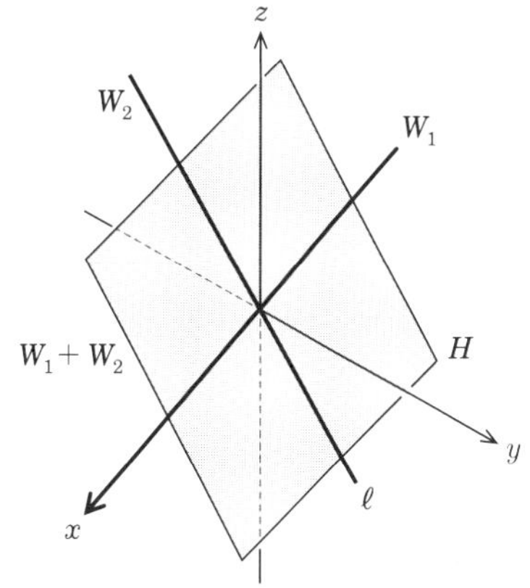

図 12.2

12.1.2　部分空間の和の特徴づけ

次の命題 12.4 より，部分空間の和 $W_1+W_2+\cdots+W_r$ は，$W_1, W_2, \ldots, W_r$ のすべてを含む部分空間のうちで最小のものとして特徴づけられる．

命題 12.4　$W_1, W_2, \ldots, W_r$ は数ベクトル空間 V の部分空間であるとし，その和を $W=W_1+W_2+\cdots+W_r$ とおく．このとき以下のことが成り立つ．

(1)　W は $W_1, W_2, \ldots, W_r$ をすべて含む．

(2)　V の部分空間 U が $W_1, W_2, \ldots, W_r$ をすべて含むならば，$W \subset U$ である．

証明　(1) j は $1, 2, \ldots, r$ のいずれかとする．$\boldsymbol{w}$ は W_j に属するベクトルとする．$W_1, \ldots, W_{j-1}, W_{j+1}, \ldots, W_r$ は部分空間であるから，$\boldsymbol{0}$ はこれらすべてに属する．$\boldsymbol{w}$ は

$$\boldsymbol{w} = \underbrace{\boldsymbol{0}+\cdots+\boldsymbol{0}}_{(j-1)\text{ 個}} + \boldsymbol{w} + \underbrace{\boldsymbol{0}+\cdots+\boldsymbol{0}}_{(r-j)\text{ 個}}$$

と表されて，$\boldsymbol{w} \in W_j$ であるから，$\boldsymbol{w} \in W$ である．よって $W_j \subset W$ である．以上より，W は $W_1, W_2, \ldots, W_r$ をすべて含む．

(2) $\boldsymbol{w}$ は W のベクトルであるとする．このとき，ベクトル $\boldsymbol{w}_1 \in W_1, \boldsymbol{w}_2 \in W_2, \ldots, \boldsymbol{w}_r \in W_r$ であって $\boldsymbol{w} = \sum_{j=1}^{r} \boldsymbol{w}_j$ を満たすものが取れる．U は $W_1, W_2, \ldots,$

W_r をすべて含むから，$\boldsymbol{w}_1, \boldsymbol{w}_2, \ldots, \boldsymbol{w}_r$ はすべて U に属する．U は部分空間であるから，これらのベクトルの和 $\sum_{j=1}^{r} \boldsymbol{w}_j$ も U に属する．したがって $\boldsymbol{w} \in U$ である．以上より $W \subset U$ である． ■

命題 12.4 より次のことがわかる．

命題 12.5　r を 2 以上の整数とし，$W_1, W_2, \ldots, W_r$ は数ベクトル空間 V の部分空間であるとする．このとき，部分空間 $W_1 + W_2 + \cdots + W_{r-1}$ を W' とおくと，$W' + W_r = W_1 + W_2 + \cdots + W_r$ が成り立つ．

注意　$W' = W_1 + W_2 + \cdots + W_{r-1}$ なのだから，命題 12.5 は自明であると思うかもしれない．しかし，ここで考えている和は「部分空間の和」なのだから，数の和と同じように計算できる保証はない．$W' + W_r$ は

$$\left\{ \boldsymbol{v} \in V \;\middle|\; \begin{array}{l} \text{ベクトル } \boldsymbol{u} \in W', \boldsymbol{w} \in W_r \text{ であって} \\ \boldsymbol{v} = \boldsymbol{u} + \boldsymbol{w} \text{ を満たすものが存在する．} \end{array} \right\}$$

という集合であり，一方で $W_1 + W_2 + \cdots + W_r$ は命題 12.1 における集合 U である．命題 12.5 はこれらの集合が等しいことを主張しているのである．

証明　命題 12.5　記号を簡単にするために $W'' = W_1 + W_2 + \cdots + W_r$ とおく．$W' + W_r \supset W''$ であることと，$W' + W_r \subset W''$ であることを示せばよい．

<u>$W' + W_r \supset W''$ であることの証明</u>　命題 12.4 (1) より，$W_1, W_2, \ldots, W_{r-1}$ はすべて W' に含まれる．さらに $W' \subset W' + W_r$ かつ $W_r \subset W' + W_r$ でもあるから，部分空間 $W' + W_r$ は $W_1, W_2, \ldots, W_r$ をすべて含む．よって命題 12.4 (2) より $W' + W_r \supset W''$ である．

<u>$W' + W_r \subset W''$ であることの証明</u>　命題 12.4 (1) より，$W_1, W_2, \ldots, W_{r-1}$ はすべて W'' に含まれる．よって命題 12.4 (2) より $W' \subset W''$ である．また，命題 12.4 (1) より $W_r \subset W''$ でもある．したがって W', W_r はともに W'' に含まれるので，命題 12.4 (2) より $W' + W_r \subset W''$ である． ■

12.1.3 2個の部分空間の和の次元

定理 12.6 W_1, W_2 は数ベクトル空間 V の部分空間であるとする．このとき，次の等式が成り立つ．

$$\dim(W_1 + W_2) = \dim W_1 + \dim W_2 - \dim(W_1 \cap W_2)$$

証明 W_1 または W_2 が $\{\mathbf{0}\}$ の場合は自明に成り立つので[2]，W_1, W_2 がともに $\{\mathbf{0}\}$ でない場合を考える．$W_1, W_2, W_1 \cap W_2$ の次元をそれぞれ d_1, d_2, r とおく．このとき，$W_1 + W_2$ が $d_1 + d_2 - r$ 個のベクトルからなる基底をもつことを示せばよい．ここでは $W_1 \cap W_2 \neq \{\mathbf{0}\}$ の場合に証明し，$W_1 \cap W_2 = \{\mathbf{0}\}$ の場合の証明は演習問題とする (問 12.1.2)

以下の証明では，ベクトルの集合 $B = \{\boldsymbol{v}_1, \boldsymbol{v}_2, \ldots, \boldsymbol{v}_m\}$ について，その要素の組 $\boldsymbol{v}_1, \boldsymbol{v}_2, \ldots, \boldsymbol{v}_m$ が線形独立であるとき，B は線形独立であるという．また，$\boldsymbol{v}_1, \boldsymbol{v}_2, \ldots, \boldsymbol{v}_m$ が生成する部分空間のことを，B が生成する部分空間という．

$W_1 \cap W_2$ の基底を 1 組とって $S = \{\boldsymbol{w}_1, \boldsymbol{w}_2, \ldots, \boldsymbol{w}_r\}$ とする．この基底を拡張して，W_1 の基底

$$S_1 = \{\boldsymbol{w}_1, \boldsymbol{w}_2, \ldots, \boldsymbol{w}_r, \boldsymbol{u}_1, \boldsymbol{u}_2, \ldots, \boldsymbol{u}_{d_1 - r}\}$$

と W_2 の基底

$$S_2 = \{\boldsymbol{w}_1, \boldsymbol{w}_2, \ldots, \boldsymbol{w}_r, \boldsymbol{v}_1, \boldsymbol{v}_2, \ldots, \boldsymbol{v}_{d_2 - r}\}$$

を構成する (命題 9.22)．ただし，$W_1 = W_1 \cap W_2$ ならば $S_1 = S$ とし，$W_2 = W_1 \cap W_2$ ならば $S_2 = S$ とする．$\boldsymbol{u}_1, \boldsymbol{u}_2, \ldots, \boldsymbol{u}_{d_1 - r}$ は W_1 のベクトルで，$\boldsymbol{v}_1, \boldsymbol{v}_2, \ldots, \boldsymbol{v}_{d_2 - r}$ は W_2 のベクトルであるが，$W_1 \cap W_2$ には属さない．よって，これらのベクトルは相異なる．したがって，集合

$$S_1 \cup S_2 = \{\boldsymbol{w}_1, \boldsymbol{w}_2, \ldots, \boldsymbol{w}_r, \boldsymbol{u}_1, \boldsymbol{u}_2, \ldots, \boldsymbol{u}_{d_1 - r}, \boldsymbol{v}_1, \boldsymbol{v}_2, \ldots, \boldsymbol{v}_{d_2 - r}\}$$

の要素の個数は $r + (d_1 - r) + (d_2 - r) = d_1 + d_2 - r$ であるから，$S_1 \cup S_2$ が $W_1 + W_2$ の基底であることを示せばよい．以下で，$S_1 \cup S_2$ が線形独立であること，および $W_1 + W_2$ を生成することを順に示そう．

2] どの部分空間 W についても $W + \{\mathbf{0}\} = W$ であることに注意せよ．

<u>$S_1 \cup S_2$ が線形独立であること</u>　スカラー $\lambda_1, \lambda_2, \ldots, \lambda_r$, $\mu_1, \mu_2, \ldots, \mu_{d_1-r}$ および $\nu_1, \nu_2, \ldots, \nu_{d_2-r}$ について

$$\sum_{j=1}^{r} \lambda_j \boldsymbol{w}_j + \sum_{j=1}^{d_1-r} \mu_j \boldsymbol{u}_j + \sum_{j=1}^{d_2-r} \nu_j \boldsymbol{v}_j = \boldsymbol{0} \tag{12.1}$$

が成り立つとする．このとき

$$\boldsymbol{y} = \sum_{j=1}^{r} \lambda_j \boldsymbol{w}_j + \sum_{j=1}^{d_1-r} \mu_j \boldsymbol{u}_j$$

とおく．$\boldsymbol{w}_1, \boldsymbol{w}_2, \ldots, \boldsymbol{w}_r$ と $\boldsymbol{u}_1, \boldsymbol{u}_2, \ldots, \boldsymbol{u}_{d_1-r}$ は部分空間 W_1 に属するから，$\boldsymbol{y}$ も W_1 に属する．また (12.1) より $\boldsymbol{y} = -\sum_{j=1}^{d_2-r} \nu_j \boldsymbol{v}_j$ とも表されて，$\boldsymbol{v}_1, \boldsymbol{v}_2, \ldots, \boldsymbol{v}_{d_2-r}$ は部分空間 W_2 に属するから，$\boldsymbol{y}$ は W_2 にも属する．以上より $\boldsymbol{y} \in W_1 \cap W_2$ である．S は $W_1 \cap W_2$ の基底であるから，スカラー $\theta_1, \theta_2, \ldots, \theta_r$ を適当にとって $\boldsymbol{y} = \sum_{j=1}^{r} \theta_j \boldsymbol{w}_j$ と表される．すると

$$\boldsymbol{y} = \sum_{j=1}^{r} \lambda_j \boldsymbol{w}_j + \sum_{j=1}^{d_1-r} \mu_j \boldsymbol{u}_j = \sum_{j=1}^{r} \theta_j \boldsymbol{w}_j$$

となるので，右辺を移項して

$$\sum_{j=1}^{r} (\lambda_j - \theta_j) \boldsymbol{w}_j + \sum_{j=1}^{d_1-r} \mu_j \boldsymbol{u}_j = \boldsymbol{0}$$

を得る．この左辺は S_1 の要素の線形結合であることに注意する．S_1 は W_1 の基底だから，線形独立である．よって左辺の和のなかの係数はすべて 0 である．特に $\mu_1, \mu_2, \ldots, \mu_{d_1-r}$ はすべて 0 である．これを (12.1) に代入して

$$\sum_{j=1}^{r} \lambda_j \boldsymbol{w}_j + \sum_{j=1}^{d_2-r} \nu_j \boldsymbol{v}_j = \boldsymbol{0}$$

を得る．左辺は S_2 の要素の線形結合であり，S_2 は線形独立だから $\lambda_1, \lambda_2, \ldots, \lambda_r$ および $\nu_1, \nu_2, \ldots, \nu_{d_2-r}$ はすべて 0 である．以上より，(12.1) の左辺の係数はすべて 0 であるから，$S_1 \cup S_2$ は線形独立である．

<u>$S_1 \cup S_2$ が $W_1 + W_2$ を生成すること</u>　$\boldsymbol{v}$ は $W_1 + W_2$ に属するベクトルであるとする．このとき，W_1 のベクトル $\boldsymbol{w}_1$ と W_2 のベクトル $\boldsymbol{w}_2$ を適当に取って $\boldsymbol{v} = \boldsymbol{w}_1 + \boldsymbol{w}_2$ と表せる．S_1 は W_1 の基底であるから，スカラー $\lambda_1, \lambda_2, \ldots, \lambda_r$ および

$\mu_1, \mu_2, \ldots, \mu_{d_1-r}$ であって

$$\boldsymbol{w}_1 = \sum_{j=1}^{r} \lambda_j \boldsymbol{w}_j + \sum_{j=1}^{d_1-r} \mu_j \boldsymbol{u}_j$$

となるものが取れる．同様に $\boldsymbol{w}_2$ についても，S_2 が W_2 の基底であることから

$$\boldsymbol{w}_2 = \sum_{j=1}^{r} \theta_j \boldsymbol{w}_j + \sum_{j=1}^{d_2-r} \nu_j \boldsymbol{u}_j$$

を満たすスカラー $\theta_1, \theta_2, \ldots, \theta_r$ および $\nu_1, \nu_2, \ldots, \nu_{d_2-r}$ が取れる．このとき

$$\boldsymbol{v} = \boldsymbol{w}_1 + \boldsymbol{w}_2 = \sum_{j=1}^{r} (\lambda_j + \theta_j) \boldsymbol{w}_j + \sum_{j=1}^{d_1-r} \mu_j \boldsymbol{u}_j + \sum_{j=1}^{d_2-r} \nu_j \boldsymbol{u}_j$$

となるから，$\boldsymbol{v}$ は $S_1 \cup S_2$ の要素の線形結合である．以上より，$S_1 \cup S_2$ は $W_1 + W_2$ を生成する． ■

定理 12.6 を使うと，部分空間の和の次元を上から評価できる．

系 12.7 r を正の整数とする．$W_1, W_2, \ldots, W_r$ が数ベクトル空間 V の部分空間であるとき，次の不等式が成り立つ[3]．

$$\dim (W_1 + W_2 + \cdots + W_r) \leqq \sum_{j=1}^{r} \dim W_j$$

証明 r に関する数学的帰納法を用いる．$r = 1$ の場合は不等式の両辺がともに $\dim W_1$ であるから自明に成り立つ．k を正の整数として，$r = k$ の場合に示すべき不等式が正しいと仮定する．$r = k+1$ の場合を考える．$W_1, W_2, \ldots, W_{k+1}$ は V の部分空間であるとする．記号を簡単にするために，$U = W_1 + W_2 + \cdots + W_k$ および $W = W_1 + W_2 + \cdots + W_{k+1}$ とおく．このとき，命題 12.5 より $U + W_{k+1} = W$ である．よって定理 12.6 から

$$\dim W = \dim U + \dim W_{k+1} - \dim (U \cap W_{k+1})$$

が成り立つ．$U \cap W_{k+1}$ の次元は 0 以上の整数であるから，$\dim W \leqq \dim U + \dim W_{k+1}$ である．数学的帰納法の仮定より $\dim U \leqq \sum_{j=1}^{k} \dim W_j$ であるので

3] 右辺は $\dim W_1 + \dim W_2 + \cdots + \dim W_r$，つまり $W_1, W_2, \ldots, W_r$ の次元の和である．

$$\begin{aligned}\dim W &\leqq \dim U + \dim W_{k+1} \\ &\leqq \sum_{j=1}^{k} \dim W_j + \dim W_{k+1} = \sum_{j=1}^{k+1} \dim W_j\end{aligned}$$

である．したがって $r = k+1$ の場合にも示すべき不等式が成り立つ．■

12.2 部分空間の直和

行列が対角化可能であるための条件を述べるのに，直和の概念が必要となる．

定義 12.8　$W_1, W_2, \ldots, W_r$ は数ベクトル空間 V の部分空間であるとする．部分空間の和 $W_1 + W_2 + \cdots + W_r$ が**直和**であるとは，次の条件が成り立つときにいう．

ベクトル $\boldsymbol{w}_1 \in W_1, \boldsymbol{w}_2 \in W_2, \ldots, \boldsymbol{w}_r \in W_r$ が $\boldsymbol{w}_1 + \boldsymbol{w}_2 + \cdots + \boldsymbol{w}_r = \boldsymbol{0}$ を満たすならば，$\boldsymbol{w}_1, \boldsymbol{w}_2, \ldots, \boldsymbol{w}_r$ はすべてゼロベクトルである．

部分空間の和 $W_1 + W_2 + \cdots + W_r$ が直和であるとき，$+$ の代わりに記号 $\oplus$ を使って $W_1 \oplus W_2 \oplus \cdots \oplus W_r$ と表す．

部分空間の直和 $W_1 \oplus W_2 \oplus \cdots \oplus W_r$ は，集合としては部分空間の和 $W_1 + W_2 + \cdots + W_r$ と同じものである．この和が直和であることを表すために記号 $\oplus$ を使う．たとえば等式 $V = W_1 \oplus W_2$ は

- $V = W_1 + W_2$ である．
- 部分空間の和 $W_1 + W_2$ は直和である．

という二つのことをまとめて述べているのである．

部分空間の和が直和であることは，次のように言い換えられる．

命題 12.9　r を 2 以上の整数とする．数ベクトル空間 V の r 個の部分空間 $W_1, W_2, \ldots, W_r$ について，次の二つの条件は同値である．

(1)　$W_1 + W_2 + \cdots + W_r$ は直和である．

(2)　すべての $j = 2, 3, \ldots, r$ について，$(W_1 + \cdots + W_{j-1}) \cap W_j = \{\boldsymbol{0}\}$ である．

証明 (1) ならば (2) であること　部分空間の和 $W_1+W_2+\cdots+W_r$ は直和であるとする．j を $2,3,\ldots,r$ のいずれかとする．$W_1+\cdots+W_{j-1}$ も W_j も部分空間であるから，$(W_1+\cdots+W_{j-1})\cap W_j \supset \{\mathbf{0}\}$ である．よって $(W_1+\cdots+W_{j-1})\cap W_j$ の要素は $\mathbf{0}$ しかないことを示せばよい．

$\boldsymbol{u}$ は $(W_1+\cdots+W_{j-1})\cap W_j$ に属するベクトルであるとする．このとき，$\boldsymbol{u}\in W_1+\cdots+W_{j-1}$ であるから，ベクトル $\boldsymbol{w}_1\in W_1, \boldsymbol{w}_2\in W_2,\ldots,\boldsymbol{w}_{j-1}\in W_{j-1}$ であって $\boldsymbol{u}=\boldsymbol{w}_1+\cdots+\boldsymbol{w}_{j-1}$ を満たすものが取れる．また，$\boldsymbol{u}\in W_j$ でもあり，W_j は部分空間であるから，$-\boldsymbol{u}\in W_j$ である．そして，$\mathbf{0}$ は部分空間 $W_{j+1},W_{j+2},\ldots,W_r$ に属する．これらのベクトルについて

$$\boldsymbol{w}_1+\boldsymbol{w}_2+\cdots+\boldsymbol{w}_{j-1}+(-\boldsymbol{u})+\underbrace{\mathbf{0}+\cdots+\mathbf{0}}_{r-j\text{ 個}}=\mathbf{0}$$

が成り立つ．$W_1+W_2+\cdots+W_r$ は直和であるから，$\boldsymbol{w}_1,\boldsymbol{w}_2,\ldots,\boldsymbol{w}_{j-1}$ および $-\boldsymbol{u}$ はすべて $\mathbf{0}$ である．よって $\boldsymbol{u}=\mathbf{0}$ であるので，$(W_1+\cdots+W_{j-1})\cap W_j$ の要素は $\mathbf{0}$ しかない．

(2) ならば (1) であること　すべての $j=2,3,\ldots,r$ について $(W_1+\cdots+W_{j-1})\cap W_j=\{\mathbf{0}\}$ であるとする．ベクトル $\boldsymbol{w}_1\in W_1,\boldsymbol{w}_2\in W_2,\ldots,\boldsymbol{w}_r\in W_r$ について

$$\boldsymbol{w}_1+\boldsymbol{w}_2+\cdots+\boldsymbol{w}_r=\mathbf{0} \tag{12.2}$$

が成り立つとき，$\boldsymbol{w}_1,\boldsymbol{w}_2,\ldots,\boldsymbol{w}_r$ がすべて $\mathbf{0}$ であることを示せばよい．

等式 (12.2) より，$\boldsymbol{w}_r=\sum_{k=1}^{r-1}(-\boldsymbol{w}_k)$ である．$W_1,W_2,\ldots,W_{r-1}$ は部分空間であるから，$k=1,2,\ldots,r-1$ について $-\boldsymbol{w}_k\in W_k$ である．よって $\boldsymbol{w}_r$ は W_r にも $W_1+W_2+\cdots+W_{r-1}$ にも属する．したがって，条件 (2) より，$\boldsymbol{w}_r=\mathbf{0}$ である．これを (12.2) に代入して $\boldsymbol{w}_1+\boldsymbol{w}_2+\cdots+\boldsymbol{w}_{r-1}=\mathbf{0}$ を得る．すると $\boldsymbol{w}_{r-1}=\sum_{k=1}^{r-2}(-\boldsymbol{w}_k)$ であるから，上と同様の議論により $\boldsymbol{w}_{r-1}$ は $(W_1+\cdots+W_{r-2})\cap W_{r-1}$ に属する．よって条件 (2) より $\boldsymbol{w}_{r-1}=\mathbf{0}$ である．これを繰り返せば，$\boldsymbol{w}_r,\boldsymbol{w}_{r-1},\ldots,\boldsymbol{w}_2$ はすべて $\mathbf{0}$ であることが順にわかり，(12.2) より $\boldsymbol{w}_1$ も $\mathbf{0}$ である．■

定理 12.10　r を 2 以上の整数とする．数ベクトル空間 V の r 個の部分空間 $W_1, W_2, \ldots, W_r$ について，次の二つの条件は同値である．

(1)　$W_1 + W_2 + \cdots + W_r$ は直和である．

(2)　$\dim(W_1 + W_2 + \cdots + W_r) = \sum_{j=1}^{k} \dim W_j$ が成り立つ．

証明　$j = 1, 2, \ldots, r$ について $U_j = W_1 + W_2 + \cdots + W_j$ とおく．命題 12.5 より，$j = 2, 3, \ldots, r$ について $U_j = U_{j-1} + W_j$ であるから，定理 12.6 より

$$\dim U_j - \dim U_{j-1} = \dim W_j - \dim(U_{j-1} \cap W_j)$$

である．この両辺を $j = 2, 3, \ldots, r$ について足し合わせて

$$\dim U_r - \dim U_1 = \sum_{j=2}^{r} \dim W_j - \sum_{j=2}^{r} \dim(U_{j-1} \cap W_j)$$

を得る．$U_r = W_1 + W_2 + \cdots + W_r$ および $U_1 = W_1$ であるから

$$\dim(W_1 + W_2 + \cdots + W_r) = \sum_{j=1}^{r} \dim W_j - \sum_{j=2}^{r} \dim(U_{j-1} \cap W_j)$$

である．すべての $j = 2, 3, \ldots, r$ について $\dim(U_{j-1} \cap W_j)$ は 0 以上の整数であるから，条件 (2) は，次の条件と同値である．

(2')　すべての $j = 2, 3, \ldots, r$ について $U_{j-1} \cap W_j = \{\mathbf{0}\}$ である．

命題 12.9 より，条件 (2') と $W_1 + W_2 + \cdots + W_r$ が直和であることは同値である．したがって条件 (1) と (2) は同値である．■

さらに，部分空間の直和の基底については次のことが成り立つ．

系 12.11　r を 2 以上の整数とし，数ベクトル空間 V の $\{\mathbf{0}\}$ でない部分空間の和 $W_1 + W_2 + \cdots + W_r$ は直和であるとする．このとき，各 $j = 1, 2, \ldots, r$ について W_j の基底 $S_j = \{\boldsymbol{v}_1^{(j)}, \boldsymbol{v}_2^{(j)}, \ldots, \boldsymbol{v}_{d_j}^{(j)}\}$ (ただし $d_j = \dim W_j$) を 1 組ずつとると，集合 $S_1 \cup S_2 \cup \cdots \cup S_r$ は $W_1 + W_2 + \cdots + W_r$ の基底をなす．

証明　記号を簡単にするため $S = S_1 \cup S_2 \cup \cdots \cup S_r$ および $W = W_1 + W_2 + \cdots + W_r$ とおく．まず，$S_1, S_2, \ldots, S_r$ のどの二つも共通部分をもたないことを背理法

で示す．仮に，ベクトル $\boldsymbol{v}$ が $S_i \cap S_j$ に属するとする．ただし $1 \leqq i < j \leqq r$ とする．このとき，$\boldsymbol{v} \in W_i \cap W_j$ であり，$W_i \subset W_1 + W_2 + \cdots + W_{j-1}$ であるから (命題 12.4 (1))，$\boldsymbol{v}$ は $(W_1 + W_2 + \cdots + W_{j-1}) \cap W_j$ に属する．仮定より $W_1 + W_2 + \cdots + W_r$ は直和なので，定理 12.10 より $(W_1 + W_2 + \cdots + W_{j-1}) \cap W_j = \{\boldsymbol{0}\}$ である．したがって $\boldsymbol{v} = \boldsymbol{0}$ となる．これは $\boldsymbol{v}$ が部分空間の基底をなすベクトルであることに矛盾する (命題 7.22)．よって $S_1, S_2, \ldots, S_r$ のどの二つも共通部分をもたない．

上で示したことから，集合 S の要素の個数は $d_1 + d_2 + \cdots + d_r$ である．一方，$W_1 + W_2 + \cdots + W_r$ は直和であるから，定理 12.10 より W の次元も $d_1 + d_2 + \cdots + d_r$ である．よって，命題 7.29 より，S が W の基底であることを証明するためには，S の要素が W を生成することを示せばよい．

集合 S が W を生成することを示そう．$\boldsymbol{u}$ は W に属するベクトルであるとする．W の定義より，ベクトル $\boldsymbol{w}_1 \in W_1, \boldsymbol{w}_2 \in W_2, \ldots, \boldsymbol{w}_r \in W_r$ であって $\boldsymbol{u} = \sum_{j=1}^{r} \boldsymbol{w}_j$ を満たすものが取れる．ここで，各 $j = 1, 2, \ldots, r$ について，S_j は W_j の基底であるから，$\boldsymbol{w}_j$ は S_j の要素の線形結合である．したがって，それらの和である $\boldsymbol{u}$ は S の要素の線形結合である．以上より S は W を生成する． ■

12.3 固有空間と行列の対角化

この節では，部分空間の直和の概念を使って，行列が対角化可能であるための条件を書き下す．

12.3.1 固有空間

命題 12.12 A は n 次の正方行列であるとする．スカラー α に対して，数ベクトル空間 K^n の部分集合 $W(\alpha)$ を

$$W(\alpha) = \{\boldsymbol{v} \in K^n \mid A\boldsymbol{v} = \alpha\boldsymbol{v}\} \tag{12.3}$$

で定める．このとき以下のことが成り立つ．

(1) $W(\alpha)$ は K^n の部分空間である．

(2) $\dim W(\alpha) = n - \operatorname{rank}(\alpha I_n - A)$ である．

証明　$B = \alpha I_n - A$ とおき，B が定める線形写像 $L_B : K^n \to K^n, L_B(\boldsymbol{x}) = B\boldsymbol{x}$ を考える．

(1) ベクトル $\boldsymbol{v}$ について，$\boldsymbol{v} \in W(\alpha)$ であることは $L_B(\boldsymbol{v}) = \boldsymbol{0}$ であることと同値である．よって $W(\alpha)$ は L_B の核 $\mathrm{Ker} L_B$ にほかならない．したがって命題 9.17 (1) より，$W(\alpha)$ は部分空間である．

(2) (1) の証明より $W(\alpha) = \mathrm{Ker} L_B$ である．よって，次元定理 (定理 9.21) より

$$\dim W(\alpha) = \dim \mathrm{Ker} L_B = n - \dim \mathrm{Im} L_B$$

である．$\mathrm{Im} L_B$ の次元は行列 B の階数だから，$W(\alpha)$ の次元は $n - \mathrm{rank}\, B$，つまり $n - \mathrm{rank}\,(\alpha I_n - A)$ に等しい．■

スカラー α が行列 A の固有値であるとは，$A\boldsymbol{p} = \alpha \boldsymbol{p}$ を満たす $\boldsymbol{0}$ でないベクトル $\boldsymbol{p}$ が存在することである (定義 11.1)．よって，α が固有値であることと，(12.3) で定まる部分空間 $W(\alpha)$ が $\{\boldsymbol{0}\}$ でないことは同値である．

定義 12.13　A は n 次の正方行列であるとする．α が A の固有値であるとき，(12.3) で定まる K^n の部分空間 $W(\alpha)$ を，固有値 α に対する**固有空間**と呼ぶ．

異なる固有値に対する固有ベクトルは線形独立であること (命題 11.15) から，次のことがわかる．

命題 12.14　A は n 次の正方行列で，$\alpha_1, \alpha_2, \ldots, \alpha_r$ は A の相異なる固有値であるとする．このとき，固有空間の和 $W(\alpha_1) + W(\alpha_2) + \cdots + W(\alpha_r)$ は直和である．

証明　それぞれの固有空間のベクトル $\boldsymbol{w}_1 \in W(\alpha_1), \boldsymbol{w}_2 \in W(\alpha_2), \ldots, \boldsymbol{w}_r \in W(\alpha_r)$ について $\sum_{j=1}^{r} \boldsymbol{w}_j = \boldsymbol{0}$ が成り立つとする．このとき，$\boldsymbol{w}_1, \boldsymbol{w}_2, \ldots, \boldsymbol{w}_r$ がすべて $\boldsymbol{0}$ であることを示せばよい．仮に $\boldsymbol{w}_1, \boldsymbol{w}_2, \ldots, \boldsymbol{w}_r$ のなかに $\boldsymbol{0}$ でないものがあるとする．$\boldsymbol{0}$ でないものの個数を s とおいて，$\boldsymbol{w}_1, \boldsymbol{w}_2, \ldots, \boldsymbol{w}_r$ のなかで $\boldsymbol{0}$ でないものをあらためて $\boldsymbol{u}_1, \boldsymbol{u}_2, \ldots, \boldsymbol{u}_s$ とおく．このとき，$\boldsymbol{u}_1, \boldsymbol{u}_2, \ldots, \boldsymbol{u}_s$ は相異なる固有値に対する固有ベクトルであり，$\boldsymbol{u}_1 + \boldsymbol{u}_2 + \cdots + \boldsymbol{u}_s = \boldsymbol{0}$ が成り立つ．これは命題 11.15 の結論に矛盾する．以上より，$\boldsymbol{w}_1, \boldsymbol{w}_2, \ldots, \boldsymbol{w}_r$ はすべて $\boldsymbol{0}$ である．■

12.3.2 対角化可能性の言い換え

では，行列が対角化可能であるための条件を書き下そう．

定理 12.15 n 次の正方行列 A の相異なる固有値を $\alpha_1, \alpha_2, \ldots, \alpha_r$ とし，それぞれの重複度を $m_1, m_2, \ldots, m_r$ とする．このとき，次の四つの条件は同値である．

(1) A は対角化可能である．

(2) すべての $j = 1, 2, \ldots, r$ について，$\dim W(\alpha_j) = m_j$ が成り立つ．

(3) $\sum_{j=1}^{r} \{n - \mathrm{rank}\,(\alpha_j I_n - A)\} = n$ が成り立つ．

(4) $\mathbb{C}^n = W(\alpha_1) \oplus W(\alpha_2) \oplus \cdots \oplus W(\alpha_r)$ である．

証明 証明の前に以下のことに注意する．まず，$m_1, m_2, \ldots, m_r$ は n 次の正方行列の固有値の重複度だから，$\sum_{j=1}^{r} m_j = n$ である．次に，命題 12.14 より，固有空間の和 $W(\alpha_1) + W(\alpha_2) + \cdots + W(\alpha_r)$ は直和である．そこで $W = W(\alpha_1) \oplus W(\alpha_2) \oplus \cdots \oplus W(\alpha_r)$ とおくと，定理 12.10 より $\dim W = \sum_{j=1}^{r} \dim W(\alpha_j)$ である．以上のことを使って定理を証明する．

(1) ならば (2) であること　行列 A は対角化可能であるとする．対角行列 D を

$$D = \mathrm{diag}(\underbrace{\alpha_1, \ldots, \alpha_1}_{m_1\text{ 個}}, \underbrace{\alpha_2, \ldots, \alpha_2}_{m_2\text{ 個}}, \ldots, \underbrace{\alpha_r, \ldots, \alpha_r}_{m_r\text{ 個}})$$

で定めると，命題 11.12 より $P^{-1}AP = D$ を満たす正則行列 P が取れる．このとき，P の列ベクトル表示を

$$P = (\underbrace{\boldsymbol{p}_1^{(1)}\ \boldsymbol{p}_2^{(1)}\ \cdots\ \boldsymbol{p}_{m_1}^{(1)}}_{m_1\text{ 個}}\ \underbrace{\boldsymbol{p}_1^{(2)}\ \boldsymbol{p}_2^{(2)}\ \cdots\ \boldsymbol{p}_{m_2}^{(2)}}_{m_2\text{ 個}}\ \cdots\cdots\ \underbrace{\boldsymbol{p}_1^{(r)}\ \boldsymbol{p}_2^{(r)}\ \cdots\ \boldsymbol{p}_{m_r}^{(r)}}_{m_r\text{ 個}}) \tag{12.4}$$

とおく．$PD = AP$ が成り立つので，各 $j = 1, 2, \ldots, r$ について，m_j 個のベクトル $\boldsymbol{p}_1^{(j)}, \boldsymbol{p}_2^{(j)}, \ldots, \boldsymbol{p}_{m_j}^{(j)}$ は $W(\alpha_j)$ に属する．さらに，P は正則であるから，これらのベクトルは線形独立である (命題 7.23, 定理 10.15)．したがって命題 7.24 より $\dim W(\alpha_j) \geqq m_j$ が成り立つ．

以上より，すべての $j = 1, 2, \ldots, r$ について $\dim W(\alpha_j) \geqq m_j$ であることが言えた．この不等式において等号が成り立つことを示そう．仮にある k について

$\dim W(\alpha_k) > m_k$ であるとすると，$\dim W(\alpha_k) \geqq m_k + 1$ であるから[4]

$$\sum_{j=1}^{r} \dim W(\alpha_j) \geqq \sum_{j=1}^{k-1} m_j + (m_k + 1) + \sum_{j=k+1}^{r} m_j = \sum_{j=1}^{r} m_j + 1 = n + 1$$

が成り立つ．ここで，証明の始めに注意したように左辺は W の次元に等しいから，$\dim W \geqq n+1$ となる．しかしこれは W が $\mathbb{C}^n$ の部分空間であることに反する (命題 7.28 を $W_2 = \mathbb{C}^n$ として適用せよ)．したがって，すべての $j = 1, 2, \ldots, r$ について $\dim W(\alpha_j) = m_j$ が成り立つ．

(2) ならば (3) であること　すべての $j = 1, 2, \ldots, r$ について $\dim W(\alpha_j) = m_j$ であるとする．このとき，命題 12.12 よりすべての $j = 1, 2, \ldots, r$ について $n - \operatorname{rank}(\alpha_j I_n - A) = m_j$ である．$\sum_{j=1}^{r} m_j = n$ であるから，条件 (3) の等式が成り立つ．

(3) ならば (4) であること　条件 (3) の等式が成り立つとする．命題 12.12 より，すべての $j = 1, 2, \ldots, r$ について $n - \operatorname{rank}(\alpha_j I_n - A) = \dim W(\alpha_j)$ であるから，$\sum_{j=1}^{r} \dim W(\alpha_j) = n$ が成り立つ．この左辺は W の次元に等しいから，命題 7.28 より $W = \mathbb{C}^n$ が成り立つ．

(4) ならば (1) であること　$W = \mathbb{C}^n$ が成り立つとする．このとき，各 $j = 1, 2, \ldots, r$ について，$W(\alpha_j)$ の基底 $S_j = \{\boldsymbol{p}_1^{(j)}, \boldsymbol{p}_2^{(j)}, \ldots, \boldsymbol{p}_{d_j}^{(j)}\}$ (ただし $d_j = \dim W(\alpha_j)$) を 1 組とり，n 次の正方行列 P を

$$P = (\underbrace{\boldsymbol{p}_1^{(1)}\ \boldsymbol{p}_2^{(1)}\ \cdots\ \boldsymbol{p}_{d_1}^{(1)}}_{d_1\text{ 個}}\ \underbrace{\boldsymbol{p}_1^{(2)}\ \boldsymbol{p}_2^{(2)}\ \cdots\ \boldsymbol{p}_{d_2}^{(2)}}_{d_2\text{ 個}}\ \cdots\cdots\ \underbrace{\boldsymbol{p}_1^{(r)}\ \boldsymbol{p}_2^{(r)}\ \cdots\ \boldsymbol{p}_{d_r}^{(r)}}_{d_r\text{ 個}})$$

と定める．このとき対角行列 D' を

$$D' = \operatorname{diag}(\underbrace{\alpha_1, \ldots, \alpha_1}_{d_1\text{ 個}}, \underbrace{\alpha_2, \ldots, \alpha_2}_{d_2\text{ 個}}, \ldots, \underbrace{\alpha_r, \ldots, \alpha_r}_{d_r\text{ 個}})$$

で定めると $AP = PD'$ が成り立つ．さらに，系 12.11 より $S_1 \cup S_2 \cup \cdots \cup S_r$ は $\mathbb{C}^n$ の基底であるから，P は正則である (定理 10.15)．よって P^{-1} が存在するので，$AP = PD'$ の両辺に左から P^{-1} を掛ければ $P^{-1}AP = D'$ となる．したがって A は対角化可能である．■

4] 次元は整数だから，m_k よりも大きいのなら，$(m_k + 1)$ 以上である．

例 12.16 例 11.2 の行列

$$A = \begin{pmatrix} 0 & 2 & -3 \\ 2 & -3 & 6 \\ 1 & -2 & 4 \end{pmatrix}$$

は対角化可能であるかどうか調べよう．A の固有多項式を計算すると $F_A(x) = (x+1)(x-1)^2$ である．よって固有方程式は重解 1 をもつので，前章の定理 11.16 では判定できない．以下では定理 12.15 の条件 (2) を使って判定しよう．

まず，固有値 (-1) に対する固有空間 $W(-1)$ の次元を求める．命題 12.12 (2) より，$W(-1)$ の次元は $3 - \mathrm{rank}\,(-I - A)$ に等しい．$-I - A$ を行に関する基本変形で階段行列に変形すると

$$-I - A = \begin{pmatrix} -1 & -2 & 3 \\ -2 & 2 & -6 \\ -1 & 2 & -5 \end{pmatrix} \longrightarrow \begin{pmatrix} -1 & -2 & 3 \\ 0 & 6 & -12 \\ 0 & 4 & -8 \end{pmatrix}$$
$$\longrightarrow \begin{pmatrix} 1 & 2 & -3 \\ 0 & 1 & -2 \\ 0 & 1 & -2 \end{pmatrix} \longrightarrow \begin{pmatrix} 1 & 2 & -3 \\ 0 & 1 & -2 \\ 0 & 0 & 0 \end{pmatrix}$$

となるから，$-I - A$ の階数は 2 である．したがって $W(-1)$ の次元は 1 である．

次に $W(1)$ の次元を計算する．この場合は $I - A$ の階数を計算すればよい．

$$I - A = \begin{pmatrix} 1 & -2 & 3 \\ -2 & 4 & -6 \\ -1 & 2 & -3 \end{pmatrix} \longrightarrow \begin{pmatrix} 1 & -2 & 3 \\ 0 & 0 & 0 \\ 0 & 0 & 0 \end{pmatrix}$$

と変形されるので，$W(1)$ の次元は $3 - \mathrm{rank}\,(I - A) = 3 - 1 = 2$ である．

以上より，それぞれの固有空間 $W(-1), W(1)$ は固有値の重複度と等しい次元をもつから，定理 12.15 より A は対角化可能である．

A を対角化する正則行列 P を構成するには，それぞれの固有空間の基底を取ればよい．固有空間 $W(-1)$ は，斉次連立 1 次方程式 $(-I - A)\boldsymbol{x} = \mathbf{0}$ の解全体のなす部分空間である．上の変形を続けて $-I - A$ を簡約階段行列に変形すれば，解は

$$\boldsymbol{x} = \begin{pmatrix} -t \\ 2t \\ t \end{pmatrix} = t \begin{pmatrix} -1 \\ 2 \\ 1 \end{pmatrix}$$

と表されることがわかる (t は任意定数). したがって $W(-1)$ の基底として $\boldsymbol{p}_1 = {}^t(-1,2,1)$ が取れる. 同様に, 固有空間 $W(1)$ は $(I-A)\boldsymbol{x} = \boldsymbol{0}$ の解全体のなす部分空間であり, その解は

$$\boldsymbol{x} = \begin{pmatrix} 2s-3t \\ s \\ t \end{pmatrix} = s\begin{pmatrix} 2 \\ 1 \\ 0 \end{pmatrix} + t\begin{pmatrix} -3 \\ 0 \\ 1 \end{pmatrix}$$

である (s,t は任意定数). ベクトル $\boldsymbol{p}_2 = {}^t(2,1,0), \boldsymbol{p}_3 = {}^t(-3,0,1)$ は線形独立だから, これらは $W(1)$ の基底をなす. したがって, 行列

$$P = \begin{pmatrix} \boldsymbol{p}_1 & \boldsymbol{p}_2 & \boldsymbol{p}_3 \end{pmatrix} = \begin{pmatrix} -1 & 2 & -3 \\ 2 & 1 & 0 \\ 1 & 0 & 1 \end{pmatrix}$$

によって, A は次のように対角化される.

$$P^{-1}AP = \begin{pmatrix} -1 & 0 & 0 \\ 0 & 1 & 0 \\ 0 & 0 & 1 \end{pmatrix}$$

例 12.17　次の行列 A が対角化可能であるかどうかを調べよう.

$$A = \begin{pmatrix} 4 & -3 & 2 \\ -3 & 8 & -3 \\ -11 & 21 & -9 \end{pmatrix}$$

A の固有多項式は $F_A(x) = (x+1)(x-2)^2$ となるので, A の固有値は (-1) と 2 である. 例 12.16 と同様にして固有空間の次元を計算すると, $\dim W(-1) = 1, \dim W(2) = 1$ となる. $W(2)$ の次元は固有値 2 の重複度 2 と一致しないので, 定理 12.15 より A は対角化可能でない.

演習問題

問 12.1.1　数ベクトル空間 V の部分空間 W_1, W_2 が, V のベクトルの組によって $W_1 = \langle \boldsymbol{a}_1, \boldsymbol{a}_2, \ldots, \boldsymbol{a}_m \rangle, W_2 = \langle \boldsymbol{b}_1, \boldsymbol{b}_2, \ldots, \boldsymbol{b}_n \rangle$ と表されるとき

$$W_1 + W_2 = \langle \boldsymbol{a}_1, \boldsymbol{a}_2, \ldots, \boldsymbol{a}_m, \boldsymbol{b}_1, \boldsymbol{b}_2, \ldots, \boldsymbol{b}_n \rangle$$

であることを示せ (ただし m, n は正の整数).

問 12.1.2 数ベクトル空間 V の $\{\mathbf{0}\}$ でない部分空間 W_1, W_2 は $W_1 \cap W_2 = \{\mathbf{0}\}$ を満たすとする. W_1 の基底 S_1 と W_2 の基底 S_2 を 1 組ずつとる.

(1) $S_1 \cap S_2$ は空集合である. なぜか.

(2) $S_1 \cup S_2$ は $W_1 + W_2$ の基底であることを示せ.

問 12.1.3 A と B はともに (m, n) 型行列であるとする.

(1) $A, B, A+B$ が定める線形写像 L_A, L_B, L_{A+B} は, すべて K^n から K^m への写像である. これらの像について $\mathrm{Im} L_{A+B} \subset \mathrm{Im} L_A + \mathrm{Im} L_B$ が成り立つことを示せ.

(2) $\mathrm{rank}\,(A+B) \leqq \mathrm{rank}\, A + \mathrm{rank}\, B$ であることを示せ.

問 12.2.1 数ベクトル空間 V の部分空間 $W_1, W_2, \ldots, W_r$ について, 次の二つの条件は同値であることを, 直和の定義を使って示せ.

(1) 部分空間の和 $W_1 + W_2 + \cdots + W_r$ は直和である.

(2) 部分空間の和 $W_1 + W_2 + \cdots + W_r$ のどのベクトル $\boldsymbol{w}$ についても, $\boldsymbol{w} = \sum_{j=1}^{r} \boldsymbol{w}_j$ を満たすベクトル $\boldsymbol{w}_1 \in W_1, \boldsymbol{w}_2 \in W_2, \ldots, \boldsymbol{w}_r \in W_r$ が, $\boldsymbol{w}$ に応じてただ 1 通りに定まる.

問 12.2.2 数ベクトル空間 V の部分空間 $W_1, W_2, \ldots, W_r$ の和 $W_1 + W_2 + \cdots + W_r$ が直和ならば, $W_1, W_2, \ldots, W_r$ のどの二つの共通部分も $\{\mathbf{0}\}$ であることを示せ.

問 12.2.3 問 12.2.2 の主張の逆は成り立たない. これを確認するために, $\mathbb{R}^3$ の部分空間 W_1, W_2, W_3 であって, 次の条件をともに満たすものの例を挙げよ.

- $W_1 \cap W_2, W_2 \cap W_3, W_3 \cap W_1$ はすべて $\{\mathbf{0}\}$ に等しい.
- 部分空間の和 $W_1 + W_2 + W_3$ は直和でない.

問 12.3.1 次の正方行列が対角化可能であるかどうかを判定せよ.

(1) $\begin{pmatrix} -4 & -2 & -1 \\ 5 & 3 & 1 \\ 5 & 2 & 2 \end{pmatrix}$ (2) $\begin{pmatrix} -2 & -1 & 3 \\ 10 & 5 & -6 \\ -5 & -1 & 6 \end{pmatrix}$

(3) $\begin{pmatrix} 2 & 0 & 0 & 0 \\ -1 & 3 & 2 & -2 \\ 2 & -2 & -2 & 1 \\ 0 & 0 & 0 & -1 \end{pmatrix}$ (4) $\begin{pmatrix} 1 & 0 & 0 & 0 \\ -2 & -1 & 0 & 0 \\ 1 & 1 & 1 & 2 \\ -1 & -1 & 0 & -1 \end{pmatrix}$

問 12.3.2　n 次の正方行列 X, Y について，複素数を成分とする正則行列 P であって $Y = P^{-1}XP$ を満たすものが存在するとき，X と Y は相似であるという．3 次の正方行列

$$A = \begin{pmatrix} 1 & 0 & 0 \\ 0 & 2 & 0 \\ 0 & 0 & 3 \end{pmatrix}, \quad B = \begin{pmatrix} 1 & 0 & 0 \\ 0 & 2 & 1 \\ 0 & 0 & 3 \end{pmatrix},$$

$$C = \begin{pmatrix} 1 & 0 & 0 \\ 0 & 2 & 0 \\ 0 & 0 & 2 \end{pmatrix}, \quad D = \begin{pmatrix} 1 & 0 & 0 \\ 0 & 2 & 1 \\ 0 & 0 & 2 \end{pmatrix}$$

について，次の二つの行列は相似であるかどうか判定せよ．

(1) A と B　　(2) B と C　　(3) C と D

(補足:P が正則ならば P^{-1} も正則で，等式 $Y = P^{-1}XP$ と $X = (P^{-1})^{-1}YP^{-1}$ は同値であるから,「X と Y は相似であること」と「Y と X は相似であること」は同値である．)

第13章
数ベクトル空間の標準内積

13.1 標準内積とその性質

13.1.1 空間ベクトルの内積

空間ベクトルの内積の定義を復習しよう．空間ベクトル $\vec{a}$ と $\vec{b}$ の始点が一致するように平行移動させたとき，これらのベクトルのはさむ角の大きさ θ が $0^\circ \leqq \theta \leqq 180^\circ$ の範囲で定まる (図 13.1)．このとき，$\vec{a}$ と $\vec{b}$ の内積 $\vec{a} \cdot \vec{b}$ を

$$\vec{a} \cdot \vec{b} = \|\vec{a}\| \, \|\vec{b}\| \cos\theta$$

で定める．ただし $\|\vec{a}\|$ は $\vec{a}$ の大きさ (長さ) である．

応用上は，大きさが 1 のベクトルとの内積が重要である．xyz 空間の原点 O を通り方向ベクトルが $\vec{n}$ である直線を ℓ とする．$\vec{n}$ に正の定数を掛けても方向は変わらないから，$\vec{n}$ の大きさは 1 であるとしてよい．このとき，空間ベクトル $\vec{a}$ と $\vec{n}$ の内積は，以下のような幾何学的意味をもつ．まず，$\vec{a}$ を平行移動させて始点を原点 O に重ねる．このときの $\vec{a}$ の終点を A とする．そして，A から ℓ に下ろした垂線の足を H とし，$\vec{a}$ と $\vec{n}$ のなす角の大きさを θ とする (図 13.2)．$\vec{n}$

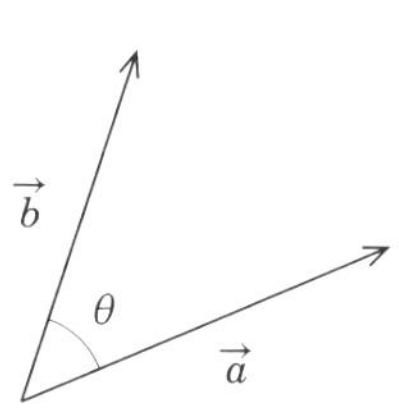

図 13.1

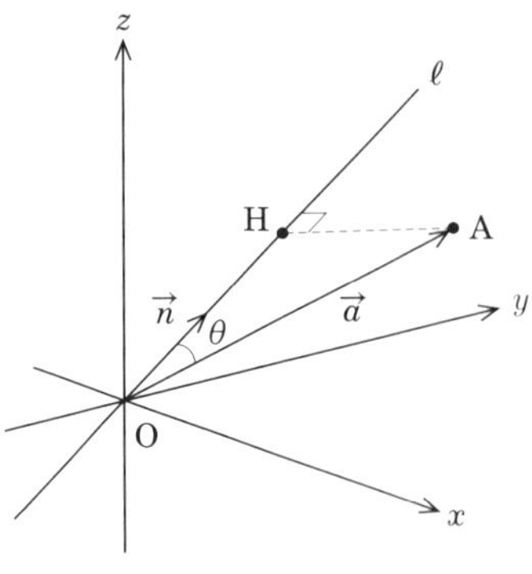

図 13.2

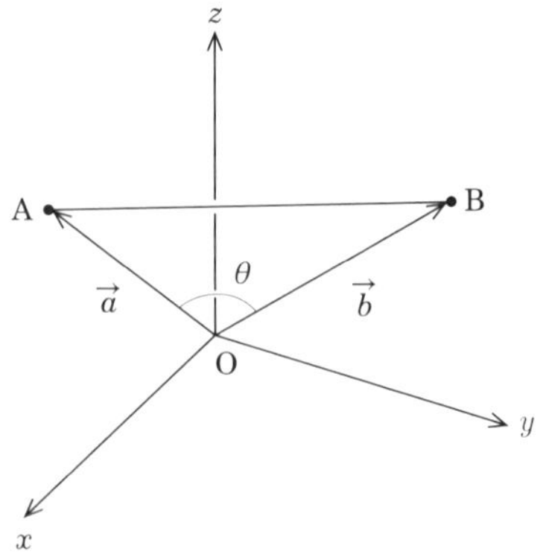

図 13.3

の大きさは 1 だから，$\vec{a}\cdot\vec{n} = \|\vec{a}\|\cos\theta$ となる．$0^\circ \leqq \theta \leqq 90^\circ$ のとき，この値は線分 OH の長さに等しいから，点の位置が $\vec{a}$ だけ変化するとき $\vec{n}$ の方向にどれだけ動くかを表す量と見なせる．$90^\circ \leqq \theta \leqq 180^\circ$ のときは，$\|\vec{a}\|\cos\theta$ の値は線分 OH の長さの (-1) 倍となるが，この符号は $\vec{n}$ と逆向きに動くことを表すと考える．以上のように考えれば，内積 $\vec{a}\cdot\vec{n}$ は「$\vec{n}$ 方向への変化を $\vec{a}$ がどれだけ含むか」を表す量と見なせることがわかる．

空間ベクトルの内積を，成分表示を使って表そう (成分表示については 8.3 節を参照せよ)．空間ベクトル $\vec{a}, \vec{b}$ の成分表示がそれぞれ ${}^t(a_1, a_2, a_3), {}^t(b_1, b_2, b_3)$ であるとする．このとき，$\vec{a}, \vec{b}$ の始点が原点 O となるように平行移動すれば，これらの終点はそれぞれ $\mathrm{A}(a_1, a_2, a_3), \mathrm{B}(b_1, b_2, b_3)$ となる．$\vec{a}$ と $\vec{b}$ のなす角を θ とすると，余弦定理より $\cos\theta$ は次のように表される (図 13.3)．

$$\cos\theta = \frac{\mathrm{OA}^2 + \mathrm{OB}^2 - \mathrm{AB}^2}{2\mathrm{OA}\cdot\mathrm{OB}}$$

$\mathrm{OA} = \|\vec{a}\|, \mathrm{OB} = \|\vec{b}\|$ であるから

$$\vec{a}\cdot\vec{b} = \mathrm{OA}\cdot\mathrm{OB}\cdot\cos\theta = \frac{1}{2}(\mathrm{OA}^2 + \mathrm{OB}^2 - \mathrm{AB}^2)$$

である．ここで

$$\mathrm{OA} = \sqrt{a_1^2 + a_2^2 + a_3^2}, \quad \mathrm{OB} = \sqrt{b_1^2 + b_2^2 + b_3^2},$$
$$\mathrm{AB} = \sqrt{(a_1 - b_1)^2 + (a_2 - b_2)^2 + (a_3 - b_3)^2}$$

であるから

$$\mathrm{OA}^2 + \mathrm{OB}^2 - \mathrm{AB}^2 = 2(a_1b_1 + a_2b_2 + a_3b_3)$$

となる．以上より，$\vec{a}$ と $\vec{b}$ の内積は成分表示を使って

$$\vec{a} \cdot \vec{b} = a_1b_1 + a_2b_2 + a_3b_3$$

と表されることが分かった．

13.1.2 $\mathbb{R}^n$ の標準内積

数ベクトル空間 $\mathbb{R}^3$ のベクトルは，8.3 節で述べたように，成分表示を通じて空間ベクトルと同一視できる．よって，数ベクトル空間 $\mathbb{R}^3$ においても，ベクトル $\boldsymbol{a} = {}^t(a_1, a_2, a_3)$ と $\boldsymbol{b} = {}^t(b_1, b_2, b_3)$ の内積を $a_1b_1 + a_2b_2 + a_3b_3$ と定めるのが自然だろう．これを一般化して，n 次元数ベクトル空間 $\mathbb{R}^n$ に内積を定義する．

定義 13.1 $\mathbb{R}^n$ のベクトル $\boldsymbol{x} = {}^t(x_1, x_2, \ldots, x_n)$, $\boldsymbol{y} = {}^t(y_1, y_2, \ldots, y_n)$ に対し，実数 $(\boldsymbol{x}, \boldsymbol{y})$ を次で定め，この値を $\boldsymbol{x}$ と $\boldsymbol{y}$ の標準内積と呼ぶ．

$$(\boldsymbol{x}, \boldsymbol{y}) = x_1y_1 + x_2y_2 + \cdots + x_ny_n$$

ベクトル $\boldsymbol{x}, \boldsymbol{y}$ について $(\boldsymbol{x}, \boldsymbol{y}) = 0$ が成り立つとき，$\boldsymbol{x}$ と $\boldsymbol{y}$ は (標準内積に関して) 直交するという．

標準内積 $(\boldsymbol{x}, \boldsymbol{y})$ はベクトルではなくスカラーであることに注意する．内積は次の性質をもつ．

命題 13.2 $\mathbb{R}^n$ の標準内積について，$\mathbb{R}^n$ のベクトル $\boldsymbol{x}, \boldsymbol{y}, \boldsymbol{z}$ とスカラー λ をどのようにとっても以下のことが成り立つ．

(1) $(\boldsymbol{x} + \boldsymbol{y}, \boldsymbol{z}) = (\boldsymbol{x}, \boldsymbol{z}) + (\boldsymbol{y}, \boldsymbol{z}), \quad (\boldsymbol{x}, \boldsymbol{y} + \boldsymbol{z}) = (\boldsymbol{x}, \boldsymbol{y}) + (\boldsymbol{x}, \boldsymbol{z})$

(2) $(\lambda\boldsymbol{x}, \boldsymbol{y}) = \lambda(\boldsymbol{x}, \boldsymbol{y}), \quad (\boldsymbol{x}, \lambda\boldsymbol{y}) = \lambda(\boldsymbol{x}, \boldsymbol{y})$

(3) $(\boldsymbol{x}, \boldsymbol{y}) = (\boldsymbol{y}, \boldsymbol{x})$

(4) $(\boldsymbol{x}, \boldsymbol{x}) \geqq 0$. 等号が成立するのは $\boldsymbol{x} = \boldsymbol{0}$ のときに限る．

証明 標準内積の定義から，いずれも容易に証明できる．ここでは (4) のみ証明しよう．$\boldsymbol{x} = {}^t(x_1, x_2, \cdots, x_n)$ とおくと

$$(\boldsymbol{x},\boldsymbol{x})=x_1^2+x_2^2+\cdots+x_n^2$$

となる．$x_1,x_2,\ldots,x_n$ はすべて実数であるから，その 2 乗は 0 以上である．よって $(\boldsymbol{x},\boldsymbol{x})\geqq 0$ である．さらに，$x_1^2+x_2^2+\cdots+x_n^2=0$ となるのは $x_1,x_2,\ldots,x_n$ がすべて 0 のときだから，$(\boldsymbol{x},\boldsymbol{x})=0$ となるのは $\boldsymbol{x}=\boldsymbol{0}$ であるときに限る． ■

次に，空間ベクトルの大きさ (長さ) の概念を $\mathbb{R}^n$ に拡張しよう．空間ベクトル $\vec{a}$ が自分自身となす角の大きさは 0° であるから

$$\vec{a}\cdot\vec{a}=\|\vec{a}\|\|\vec{a}\|\cos 0^\circ=\|\vec{a}\|^2$$

である．よって，$\vec{a}$ の大きさは内積を使って $\|\vec{a}\|=\sqrt{\vec{a}\cdot\vec{a}}$ と表される．これを一般化して，数ベクトルの大きさにあたる量 (ノルム) を次で定義する．

定義 13.3 $\mathbb{R}^n$ のベクトル $\boldsymbol{x}$ に対して，$\boldsymbol{x}$ のノルム $\|\boldsymbol{x}\|$ を次で定める．

$$\|\boldsymbol{x}\|=\sqrt{(\boldsymbol{x},\boldsymbol{x})}$$

例 13.4 $\mathbb{R}^4$ のベクトル $\boldsymbol{x}={}^t(2,1,-3,-1)$ のノルムは

$$\|\boldsymbol{x}\|=\sqrt{2^2+1^2+(-3)^2+(-1)^2}=\sqrt{15}$$

である．

$\mathbb{R}^n$ の $\boldsymbol{0}$ でないベクトル $\boldsymbol{x}$ について，$\tilde{\boldsymbol{x}}=\dfrac{1}{\|\boldsymbol{x}\|}\boldsymbol{x}$ とおくと

$$\|\tilde{\boldsymbol{x}}\|^2=(\frac{1}{\|\boldsymbol{x}\|}\boldsymbol{x},\frac{1}{\|\boldsymbol{x}\|}\boldsymbol{x})=\frac{1}{\|\boldsymbol{x}\|^2}(\boldsymbol{x},\boldsymbol{x})=\frac{1}{\|\boldsymbol{x}\|^2}\|\boldsymbol{x}\|^2=1$$

であり，ノルムの定義から $\|\tilde{\boldsymbol{x}}\|\geqq 0$ であるから，$\|\tilde{\boldsymbol{x}}\|=1$ である．このように，ベクトルにそのノルムの逆数を掛けて，全体のノルムが 1 になるようにする操作を**正規化**と呼ぶ．

13.1.3 $\mathbb{C}^n$ の標準内積

次に，$\mathbb{C}$ 上の数ベクトル空間 $\mathbb{C}^n$ に内積を定義したい．このとき，$\mathbb{R}^n$ の標準内積の定義 13.1 を，そのまま $\mathbb{C}^n$ に採用すると，ノルムをうまく定義できない．た

とえば，$\mathbb{C}^2$ のベクトル $\boldsymbol{x} = {}^t(1, i)$ について，$1^2 + i^2 = 1 + (-1) = 0$ であるから，$\mathbf{0}$ でないベクトル $\boldsymbol{x}$ のノルムを 0 と定義することになってしまう．そこで $\mathbb{R}^n$ の内積の定義を次のように変更する．

定義 13.5 $\mathbb{C}$ 上の数ベクトル空間 $\mathbb{C}^n$ のベクトル $\boldsymbol{x} = {}^t(x_1, x_2, \cdots, x_n)$, $\boldsymbol{y} = {}^t(y_1, y_2, \cdots, y_n)$ に対し，複素数 $(\boldsymbol{x}, \boldsymbol{y})$ を

$$(\boldsymbol{x}, \boldsymbol{y}) = \overline{x_1}y_1 + \overline{x_2}y_2 + \cdots + \overline{x_n}y_n$$

で定め，この値を $\boldsymbol{x}$ と $\boldsymbol{y}$ の標準内積と呼ぶ[1]．

$\mathbb{C}^n$ のベクトルについても，$(\boldsymbol{x}, \boldsymbol{y}) = 0$ が成り立つとき $\boldsymbol{x}$ と $\boldsymbol{y}$ は ($\mathbb{C}^n$ の標準内積に関して) **直交する**という．このように定義された $\mathbb{C}^n$ の標準内積について，以下のことが成り立つ．

命題 13.6 $\mathbb{C}^n$ の標準内積について，$\mathbb{C}^n$ のベクトル $\boldsymbol{x}, \boldsymbol{y}, \boldsymbol{z}$ とスカラー λ をどのようにとっても以下のことが成り立つ．

(1) $(\boldsymbol{x} + \boldsymbol{y}, \boldsymbol{z}) = (\boldsymbol{x}, \boldsymbol{z}) + (\boldsymbol{y}, \boldsymbol{z})$, $\quad (\boldsymbol{x}, \boldsymbol{y} + \boldsymbol{z}) = (\boldsymbol{x}, \boldsymbol{y}) + (\boldsymbol{x}, \boldsymbol{z})$

(2) $(\lambda\boldsymbol{x}, \boldsymbol{y}) = \overline{\lambda}(\boldsymbol{x}, \boldsymbol{y})$, $\quad (\boldsymbol{x}, \lambda\boldsymbol{y}) = \lambda(\boldsymbol{x}, \boldsymbol{y})$

(3) $(\boldsymbol{x}, \boldsymbol{y}) = \overline{(\boldsymbol{y}, \boldsymbol{x})}$

(4) $(\boldsymbol{x}, \boldsymbol{x}) \geqq 0$. 等号が成立するのは $\boldsymbol{x} = \mathbf{0}$ のときに限る．

証明 (1), (2) の証明は難しくないので，ここでは (3) と (4) を証明する．

(3) $\boldsymbol{x} = {}^t(x_1, x_2, \cdots, x_n)$, $\boldsymbol{y} = {}^t(y_1, y_2, \cdots, y_n)$ とおくと

$$(\boldsymbol{y}, \boldsymbol{x}) = \overline{y_1}x_1 + \overline{y_2}x_2 + \cdots + \overline{y_n}x_n$$

である．両辺の共役複素数をとると

$$\begin{aligned}\overline{(\boldsymbol{y}, \boldsymbol{x})} &= \overline{\overline{y_1}x_1 + \overline{y_2}x_2 + \cdots + \overline{y_n}x_n} \\ &= \overline{\overline{y_1}x_1} + \overline{\overline{y_2}x_2} + \cdots + \overline{\overline{y_n}x_n} \\ &= \overline{\overline{y_1}}\,\overline{x_1} + \overline{\overline{y_2}}\,\overline{x_2} + \cdots + \overline{\overline{y_n}}\,\overline{x_n}\end{aligned}$$

1] $\mathbb{C}^n$ の標準内積を，$\boldsymbol{y}$ の成分の方を共役複素数にして $(\boldsymbol{x}, \boldsymbol{y}) = x_1\overline{y_1} + x_2\overline{y_2} + \cdots + x_n\overline{y_n}$ で定義することもある．この場合には，命題 13.6 (2) の右辺の λ を $\overline{\lambda}$ に修正しなければならないが，以下の議論は本質的に変わらない．

$$= y_1\overline{x_1} + y_2\overline{x_2} + \cdots + y_n\overline{x_n}$$

となり，右辺は $(\boldsymbol{x}, \boldsymbol{y})$ に等しいから，示すべき等式が成り立つ．

(4) $\boldsymbol{x} = {}^t(x_1, x_2, \cdots, x_n)$ とおくと

$$(\boldsymbol{x}, \boldsymbol{x}) = \overline{x_1}x_1 + \overline{x_2}x_2 + \cdots + \overline{x_n}x_n = |x_1|^2 + |x_2|^2 + \cdots + |x_n|^2$$

である．複素数の絶対値 $|x_1|, |x_2|, \ldots, |x_n|$ は実数だから $(\boldsymbol{x}, \boldsymbol{x}) \geqq 0$ が成り立ち，$(\boldsymbol{x}, \boldsymbol{x}) = 0$ となるのは $|x_1|, |x_2|, \ldots, |x_n|$ がすべて 0 であるときに限る．よって $\boldsymbol{x} = \boldsymbol{0}$ であるときに限り $(\boldsymbol{x}, \boldsymbol{x}) = 0$ が成り立つ．■

命題 13.2 (1) および命題 13.6 (1) より，複数のベクトルに対する内積の加法性

$$\left(\sum_{j=1}^{r} \boldsymbol{x}_j, \boldsymbol{y}\right) = \sum_{j=1}^{r} (\boldsymbol{x}_j, \boldsymbol{y}), \quad \left(\boldsymbol{x}, \sum_{j=1}^{r} \boldsymbol{y}_j\right) = \sum_{j=1}^{r} (\boldsymbol{x}, \boldsymbol{y}_j)$$

が成り立つことも証明できる (命題 9.12 と同様に，r に関する数学的帰納法を用いればよい)．

13.2　正規直交基底

13.2.1　正規直交系と正規直交基底

$\mathbb{R}^3$ の基本ベクトル $\boldsymbol{e}_1, \boldsymbol{e}_2, \boldsymbol{e}_3$ を，第 8 章で述べた同一視によって xyz 空間に実現すると，図 13.4 のようになる．対応する空間ベクトル $\vec{e}_1, \vec{e}_2, \vec{e}_3$ の間には次の関係がある．

- いずれも大きさは 1 である．
- どの二つも直交する．

これらの条件を満たすベクトルの組を正規直交系と呼ぶ．クロネッカーのデルタ記号 (p.88) を使って，きちんと定義を述べよう．

定義 13.7　K^n のベクトルの組 $\boldsymbol{b}_1, \boldsymbol{b}_2, \ldots, \boldsymbol{b}_r$ が**正規直交系**であるとは，すべての $j, k = 1, 2, \ldots, r$ について $(\boldsymbol{b}_j, \boldsymbol{b}_k) = \delta_{jk}$ であるときにいう．

正規直交系に関して，次の事実は基本的である．

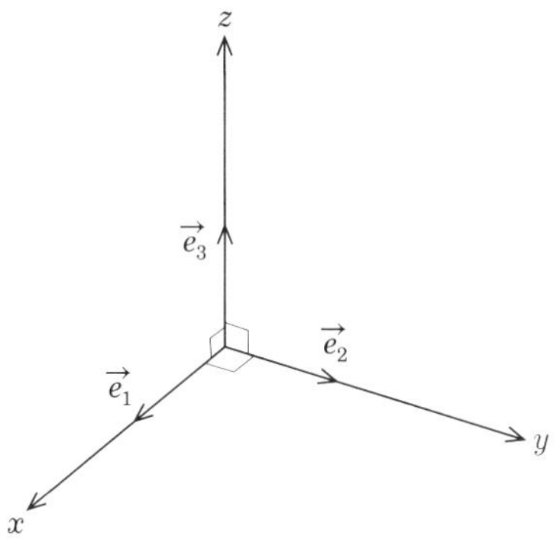

図 13.4

命題 13.8 正規直交系は線形独立である．

証明 K^n のベクトルの組 $\boldsymbol{b}_1, \boldsymbol{b}_2, \ldots, \boldsymbol{b}_r$ は正規直交系であるとする．スカラー $\lambda_1, \lambda_2, \ldots, \lambda_r$ について $\sum_{j=1}^{r} \lambda_j \boldsymbol{b}_j = \boldsymbol{0}$ が成り立つとする．$k = 1, 2, \ldots, r$ について，この両辺と $\boldsymbol{b}_k$ との内積を計算すると，右辺は $(\boldsymbol{b}_k, \boldsymbol{0}) = 0$ であり，左辺は

$$\left(\boldsymbol{b}_k, \sum_{j=1}^{r} \lambda_j \boldsymbol{b}_j\right) = \sum_{j=1}^{r} (\boldsymbol{b}_k, \lambda_j \boldsymbol{b}_j) = \sum_{j=1}^{r} \lambda_j (\boldsymbol{b}_k, \boldsymbol{b}_j) = \sum_{j=1}^{r} \lambda_j \delta_{kj} = \lambda_k$$

となるので，$\lambda_k = 0$ である．よって $\lambda_1, \lambda_2, \ldots, \lambda_r$ はすべて 0 である．以上より，$\boldsymbol{b}_1, \boldsymbol{b}_2, \ldots, \boldsymbol{b}_r$ は線形独立である． ■

正規直交系は線形独立であるから，数ベクトル空間の部分空間 W において，W の次元と同じ個数からなる正規直交系を取ることができれば，それは W の基底をなす (命題 7.29)．このことを踏まえて次の定義をする．

定義 13.9 W は数ベクトル空間 K^n の $\{\boldsymbol{0}\}$ でない部分空間であるとする．W の基底 $S = \{\boldsymbol{w}_1, \boldsymbol{w}_2, \ldots, \boldsymbol{w}_d\}$ について，$\boldsymbol{w}_1, \boldsymbol{w}_2, \ldots, \boldsymbol{w}_d$ が正規直交系であるとき，S は W の**正規直交基底**であるという．

次節で証明するように，数ベクトル空間の部分空間は必ず正規直交基底をもつ．ただし，正規直交基底の取り方は 1 通りではない．

例 13.10　数ベクトル空間 $\mathbb{R}^2$ において，標準基底 $\{\boldsymbol{e}_1, \boldsymbol{e}_2\}$ は正規直交基底である．また，$\boldsymbol{v}_1 = \frac{1}{\sqrt{2}}\begin{pmatrix}1\\1\end{pmatrix}, \boldsymbol{v}_2 = \frac{1}{\sqrt{2}}\begin{pmatrix}1\\-1\end{pmatrix}$ とすると，$\{\boldsymbol{v}_1, \boldsymbol{v}_2\}$ も $\mathbb{R}^2$ の正規直交基底である．

13.2.2　グラム-シュミットの直交化

数ベクトル空間の部分空間の正規直交基底は，以下で述べるグラム–シュミットの直交化を用いて構成できる．

補題 13.11　**数ベクトル空間 K^n のベクトルの組 $\boldsymbol{v}_1, \boldsymbol{v}_2, \ldots, \boldsymbol{v}_r$ が線形独立であるとき，次の条件を満たす正規直交系 $\boldsymbol{b}_1, \boldsymbol{b}_2, \ldots, \boldsymbol{b}_r$ が存在する．**

すべての $j = 1, 2, \ldots, r$ について $\boldsymbol{b}_j \in \langle \boldsymbol{v}_1, \boldsymbol{v}_2, \ldots, \boldsymbol{v}_j \rangle$ である．

証明　r に関する数学的帰納法で証明する．$r = 1$ のとき，$\boldsymbol{v}_1 \neq \boldsymbol{0}$ であるから，$\boldsymbol{b}_1 = \frac{1}{\|\boldsymbol{v}_1\|}\boldsymbol{v}_1$ と定めればよい．

k を正の整数として，$r = k$ のときに正しいと仮定する．$r = k + 1$ の場合を考える．$(k + 1)$ 個のベクトルの組 $\boldsymbol{v}_1, \boldsymbol{v}_2, \ldots, \boldsymbol{v}_{k+1}$ は線形独立であるとする．このうち最初の k 個 $\boldsymbol{v}_1, \boldsymbol{v}_2, \ldots, \boldsymbol{v}_k$ も線形独立なベクトルの組をなすから，数学的帰納法の仮定より，正規直交系 $\boldsymbol{b}_1, \boldsymbol{b}_2, \ldots, \boldsymbol{b}_k$ であって，すべての $j = 1, 2, \ldots, k$ について $\boldsymbol{b}_j \in \langle \boldsymbol{v}_1, \boldsymbol{v}_2, \ldots, \boldsymbol{v}_j \rangle$ であるものが取れる．このとき $\boldsymbol{b}_1, \boldsymbol{b}_2, \ldots, \boldsymbol{b}_k$ はすべて $\langle \boldsymbol{v}_1, \boldsymbol{v}_2, \ldots, \boldsymbol{v}_k \rangle$ に属する．ここでベクトル $\tilde{\boldsymbol{b}}_{k+1}$ を次で定める．

$$\tilde{\boldsymbol{b}}_{k+1} = \boldsymbol{v}_{k+1} - \sum_{l=1}^{k} (\boldsymbol{b}_l, \boldsymbol{v}_{k+1})\boldsymbol{b}_l \tag{13.1}$$

このとき，$\tilde{\boldsymbol{b}}_{k+1} \neq \boldsymbol{0}$ であることを背理法で示そう．仮に $\tilde{\boldsymbol{b}}_{k+1} = \boldsymbol{0}$ であるとすると，$\boldsymbol{v}_{k+1}$ が $\boldsymbol{b}_1, \boldsymbol{b}_2, \ldots, \boldsymbol{b}_k$ の線形結合となり，よって $\boldsymbol{v}_{k+1}$ は $\langle \boldsymbol{v}_1, \boldsymbol{v}_2, \ldots, \boldsymbol{v}_k \rangle$ に属する．これは $\boldsymbol{v}_1, \ldots, \boldsymbol{v}_k, \boldsymbol{v}_{k+1}$ が線形独立であることに矛盾する (命題 7.25)．したがって $\tilde{\boldsymbol{b}}_{k+1} \neq \boldsymbol{0}$ である．

$\boldsymbol{b}_1, \boldsymbol{b}_2, \ldots, \boldsymbol{b}_k$ は $\boldsymbol{v}_1, \boldsymbol{v}_2, \ldots, \boldsymbol{v}_k$ の線形結合だから，$\tilde{\boldsymbol{b}}_{k+1} \in \langle \boldsymbol{v}_1, \boldsymbol{v}_2, \ldots, \boldsymbol{v}_{k+1} \rangle$ である．さらに，$j = 1, 2, \ldots, k$ について

$$(\boldsymbol{b}_j, \tilde{\boldsymbol{b}}_{k+1}) = \left(\boldsymbol{b}_j, \boldsymbol{v}_{k+1} - \sum_{l=1}^{k} (\boldsymbol{b}_l, \boldsymbol{v}_{k+1})\boldsymbol{b}_l\right)$$
$$= (\boldsymbol{b}_j, \boldsymbol{v}_{k+1}) - \sum_{l=1}^{k} (\boldsymbol{b}_l, \boldsymbol{v}_{k+1})(\boldsymbol{b}_j, \boldsymbol{b}_l)$$
$$= (\boldsymbol{b}_j, \boldsymbol{v}_{k+1}) - \sum_{l=1}^{k} (\boldsymbol{b}_l, \boldsymbol{v}_{k+1})\delta_{jl} = (\boldsymbol{b}_j, \boldsymbol{v}_{k+1}) - (\boldsymbol{b}_j, \boldsymbol{v}_{k+1}) = 0$$

となる．$\tilde{\boldsymbol{b}}_{k+1} \neq \boldsymbol{0}$ より $\|\tilde{\boldsymbol{b}}_{k+1}\| \neq 0$ である．そこで，$\boldsymbol{b}_{k+1} = \dfrac{1}{\|\tilde{\boldsymbol{b}}_{k+1}\|}\tilde{\boldsymbol{b}}_{k+1}$ と定めれば，$\boldsymbol{b}_{k+1}$ は $\langle \boldsymbol{v}_1, \boldsymbol{v}_2, \ldots, \boldsymbol{v}_{k+1}\rangle$ に属し，$\boldsymbol{b}_1, \boldsymbol{b}_2, \ldots, \boldsymbol{b}_{k+1}$ は正規直交系となる．以上より，$r = k+1$ のときにも示すべき補題は正しい． ■

補題 13.11 の証明は，線形独立なベクトルの組 $\boldsymbol{v}_1, \boldsymbol{v}_2, \ldots, \boldsymbol{v}_r$ から補題 13.11 の条件を満たす正規直交系 $\boldsymbol{b}_1, \boldsymbol{b}_2, \ldots, \boldsymbol{b}_r$ を構成する方法も述べている．最初に $\tilde{\boldsymbol{b}}_1 = \boldsymbol{v}_1$ および $\boldsymbol{b}_1 = \dfrac{1}{\|\tilde{\boldsymbol{b}_1}\|}\tilde{\boldsymbol{b}}_1$ と定め，ここから等式 (13.1) と $\boldsymbol{b}_{k+1} = \dfrac{1}{\|\tilde{\boldsymbol{b}}_{k+1}\|}\tilde{\boldsymbol{b}}_{k+1}$ によって $\boldsymbol{b}_2, \boldsymbol{b}_3, \ldots$ を順に決めると，次のようになる．

$$\begin{aligned}
\tilde{\boldsymbol{b}}_1 &= \boldsymbol{v}_1, & \boldsymbol{b}_1 &= \frac{1}{\|\tilde{\boldsymbol{b}_1}\|}\tilde{\boldsymbol{b}}_1, \\
\tilde{\boldsymbol{b}}_2 &= \boldsymbol{v}_2 - (\boldsymbol{b}_1, \boldsymbol{v}_2)\boldsymbol{b}_1, & \boldsymbol{b}_2 &= \frac{1}{\|\tilde{\boldsymbol{b}_2}\|}\tilde{\boldsymbol{b}}_2, \\
\tilde{\boldsymbol{b}}_3 &= \boldsymbol{v}_3 - \sum_{l=1}^{2} (\boldsymbol{b}_l, \boldsymbol{v}_3)\boldsymbol{b}_l, & \boldsymbol{b}_3 &= \frac{1}{\|\tilde{\boldsymbol{b}_3}\|}\tilde{\boldsymbol{b}}_3, \\
\tilde{\boldsymbol{b}}_4 &= \boldsymbol{v}_4 - \sum_{l=1}^{3} (\boldsymbol{b}_l, \boldsymbol{v}_4)\boldsymbol{b}_l, & \boldsymbol{b}_4 &= \frac{1}{\|\tilde{\boldsymbol{b}_4}\|}\tilde{\boldsymbol{b}}_4, \\
&\vdots & &\vdots
\end{aligned}$$

この定め方で正規直交系 $\boldsymbol{b}_1, \boldsymbol{b}_2, \ldots$ を帰納的に構成する方法を**グラム–シュミット (Gram-Schmidt) の直交化**という．

例 13.12 $\mathbb{R}^3$ のベクトルの組

$$\boldsymbol{v}_1 = \begin{pmatrix} 1 \\ -1 \\ 0 \end{pmatrix}, \quad \boldsymbol{v}_2 = \begin{pmatrix} 0 \\ 1 \\ -1 \end{pmatrix}, \quad \boldsymbol{v}_3 = \begin{pmatrix} 1 \\ 2 \\ 3 \end{pmatrix}$$

は線形独立である．これに対してグラム–シュミットの直交化を行う．まず，$\boldsymbol{v}_1(=\tilde{\boldsymbol{b}}_1)$ のノルムは $\|\boldsymbol{v}_1\|=\sqrt{2}$ であるから

$$\boldsymbol{b}_1=\frac{1}{\sqrt{2}}\boldsymbol{v}_1=\frac{1}{\sqrt{2}}\begin{pmatrix}1\\-1\\0\end{pmatrix}$$

となる．次に

$$\tilde{\boldsymbol{b}}_2=\boldsymbol{v}_2-(\boldsymbol{b}_1,\boldsymbol{v}_2)\boldsymbol{b}_1=\begin{pmatrix}0\\1\\-1\end{pmatrix}-\left(-\frac{1}{\sqrt{2}}\right)\frac{1}{\sqrt{2}}\begin{pmatrix}1\\-1\\0\end{pmatrix}=\frac{1}{2}\begin{pmatrix}1\\1\\-2\end{pmatrix}$$

であり，$\|\tilde{\boldsymbol{b}}_2\|=\dfrac{\sqrt{6}}{2}$ であるから

$$\boldsymbol{b}_2=\frac{1}{\|\tilde{\boldsymbol{b}}_2\|}\tilde{\boldsymbol{b}}_2=\frac{1}{\sqrt{6}}\begin{pmatrix}1\\1\\-2\end{pmatrix}$$

となる．最後に

$$\begin{aligned}\tilde{\boldsymbol{b}}_3&=\boldsymbol{v}_3-(\boldsymbol{b}_1,\boldsymbol{v}_3)\boldsymbol{b}_1-(\boldsymbol{b}_2,\boldsymbol{v}_3)\boldsymbol{b}_2\\&=\begin{pmatrix}1\\2\\3\end{pmatrix}-\left(-\frac{1}{\sqrt{2}}\right)\frac{1}{\sqrt{2}}\begin{pmatrix}1\\-1\\0\end{pmatrix}-\left(-\frac{3}{\sqrt{6}}\right)\frac{1}{\sqrt{6}}\begin{pmatrix}1\\1\\-2\end{pmatrix}=\begin{pmatrix}2\\2\\2\end{pmatrix}\end{aligned}$$

であり，$\|\tilde{\boldsymbol{b}}_3\|=2\sqrt{3}$ であるから

$$\boldsymbol{b}_3=\frac{1}{\|\tilde{\boldsymbol{b}}_3\|}\tilde{\boldsymbol{b}}_3=\frac{1}{\sqrt{3}}\begin{pmatrix}1\\1\\1\end{pmatrix}$$

となる．以上より，正規直交系

$$\boldsymbol{b}_1=\frac{1}{\sqrt{2}}\begin{pmatrix}1\\-1\\0\end{pmatrix},\quad \boldsymbol{b}_2=\frac{1}{\sqrt{6}}\begin{pmatrix}1\\1\\-2\end{pmatrix},\quad \boldsymbol{b}_3=\frac{1}{\sqrt{3}}\begin{pmatrix}1\\1\\1\end{pmatrix}$$

が得られた．これらは線形独立なので $\mathbb{R}^3$ の正規直交基底をなす．

定理 13.13 数ベクトル空間 K^n の $\{\boldsymbol{0}\}$ でない部分空間は正規直交基底をもつ．

証明 W は K^n の $\{\mathbf{0}\}$ でない部分空間とする．W の基底 $\{\boldsymbol{w}_1, \boldsymbol{w}_2, \ldots, \boldsymbol{w}_d\}$ を 1 組とる (ただし $d = \dim W$)．この基底に対してグラム–シュミットの直交化 (補題 13.11) を行えば，W のベクトルからなる正規直交系 $\boldsymbol{b}_1, \boldsymbol{b}_2, \ldots, \boldsymbol{b}_d$ が得られる．命題 13.8 より，これらのベクトルの組は線形独立であるから，命題 7.29 より集合 $\{\boldsymbol{b}_1, \boldsymbol{b}_2, \ldots, \boldsymbol{b}_d\}$ は W の正規直交基底である． ■

次の命題では正規直交基底の拡張が可能であることを証明する．

命題 13.14 W は数ベクトル空間 K^n の部分空間で，$\{\mathbf{0}\}$ でも K^n でもないとする．W の正規直交基底を 1 組とって $S = \{\boldsymbol{b}_1, \boldsymbol{b}_2, \ldots, \boldsymbol{b}_d\}$ とする (ただし $d = \dim W$ である)．このとき，K^n の正規直交基底であって S を含むものが存在する．

証明 W の基底 S を拡張して K^n の基底 $\{\boldsymbol{b}_1, \boldsymbol{b}_2, \ldots, \boldsymbol{b}_d, \boldsymbol{v}_1, \boldsymbol{v}_2, \ldots, \boldsymbol{v}_{n-d}\}$ を 1 組とる (命題 9.22)．このベクトルの組 $\boldsymbol{b}_1, \boldsymbol{b}_2, \ldots, \boldsymbol{b}_d, \boldsymbol{v}_1, \boldsymbol{v}_2, \ldots, \boldsymbol{v}_{n-d}$ に対して，グラム–シュミットの直交化を行って正規直交系 $\boldsymbol{b}'_1, \boldsymbol{b}'_2, \ldots, \boldsymbol{b}'_n$ を作る．これらは K^n の基底をなす (命題 13.8, 命題 7.29)．また，$\boldsymbol{b}_1, \boldsymbol{b}_2, \ldots, \boldsymbol{b}_d$ は正規直交系であるから，$\boldsymbol{b}'_1 = \boldsymbol{b}_1, \boldsymbol{b}'_2 = \boldsymbol{b}_2, \ldots, \boldsymbol{b}'_d = \boldsymbol{b}_d$ である[2]．よって，集合 $S' = \{\boldsymbol{b}'_1, \boldsymbol{b}'_2, \ldots, \boldsymbol{b}'_n\}$ は S を含む正規直交基底である． ■

13.2.3 ユニタリ行列と直交行列

$\mathbb{R}^n$ のベクトル $\boldsymbol{x} = {}^t(x_1, x_2, \cdots, x_n)$, $\boldsymbol{y} = {}^t(y_1, y_2, \cdots, y_n)$ について

$$ {}^t\boldsymbol{x}\,\boldsymbol{y} = \begin{pmatrix} x_1 & x_2 & \cdots & x_n \end{pmatrix} \begin{pmatrix} y_1 \\ y_2 \\ \vdots \\ y_n \end{pmatrix} = x_1y_1 + x_2y_2 + \cdots + x_ny_n = (\boldsymbol{x}, \boldsymbol{y}) $$

である．このことを使えば次の命題を証明できる．

2] グラム–シュミットの直交化の定義からわかる．確かめてみよ．

命題 13.15 数ベクトル空間 $\mathbb{R}^n$ のベクトル $\boldsymbol{p}_1, \boldsymbol{p}_2, \ldots, \boldsymbol{p}_r$ を取り，これを並べて (n,r) 型行列 $P = \begin{pmatrix} \boldsymbol{p}_1 & \boldsymbol{p}_2 & \cdots & \boldsymbol{p}_r \end{pmatrix}$ を作る．このとき次の二つの条件は同値である．

(1) $\boldsymbol{p}_1, \boldsymbol{p}_2, \ldots, \boldsymbol{p}_r$ は正規直交系である．

(2) ${}^tPP = I_n$ が成り立つ．

証明 ${}^tP$ の行ベクトル表示は $\begin{pmatrix} {}^t\boldsymbol{p}_1 \\ {}^t\boldsymbol{p}_2 \\ \vdots \\ {}^t\boldsymbol{p}_r \end{pmatrix}$ となる．よって ${}^tPP$ の (i,j) 成分は ${}^t\boldsymbol{p}_i\,\boldsymbol{p}_j$ であり，これは標準内積 $(\boldsymbol{p}_i, \boldsymbol{p}_j)$ に等しいことに注意する．

(1) ならば (2) であること　$\boldsymbol{p}_1, \boldsymbol{p}_2, \ldots, \boldsymbol{p}_r$ が正規直交系ならば，$(\boldsymbol{p}_i, \boldsymbol{p}_j) = \delta_{ij}$ である．よって ${}^tPP$ の (i,j) 成分は δ_{ij} となるので，${}^tPP = I_n$ である．

(2) ならば (1) であること　${}^tPP = I_n$ とすると，${}^tPP$ の (i,j) 成分 $(\boldsymbol{p}_i, \boldsymbol{p}_j)$ は δ_{ij} に等しい．よって $\boldsymbol{p}_1, \boldsymbol{p}_2, \ldots, \boldsymbol{p}_r$ は正規直交系である． ■

命題 13.15 と同様のことを，$\mathbb{C}$ 上の数ベクトル空間 $\mathbb{C}^n$ においても考えたい．この場合，標準内積 $(\boldsymbol{x}, \boldsymbol{y})$ の値は $\sum_{j=1}^{n} \overline{x_j} y_j$ であり，${}^t\boldsymbol{x}\,\boldsymbol{y} = \sum_{j=1}^{n} x_j y_j$ とは一致しない．そこで次の定義をする．

定義 13.16 複素数を成分とする (m,n) 型行列 $A = (a_{ij})$ に対して，(i,j) 成分が $\overline{a_{ji}}$ である (n,m) 型行列を A^* で表し，これを A の**随伴行列**と呼ぶ．

行列 $A = (a_{ij})$ の成分をすべて共役複素数 $\overline{a_{ij}}$ に置き換えた行列を $\overline{A}$ で表すと，$A^* = {}^t\overline{A}$ である[3]．特に，**A の成分がすべて実数ならば $A^* = {}^tA$ である**ことに注意する．

随伴行列を取る操作は，次の性質をもつ．

命題 13.17 (1) すべての行列 A について $(A^*)^* = A$ である．

(2) 行列 A, B の積 AB が定義できるとき，$(AB)^* = B^*A^*$ が成り立つ．

3] 正確には ${}^t\left(\overline{A}\right)$ (成分を共役複素数に置き換えてから転置をとる) もしくは $\overline{({}^tA)}$ (転置行列の成分を共役複素数に置き換える) と書くべきであるが，これらは等しいのでカッコを省略している．

証明 (1) A^* の (i,j) 成分を a'_{ij} とおくと，$a'_{ij} = \overline{a_{ji}}$ である．よって $(A^*)^*$ の (i,j) 成分は $\overline{a'_{ji}} = \overline{\overline{a_{ij}}} = a_{ij}$ である．したがって $(A^*)^* = A$ である．

(2) まず，$\overline{AB} = \overline{A}\,\overline{B}$ が成り立つことを示そう．$A = (a_{ij})$ は (m,n) 型行列で，$B = (b_{ij})$ は (n,l) 型行列であるとする．このとき，$\overline{AB}$ の (i,j) 成分は

$$\overline{\sum_{k=1}^{n} a_{ik}b_{kj}} = \sum_{k=1}^{n} \overline{a_{ik}b_{kj}} = \sum_{k=1}^{n} \overline{a_{ik}}\,\overline{b_{kj}}$$

に等しい．右辺は $\overline{A}\,\overline{B}$ の (i,j) 成分である．したがって $\overline{AB} = \overline{A}\,\overline{B}$ が成り立つ．

上で示したことと命題 5.3 (2) より

$$(AB)^* = {}^t\left(\overline{AB}\right) = {}^t\left(\overline{A}\,\overline{B}\right) = {}^t\overline{B}\,{}^t\overline{A} = B^*A^*$$

となるので，$(AB)^* = B^*A^*$ である．■

$\boldsymbol{x} = {}^t(x_1, x_2, \cdots, x_n)$, $\boldsymbol{y} = {}^t(y_1, y_2, \cdots, y_n)$ が $\mathbb{C}^n$ のベクトルのとき

$$\boldsymbol{x}^*\boldsymbol{y} = \begin{pmatrix} \overline{x_1} & \overline{x_2} & \cdots & \overline{x_n} \end{pmatrix} \begin{pmatrix} y_1 \\ y_2 \\ \vdots \\ y_n \end{pmatrix} = \overline{x_1}y_1 + \overline{x_2}y_2 + \cdots + \overline{x_n}y_n = (\boldsymbol{x}, \boldsymbol{y})$$

が成り立つ．このことから，命題 13.15 の証明と同様にして，次のことがわかる．

命題 13.18 数ベクトル空間 $\mathbb{C}^n$ のベクトル $\boldsymbol{u}_1, \boldsymbol{u}_2, \ldots, \boldsymbol{u}_r$ を並べてできる (n,r) 型行列 $U = \begin{pmatrix} \boldsymbol{u}_1 & \boldsymbol{u}_2 & \cdots & \boldsymbol{u}_r \end{pmatrix}$ を考える．このとき次の二つの条件は同値である．

(1) $\boldsymbol{u}_1, \boldsymbol{u}_2, \ldots, \boldsymbol{u}_r$ は正規直交系である．

(2) $U^*U = I_n$ が成り立つ．

命題 13.15 および命題 13.18 において $r = n$ の場合を考えると，行列 P および U は n 次の正方行列であるから，条件 (2) は $P^{-1} = {}^tP$ および $U^{-1} = U^*$ であることを述べている (系 6.19)．このような行列をそれぞれ直交行列，ユニタリ行列と呼ぶ．定義を正確に述べよう．

定義 13.19 (1) 実数を成分とする n 次の正方行列 P が ${}^tPP = I_n$ を満たすとき，P は n 次の**直交行列**であるという．

(2) 複素数を成分とする n 次の正方行列 U が $U^*U = I_n$ を満たすとき，U は n 次の**ユニタリ (unitary) 行列**であるという．

行列 U がユニタリ行列で，しかもすべての成分が実数であるならば，$U^* = {}^tU$ である．したがって，直交行列とは成分がすべて実数のユニタリ行列のことである．

n 次元数ベクトル空間において，n 個のベクトルの組が正規直交系であれば，それらは正規直交基底となる (命題 13.8, 命題 7.29)．したがって，命題 13.15 および命題 13.18 において $r = n$ の場合を考えれば，以下の命題が得られる．

命題 13.20 実数を成分とする n 次の正方行列 P について，次の二つの条件は同値である．

(1) P の n 個の列ベクトルは数ベクトル空間 $\mathbb{R}^n$ の正規直交基底をなす．

(2) P は直交行列である．

命題 13.21 複素数を成分とする n 次の正方行列 U について，次の二つの条件は同値である．

(1) U の n 個の列ベクトルは数ベクトル空間 $\mathbb{C}^n$ の正規直交基底をなす．

(2) U はユニタリ行列である．

直交行列とユニタリ行列については，次の性質が重要である．

命題 13.22 (1) P, Q が n 次の直交行列ならば，PQ も n 次の直交行列である．

(2) A, B が n 次のユニタリ行列ならば，AB も n 次のユニタリ行列である．

証明 (1) P, Q が n 次の直交行列であるとする．命題 5.3 (2) より ${}^t(PQ) = {}^tQ\,{}^tP$ であるから

$$ {}^t(PQ)PQ = {}^tQ\,{}^tPPQ = {}^tQ\,I_nQ = {}^tQ\,Q = I_n $$

である．よって PQ も直交行列である．

(2) 命題 13.17 を使えば (1) と同様に証明できる． ■

13.2.4 随伴行列の性質

転置行列と随伴行列は次の性質をもつ.

命題 13.23 (1) A は実数を成分とする n 次の正方行列であるとする. このとき, $\mathbb{R}^n$ のどのベクトル $\boldsymbol{x}, \boldsymbol{y}$ についても $(\boldsymbol{x}, A\boldsymbol{y}) = ({}^tA\boldsymbol{x}, \boldsymbol{y})$ が成り立つ.

(2) A は複素数を成分とする n 次の正方行列であるとする. このとき, $\mathbb{C}^n$ のどのベクトル $\boldsymbol{x}, \boldsymbol{y}$ についても $(\boldsymbol{x}, A\boldsymbol{y}) = (A^*\boldsymbol{x}, \boldsymbol{y})$ が成り立つ.

証明 ここでは (2) を証明しよう. (1) の証明も同様である. $\mathbb{C}^n$ の標準内積は $(\boldsymbol{x}, \boldsymbol{y}) = \boldsymbol{x}^* \boldsymbol{y}$ で定まる. よって, 命題 13.17 より, $\boldsymbol{x}, \boldsymbol{y}$ が $\mathbb{C}^n$ のベクトルならば

$$(\boldsymbol{x}, A\boldsymbol{y}) = \boldsymbol{x}^*(A\boldsymbol{y}) = \boldsymbol{x}^*(A^*)^*\boldsymbol{y} = (A^*\boldsymbol{x})^*\boldsymbol{y} = (A^*\boldsymbol{x}, \boldsymbol{y})$$

が成り立つ. ■

命題 13.23 を踏まえて, 次の定義をする.

定義 13.24 (1) 実数を成分とする n 次の正方行列 A が ${}^tA = A$ を満たすとき, A は**実対称行列**であるという.

(2) 複素数を成分とする n 次の正方行列 A が $A^* = A$ を満たすとき, A は**エルミート (Hermite) 行列**であるという.

エルミート行列 A の成分がすべて実数であれば, $A = A^* = {}^tA$ であるから, A は実対称行列である.

次章では実対称行列とエルミート行列が対角化可能であることを証明する. そのときに次の事実が必要となる.

命題 13.25 実対称行列およびエルミート行列の固有値はすべて実数である.

証明 n 次の正方行列 A が $A^* = A$ を満たすならば, A の固有値はすべて実数であることを示せばよい. α は A の固有値であるとし, α に対する固有ベクトル $\boldsymbol{p}$ を一つとる (この段階では, α は複素数で, $\boldsymbol{p}$ は $\mathbb{C}^n$ のベクトルであることしか分

からない). $A^* = A$ であるから, $\mathbb{C}^n$ の標準内積について $(\boldsymbol{p}, A\boldsymbol{p}) = (A\boldsymbol{p}, \boldsymbol{p})$ である (命題 13.23). $A\boldsymbol{p} = \alpha\boldsymbol{p}$ より, この左辺は

$$(\boldsymbol{p}, A\boldsymbol{p}) = (\boldsymbol{p}, \alpha\boldsymbol{p}) = \alpha(\boldsymbol{p}, \boldsymbol{p})$$

であり, 右辺は

$$(A\boldsymbol{p}, \boldsymbol{p}) = (\alpha\boldsymbol{p}, \boldsymbol{p}) = \overline{\alpha}(\boldsymbol{p}, \boldsymbol{p})$$

となる (命題 13.6 (2)). したがって $\alpha(\boldsymbol{p}, \boldsymbol{p}) = \overline{\alpha}(\boldsymbol{p}, \boldsymbol{p})$ である. $\boldsymbol{p}$ は固有ベクトルであるから $\boldsymbol{p} \neq \boldsymbol{0}$ であるので, $(\boldsymbol{p}, \boldsymbol{p}) \neq 0$ である (命題 13.6 (4)). よって $\alpha = \overline{\alpha}$ であるから, α は実数である. 以上より A の固有値はすべて実数である. ■

13.3 直交補空間

数ベクトル空間の部分空間 W に対して「W のどのベクトルとも直交するベクトル全体のなす集合」を考える. 数ベクトル空間 $\mathbb{R}^3$ で具体例を挙げよう. 第 8 章で述べたように数ベクトルを xyz 空間内に実現する. このとき, 基本ベクトル $\boldsymbol{e}_1, \boldsymbol{e}_2$ が生成する部分空間 $W = \langle \boldsymbol{e}_1, \boldsymbol{e}_2 \rangle$ は, 原点を始点とし xy 平面上に終点をもつ空間ベクトルのなす集合と同一視できる. よって, W のどのベクトルとも直交するのは, z 軸方向のベクトルである (図 13.5). したがって,「W のどのベクトルとも直交するベクトル全体のなす集合」は, 基本ベクトル $\boldsymbol{e}_3$ の定数倍全体の

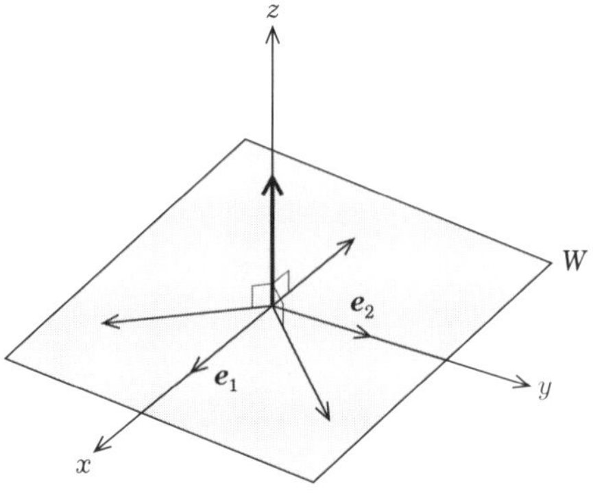

図 13.5

なす集合である．これは $\boldsymbol{e}_3$ の生成する部分空間 $\langle \boldsymbol{e}_3 \rangle$ にほかならない．この部分空間を $W^{\perp}$ とおく．このとき，部分空間の和 $W + W^{\perp}$ は $\mathbb{R}^3$ に一致し，この和は直和である．したがって $\mathbb{R}^3 = W \oplus W^{\perp}$ である．

以上のことは，数ベクトル空間のどの部分空間についても成り立つ．この節ではこのことを証明しよう．まず，$W^{\perp}$ が部分空間であることを示す．

命題 13.26 W は数ベクトル空間 K^n の部分空間であるとする．K^n の部分集合 $W^{\perp}$ を次で定める．

$$W^{\perp} = \{\boldsymbol{v} \in K^n \mid W \text{ のどのベクトル } \boldsymbol{w} \text{ についても } (\boldsymbol{w}, \boldsymbol{v}) = 0 \text{ である.}\}$$

このとき，$W^{\perp}$ も K^n の部分空間である．

証明 $W^{\perp}$ の定義から $\boldsymbol{0} \in W^{\perp}$ である．よって $W^{\perp}$ は空集合ではない．$W^{\perp}$ が定義 7.5 の二つの条件を満たすことを示そう．

<u>条件 (1) を満たすこと</u> $\boldsymbol{x}, \boldsymbol{y}$ は $W^{\perp}$ に属するベクトルであるとする．このとき，$\boldsymbol{x} + \boldsymbol{y} \in W^{\perp}$ であることを示せばよい．$\boldsymbol{w}$ は W のベクトルであるとする．このとき，$(\boldsymbol{w}, \boldsymbol{x}) = 0$ かつ $(\boldsymbol{w}, \boldsymbol{y}) = 0$ であるから $(\boldsymbol{w}, \boldsymbol{x} + \boldsymbol{y}) = (\boldsymbol{w}, \boldsymbol{x}) + (\boldsymbol{w}, \boldsymbol{y}) = 0 + 0 = 0$ である．以上より $\boldsymbol{x} + \boldsymbol{y} \in W^{\perp}$ である．

<u>条件 (2) を満たすこと</u> $\boldsymbol{x}$ が $W^{\perp}$ に属するベクトルで，λ がスカラーであるとき，$\lambda \boldsymbol{x} \in W^{\perp}$ であることを示せばよい．$\boldsymbol{w} \in W$ とする．このとき $(\boldsymbol{w}, \lambda \boldsymbol{x}) = \lambda (\boldsymbol{w}, \boldsymbol{x}) = \lambda 0 = 0$ となる．したがって $\lambda \boldsymbol{x} \in W^{\perp}$ である． ■

定義 13.27 W は数ベクトル空間 K^n の部分空間であるとする．このとき

$$W^{\perp} = \{\boldsymbol{v} \in K^n \mid W \text{ のどのベクトル } \boldsymbol{w} \text{ についても } (\boldsymbol{w}, \boldsymbol{v}) = 0 \text{ である.}\}$$

で定まる部分空間 $W^{\perp}$ を，W の**直交補空間**と呼ぶ．

例 13.28 K^n のゼロベクトルだけからなる部分空間 $W = \{\boldsymbol{0}\}$ の直交補空間 $W^{\perp}$ は，K^n 全体である．

例 13.29 W が数ベクトル空間 K^n 全体であれば，$W^{\perp} = \{\boldsymbol{0}\}$ である．この

ことを示すためには，$W^\perp$ の要素は $\mathbf{0}$ しかないことを証明すればよい ($W^\perp$ は部分空間だから $\mathbf{0}$ は $W^\perp$ に必ず属する)．$\boldsymbol{v} \in W^\perp$ とする．このとき $\boldsymbol{v} \in K^n(= W)$ でもあるから，$W^\perp$ の定義より $(\boldsymbol{v}, \boldsymbol{v}) = 0$ である．よって $\boldsymbol{v} = \mathbf{0}$ である (命題 13.2 もしくは命題 13.6 の (4))．

定理 13.30 W が数ベクトル空間 K^n の部分空間であるとき，$K^n = W \oplus W^\perp$ である．

証明 K^n が部分空間の和 $W + W^\perp$ に一致することと，$W + W^\perp$ が直和であることを示せばよい．命題 12.9 より，後者は $W \cap W^\perp = \{\mathbf{0}\}$ であることと同値である．よって，$K^n = W + W^\perp$ かつ $W \cap W^\perp = \{\mathbf{0}\}$ であることを示せばよい．$W = \{\mathbf{0}\}$ もしくは $W = K^n$ のときは，それぞれ $W^\perp = K^n$ もしくは $W^\perp = \{\mathbf{0}\}$ となり (例 13.28, 例 13.29)，これらのことは自明に成り立つ．したがって W が $\{\mathbf{0}\}$ でも K^n 全体でもない場合に証明すればよい．

$K^n = W + W^\perp$ であること　K^n のどのベクトルも，W のベクトルと $W^\perp$ のベクトルの和で表されることを示せばよい．$W \neq \{\mathbf{0}\}$ の場合を考えているから，定理 13.13 より W の正規直交基底 $\{\boldsymbol{b}_1, \boldsymbol{b}_2, \ldots, \boldsymbol{b}_d\}$ が取れる (ただし $d = \dim W$)．$\boldsymbol{x}$ が K^n のベクトルであるとき，ベクトル $\boldsymbol{w}, \boldsymbol{w}'$ を次で定める．

$$\boldsymbol{w} = \sum_{j=1}^{d} (\boldsymbol{b}_j, \boldsymbol{x})\boldsymbol{b}_j, \qquad \boldsymbol{w}' = \boldsymbol{x} - \boldsymbol{w}$$

このとき $\boldsymbol{w}$ は $\boldsymbol{b}_1, \boldsymbol{b}_2, \ldots, \boldsymbol{b}_d$ の線形結合であるから $\boldsymbol{w} \in W$ である．$\boldsymbol{w}' \in W^\perp$ であることを示そう．そのためには，すべての $k = 1, 2, \ldots, d$ について $(\boldsymbol{b}_k, \boldsymbol{w}') = 0$ であることを示せばよい (問 13.3.1)．k を $1, 2, \ldots, d$ のいずれかとする．このとき

$$(\boldsymbol{b}_k, \boldsymbol{w}) = \left(\boldsymbol{b}_k, \sum_{j=1}^{d} (\boldsymbol{b}_j, \boldsymbol{x})\boldsymbol{b}_j\right) = \sum_{j=1}^{d} (\boldsymbol{b}_j, \boldsymbol{x})\,(\boldsymbol{b}_k, \boldsymbol{b}_j) = \sum_{j=1}^{d} (\boldsymbol{b}_j, \boldsymbol{x})\delta_{kj} = (\boldsymbol{b}_k, \boldsymbol{x})$$

である．よって $(\boldsymbol{b}_k, \boldsymbol{w}') = (\boldsymbol{b}_k, \boldsymbol{x}) - (\boldsymbol{b}_k, \boldsymbol{w}) = 0$ が成り立つ．したがって $\boldsymbol{w}' \in W^\perp$ である．

以上のように，K^n のどのベクトル $\boldsymbol{x}$ も $\boldsymbol{x} = \boldsymbol{w} + \boldsymbol{w}'$ (ただし $\boldsymbol{w} \in W, \boldsymbol{w}' \in W^\perp$) と表されるので，$K^n = W + W^\perp$ である．

$W \cap W^{\perp} = \{\mathbf{0}\}$ であること　$W, W^{\perp}$ は部分空間であるから，$\mathbf{0} \in W \cap W^{\perp}$ である．よって $W \cap W^{\perp}$ の要素は $\mathbf{0}$ しかないことを示せばよい．$\boldsymbol{w} \in W \cap W^{\perp}$ であるとする．このとき，$\boldsymbol{w} \in W^{\perp}$ であるから，W のどのベクトル $\boldsymbol{v}$ についても $(\boldsymbol{v}, \boldsymbol{w}) = 0$ である．ここで $\boldsymbol{w} \in W$ でもあるから，$(\boldsymbol{w}, \boldsymbol{w}) = 0$ が成り立つ．よって $\boldsymbol{w} = \mathbf{0}$ である．以上より $W \cap W^{\perp} = \{\mathbf{0}\}$ である．■

定理 12.10 と定理 13.30 より，次の関係が得られる．

系 13.31　W が数ベクトル空間 K^n の部分空間であるとき

$$\dim W + \dim W^{\perp} = n$$

である．

演 習 問 題

問 13.1.1　次で定める $\mathbb{C}^3$ のベクトル $\boldsymbol{x}, \boldsymbol{y}$ に対して，標準内積 $(\boldsymbol{x}, \boldsymbol{y})$ を計算せよ．

(1) $\boldsymbol{x} = \begin{pmatrix} 2 \\ 1 \\ -1 \end{pmatrix}, \boldsymbol{y} = \begin{pmatrix} -3 \\ 2 \\ 1 \end{pmatrix}$.　　(2) $\boldsymbol{x} = \begin{pmatrix} i \\ 1+i \\ 1-2i \end{pmatrix}, \boldsymbol{y} = \begin{pmatrix} 1 \\ 1+i \\ 1+i \end{pmatrix}$.

問 13.1.2　$\mathbb{R}^3$ のベクトル $\boldsymbol{a} = {}^t(a_1, a_2, a_3)$, $\boldsymbol{b} = {}^t(b_1, b_2, b_3)$ に対して，ベクトル積 (もしくは外積) $\boldsymbol{a} \times \boldsymbol{b}$ を

$$\boldsymbol{a} \times \boldsymbol{b} = {}^t\left(\begin{vmatrix} a_2 & a_3 \\ b_2 & b_3 \end{vmatrix}, \begin{vmatrix} a_3 & a_1 \\ b_3 & b_1 \end{vmatrix}, \begin{vmatrix} a_1 & a_2 \\ b_1 & b_2 \end{vmatrix} \right)$$

で定める．$\mathbb{R}^3$ のベクトル $\boldsymbol{a}, \boldsymbol{b}, \boldsymbol{c}$ と実数の定数 λ をどのようにとっても，次の等式が成り立つことを示せ．

(1)　$\boldsymbol{b} \times \boldsymbol{a} = -\boldsymbol{a} \times \boldsymbol{b}$

(2)　$(\boldsymbol{a} + \boldsymbol{b}) \times \boldsymbol{c} = \boldsymbol{a} \times \boldsymbol{c} + \boldsymbol{b} \times \boldsymbol{c}$, $(\lambda \boldsymbol{a}) \times \boldsymbol{b} = \lambda(\boldsymbol{a} \times \boldsymbol{b})$

(3)　$\boldsymbol{a} \times (\boldsymbol{b} \times \boldsymbol{c}) = (\boldsymbol{a}, \boldsymbol{c})\boldsymbol{b} - (\boldsymbol{a}, \boldsymbol{b})\boldsymbol{c}$

(4)　$\boldsymbol{a} \times (\boldsymbol{b} \times \boldsymbol{c}) + \boldsymbol{b} \times (\boldsymbol{c} \times \boldsymbol{a}) + \boldsymbol{c} \times (\boldsymbol{a} \times \boldsymbol{b}) = \mathbf{0}$

問 13.1.3 O を原点とする xyz 空間の点 $\mathrm{A}(x_1, x_2, x_3)$, $\mathrm{B}(y_1, y_2, y_3)$ について，線分 OA, OB を隣り合う 2 辺とする平行四辺形の面積は $\|\overrightarrow{\mathrm{OA}} \times \overrightarrow{\mathrm{OB}}\|$ に等しいことを示せ．

問 13.1.4 $\boldsymbol{x}, \boldsymbol{y}$ は $\mathbb{C}^n$ のベクトルであるとする．このとき，$\boldsymbol{z} = \boldsymbol{y} - \dfrac{(\boldsymbol{x}, \boldsymbol{y})}{\|\boldsymbol{x}\|^2}\boldsymbol{x}$ のノルムを考えることにより，次の不等式が成り立つことを示せ．

$$|(\boldsymbol{x}, \boldsymbol{y})| \leqq \|\boldsymbol{x}\| \, \|\boldsymbol{y}\|$$

($\boldsymbol{x} = \boldsymbol{0}$ の場合は別に考えよ．) この不等式を**コーシー–シュワルツ (Cauchy-Schwarz) の不等式**と呼ぶ．

問 13.1.5 すべての複素数 z について $\mathrm{Re}\, z \leqq |z|$ が成り立つ．このこととコーシー–シュワルツの不等式を用いて，$\boldsymbol{x}, \boldsymbol{y}$ が $\mathbb{C}^n$ のベクトルであるとき

$$\|\boldsymbol{x} + \boldsymbol{y}\| \leqq \|\boldsymbol{x}\| + \|\boldsymbol{y}\|$$

が成り立つことを示せ．この不等式を**三角不等式**と呼ぶ．

問 13.2.1 $\{\boldsymbol{b}_1, \boldsymbol{b}_2, \ldots, \boldsymbol{b}_n\}$ が数ベクトル空間 K^n の正規直交基底であるとする．このとき，K^n のすべてのベクトル $\boldsymbol{w}$ について，次の等式が成り立つことを示せ．

$$\boldsymbol{w} = \sum_{j=1}^{n} (\boldsymbol{b}_j, \boldsymbol{w})\boldsymbol{b}_j$$

問 13.2.2 次の $\mathbb{R}^3$ のベクトルの組 $\boldsymbol{v}_1, \boldsymbol{v}_2, \boldsymbol{v}_3$ に対して，グラム–シュミットの直交化を行え．

$$\boldsymbol{v}_1 = \begin{pmatrix} 1 \\ 1 \\ 0 \end{pmatrix}, \quad \boldsymbol{v}_2 = \begin{pmatrix} 0 \\ 1 \\ 1 \end{pmatrix}, \quad \boldsymbol{v}_3 = \begin{pmatrix} 1 \\ 0 \\ 1 \end{pmatrix}.$$

問 13.2.3 ユニタリ行列の固有値の絶対値は 1 であることを示せ．

問 13.2.4 複素数を成分とする正方行列 A が $A^* = -A$ を満たすとき，A は**歪エルミート行列**であるという[4]．歪エルミート行列の固有値は 0 または純虚数であることを示せ．

問 13.3.1 数ベクトル空間 K^n の $\{\boldsymbol{0}\}$ でない部分空間 W の正規直交基底 $\{\boldsymbol{b}_1, \boldsymbol{b}_2, \ldots, \boldsymbol{b}_d\}$ (ただし $d = \dim W$) を 1 組とる．このとき，K^n のベクトル $\boldsymbol{x}$ に

4] 「歪」は「わい」と読む．

ついて，次の二つの条件は同値であることを示せ.

(1) $\boldsymbol{x} \in W^{\perp}$ である.

(2) すべての $j = 1, 2, \ldots, d$ について $(\boldsymbol{b}_j, \boldsymbol{x}) = 0$ である.

問 13.3.2 W は数ベクトル空間 K^n の部分空間であるとする.

(1) 直交補空間 $W^{\perp}$ は部分空間であるから，その直交補空間 $(W^{\perp})^{\perp}$ を考えられる. $\dim (W^{\perp})^{\perp} = \dim W$ であることを示せ.

(2) $(W^{\perp})^{\perp} = W$ であることを示せ.（ヒント：(1) より $W \subset (W^{\perp})^{\perp}$ であることを示せばよい.）

第 14 章

実対称行列の対角化

14.1 2 次形式と極値問題

この章では，実対称行列が直交行列によって対角化されることを証明する．実対称行列の対角化は，以下で定義する 2 次形式を通じてさまざまな問題と関係する．2 次形式は数学だけでなく物理学や統計学でも扱われる重要な対象である．この節では，2 次形式と多変数関数の極値問題との関係を説明し，そのなかで実対称行列の対角化が果たす役割について述べる．多変数の微積分に関する知識を仮定するが，まだ学習していなければ，詳細は飛ばして，線形代数が他分野とも深く関わっていることを認識してもらえればよい．

定義 14.1 $A = (a_{ij})$ は n 次の実対称行列であるとする．n 次の列ベクトル $\boldsymbol{x} = {}^t(x_1, x_2, \cdots, x_n)$ の成分を変数とする 2 次多項式

$$A[\boldsymbol{x}] = {}^t\boldsymbol{x}A\boldsymbol{x}$$

を，A の定める **2 次形式**という．

例 14.2 A が 2 次の実対称行列のとき，$A = \begin{pmatrix} a & b \\ b & c \end{pmatrix}$ とおくと，A の定める 2 次形式は

$$\begin{aligned} A[\boldsymbol{x}] &= \begin{pmatrix} x_1 & x_2 \end{pmatrix} \begin{pmatrix} a & b \\ b & c \end{pmatrix} \begin{pmatrix} x_1 \\ x_2 \end{pmatrix} \\ &= \begin{pmatrix} x_1 & x_2 \end{pmatrix} \begin{pmatrix} ax_1 + bx_2 \\ bx_1 + cx_2 \end{pmatrix} = ax_1^2 + 2bx_1x_2 + cx_2^2 \end{aligned}$$

である．

n 変数の実関数 $f(x_1, x_2, \ldots, x_n)$ の極値問題を考える．関数 f は C^2 級であるとする．このとき，点 $\mathrm{P} = (p_1, p_2, \ldots, p_n)$ において関数 f が極値をもつならば，すべての $j = 1, 2, \ldots, n$ について

$$\frac{\partial f}{\partial x_j}(p_1, p_2, \ldots, p_n) = 0 \tag{14.1}$$

が成り立つ．このとき，テイラー展開を使えば，関数 f は点 P の近傍において 2 次関数

$$f(p_1, p_2, \ldots, p_n) + \frac{1}{2}\sum_{i=1}^{n}\sum_{j=1}^{n}\frac{\partial^2 f}{\partial x_i \partial x_j}(p_1, p_2, \ldots, p_n)\,(x_i - p_i)(x_j - p_j)$$

で近似できることがわかる．第 2 項の和のなかにある係数

$$\frac{\partial^2 f}{\partial x_i \partial x_j}(p_1, p_2, \ldots, p_n)$$

を (i, j) 成分とする n 次の正方行列を，関数 f の点 P におけるヘッセ **(Hesse)** 行列という．関数 f は C^2 級であるので，ヘッセ行列は実対称行列である．ヘッセ行列を H とおき，n 次の列ベクトル $\boldsymbol{x}$ を $\boldsymbol{x} = {}^t(x_1 - p_1, x_2 - p_2, \cdots, x_n - p_n)$ で定めると，上記の 2 次関数は

$$f(p_1, p_2, \ldots, p_n) + \frac{1}{2}\,{}^t\boldsymbol{x}H\boldsymbol{x}$$

と表される．したがって，点 $(x_1, x_2, \ldots, x_n)$ と点 P における関数 f の値の差が，H の定める 2 次形式 $H[\boldsymbol{x}]$ で表される．このとき，関数 f が点 P で極小値をとることは，$\boldsymbol{0}$ でないどのベクトル $\boldsymbol{x}$ についても $H[\boldsymbol{x}] > 0$ が成り立つことと同値である．同様に，関数 f が点 P で極大値をとることと，$\boldsymbol{0}$ でないすべての $\boldsymbol{x}$ について $H[\boldsymbol{x}] < 0$ が成り立つことは同値である．また，$H[\boldsymbol{x}]$ が正の値も負の値もとるときは，関数 f は点 P で極値をとらない．

ヘッセ行列 H は実対称行列であるから，次節以降で示すように，$P^{-1}HP$ が対角行列となるような直交行列 P が必ず存在する．このような直交行列 P をとり，$P^{-1}HP = D$ とおけば

$$H[\boldsymbol{x}] = {}^t\boldsymbol{x}H\boldsymbol{x} = {}^t\boldsymbol{x}(PDP^{-1})\boldsymbol{x} = {}^t\boldsymbol{x}PD\,{}^tP\boldsymbol{x} = {}^t({}^tP\boldsymbol{x})D({}^tP\boldsymbol{x})$$

と変形できる．対角行列 D の対角成分には H の固有値が並んでいる．そこで H の固有値を $\alpha_1, \alpha_2, \ldots, \alpha_n$ とおく (H は実対称行列だから固有値はすべて実数である)．変数 $\boldsymbol{x}$ を変数 $\boldsymbol{y} = {}^tP\boldsymbol{x}$ に変換して，$\boldsymbol{y} = {}^t(y_1, y_2, \cdots, y_n)$ とおくと

$$
\begin{aligned}
H[\boldsymbol{x}] = {}^t\boldsymbol{y}D\boldsymbol{y} &= \begin{pmatrix} y_1 & y_2 & \cdots & y_n \end{pmatrix} \begin{pmatrix} \alpha_1 & & & \\ & \alpha_2 & & \\ & & \ddots & \\ & & & \alpha_n \end{pmatrix} \begin{pmatrix} y_1 \\ y_2 \\ \vdots \\ y_n \end{pmatrix} \\
&= \alpha_1 y_1^2 + \alpha_2 y_2^2 + \cdots + \alpha_n y_n^2
\end{aligned}
$$

と表される．直交行列 P は正則だから，$\boldsymbol{x}$ が $\boldsymbol{0}$ 以外のすべてのベクトルを動くとき，$\boldsymbol{y}$ も $\boldsymbol{0}$ 以外のすべてのベクトルを動く．よって，H の固有値 $\alpha_1, \alpha_2, \ldots, \alpha_n$ がすべて正ならば，$\boldsymbol{x} \neq \boldsymbol{0}$ のとき $H[\boldsymbol{x}] > 0$ である．ほかの場合についても同様に考えると，以下のことがわかる．

- H の固有値がすべて正ならば，関数 f は点 P において極小値をとる．
- H の固有値がすべて負ならば，関数 f は点 P において極大値をとる．
- H が正の固有値と負の固有値をともにもつならば，関数 f は点 P において極値をとらない．

以上のように，多変数関数の極値問題が，実対称行列の対角化を通じて，ヘッセ行列の固有値の分布を調べる問題に帰着することが分かった．一般に，実対称行列 A の定める 2 次形式 $A[\boldsymbol{x}] = {}^t\boldsymbol{x}A\boldsymbol{x}$ について，$\mathbb{R}^n$ の $\boldsymbol{0}$ でないどのベクトル $\boldsymbol{x}$ についても $A[\boldsymbol{x}] > 0$ が成り立つとき，実対称行列 A および 2 次形式 $A[\boldsymbol{x}]$ は**正値** (もしくは**正定値**) であるという．

14.2 実対称行列の対角化

実対称行列が対角化可能であることを証明するための準備として，部分空間の不変性の概念を導入する．

定義 14.3　写像 f は数ベクトル空間 V 上の線形変換であるとし，W は V の部分空間であるとする．W のどのベクトル $\boldsymbol{w}$ についても $f(\boldsymbol{w}) \in W$ であるとき，W は f に関して**不変** (もしくは f–**不変**) であるという．

例 14.4 α は n 次の正方行列 A の固有値であるとする．α に対する固有ベクトル $\boldsymbol{p}$ を一つとって，これが生成する部分空間 $W = \langle \boldsymbol{p} \rangle$ を考える．このとき，W は L_A–不変であることを示そう．

$\boldsymbol{w}$ は W に属するベクトルであるとする．このとき，スカラー λ を適当にとれば $\boldsymbol{w} = \lambda \boldsymbol{p}$ と表されて

$$L_A(\boldsymbol{w}) = A(\lambda \boldsymbol{p}) = \lambda A \boldsymbol{p} = \lambda \alpha \boldsymbol{p}$$

となる．よって $L_A(\boldsymbol{w}) \in W$ である．以上より W は L_A–不変である．

命題 14.5 A は n 次の実対称行列であるとする．このとき，$\mathbb{R}^n$ の部分空間 W が L_A–不変であるならば，その直交補空間 $W^\perp$ も L_A–不変である．

証明 $\boldsymbol{u}$ は $W^\perp$ に属するベクトルであるとする．このとき $L_A(\boldsymbol{u})$ も $W^\perp$ に属することを示せばよい．$\boldsymbol{w}$ が W に属するベクトルであるとき

$$(\boldsymbol{w}, L_A(\boldsymbol{u})) = (\boldsymbol{w}, A\boldsymbol{u}) = ({}^t\!A\boldsymbol{w}, \boldsymbol{u})$$

となる．A は実対称行列であるから，${}^t\!A\boldsymbol{w} = A\boldsymbol{w} = L_A(\boldsymbol{w})$ であり，W は L_A–不変だから $L_A(\boldsymbol{w}) \in W$ である．よって ${}^t\!A\boldsymbol{w} \in W$ であり，$\boldsymbol{u} \in W^\perp$ だから，$({}^t\!A\boldsymbol{w}, \boldsymbol{u}) = 0$ である．以上より，W のどのベクトル $\boldsymbol{w}$ についても $(\boldsymbol{w}, L_A(\boldsymbol{u})) = 0$ が成り立つ．したがって $L_A(\boldsymbol{u}) \in W^\perp$ である． ■

次の事実は，実対称行列が対角化可能であることを証明する出発点となる．

命題 14.6 実対称行列はすべての成分が実数の固有ベクトルをもつ．

証明 A は n 次の実対称行列であるとする．A の固有値 α を一つ取る．このとき α は実数である (命題 13.25)．よって，$B = \alpha I_n - A$ とおくと，B は実数の成分をもつ行列であり，命題 11.3 より $\det B = 0$ である．したがって定理 10.15 より，連立 1 次方程式 $B\boldsymbol{x} = \boldsymbol{0}$ は $\boldsymbol{0}$ でない解を $\mathbb{R}^n$ のなかにもつ．この解を $\boldsymbol{p}$ とすれば，$A\boldsymbol{p} = \alpha \boldsymbol{p}$ が成り立つので，$\boldsymbol{p}$ は A の固有ベクトルで，その成分はすべて実数である． ■

以上の準備の下に，実対称行列が直交行列で対角化できることを証明しよう．

定理 14.7 A は n 次の実対称行列であるとする．このとき，n 次の直交行列 P であって，$P^{-1}AP$ が対角行列となるものが存在する．

証明 n に関する数学的帰納法で証明する．$n=1$ の場合は，行列 $A=(a_{11})$ そのものが対角行列と見なせるから，$P=(1)$ と取ればよい．

k を正の整数として，$n=k$ の場合に正しいと仮定する．$n=k+1$ の場合を考える．A は $(k+1)$ 次の実対称行列であるとする．命題 14.6 より，A の固有ベクトルで成分がすべて実数であるものが取れる．この固有ベクトルをノルムが 1 となるように正規化したものを $\boldsymbol{p}$ とおく．$\boldsymbol{p}$ が生成する $\mathbb{R}^{k+1}$ の部分空間 $\langle \boldsymbol{p} \rangle$ を W とおく．$\boldsymbol{p}$ は A の固有ベクトルであるから，W は L_A–不変である (例 14.4)．よって命題 14.5 より $W^\perp$ も L_A–不変である．$W^\perp$ の正規直交基底 $\{\boldsymbol{p}_1, \boldsymbol{p}_2, \ldots, \boldsymbol{p}_k\}$ を 1 組取り，これらを並べて実数を成分とする $(k+1, k)$ 型行列 $Q_1 = \begin{pmatrix} \boldsymbol{p}_1 & \boldsymbol{p}_2 & \cdots & \boldsymbol{p}_k \end{pmatrix}$ を作ると，${}^tQ_1Q_1 = I_k$ である (命題 13.15)．

$W^\perp$ は L_A–不変であるから，$A\boldsymbol{p}_1, A\boldsymbol{p}_2, \ldots, A\boldsymbol{p}_k$ は $\boldsymbol{p}_1, \boldsymbol{p}_2, \ldots, \boldsymbol{p}_k$ の線形結合として表される．各 $j=1,2,\ldots,k$ について $A\boldsymbol{p}_j = \sum_{l=1}^{k} b_{lj}\boldsymbol{p}_l$ (ただし $b_{lj} \in \mathbb{R}$) とおくと

$$
\begin{aligned}
AQ_1 &= \begin{pmatrix} A\boldsymbol{p}_1 & A\boldsymbol{p}_2 & \cdots & A\boldsymbol{p}_k \end{pmatrix} \\
&= \begin{pmatrix} \boldsymbol{p}_1 & \boldsymbol{p}_2 & \cdots & \boldsymbol{p}_k \end{pmatrix} \begin{pmatrix} b_{11} & b_{12} & \cdots & b_{1k} \\ b_{21} & b_{22} & \cdots & b_{2k} \\ \vdots & \vdots & \ddots & \vdots \\ b_{k1} & b_{k2} & \cdots & b_{kk} \end{pmatrix}
\end{aligned}
$$

となる．よって k 次の正方行列 $B=(b_{ij})$ について $AQ_1 = Q_1B$ が成り立つ．この両辺に ${}^tQ_1$ を左から掛けると左辺は ${}^tQ_1AQ_1$ となり，右辺は ${}^tQ_1Q_1B = B$ となるから，$B = {}^tQ_1AQ_1$ である．さらに，A が対称行列であることから

$$
{}^tB = {}^t({}^tQ_1AQ_1) = {}^tQ_1\,{}^tA\,{}^t({}^tQ_1) = {}^tQ_1AQ_1 = B
$$

であるので，B は k 次の実対称行列である．よって，数学的帰納法の仮定から，k 次の直交行列 R_1 であって，$R_1^{-1}BR_1$ が対角行列となるものが存在する．$D_1 = R_1^{-1}BR_1$ とおくと，D_1 は対角行列で，$BR_1 = R_1D_1$ である．

$(k+1)$ 次の正方行列 Q, R を

$$Q = \begin{pmatrix} \boldsymbol{p} & Q_1 \end{pmatrix} = \begin{pmatrix} \boldsymbol{p} & \boldsymbol{p}_1 & \boldsymbol{p}_2 & \cdots & \boldsymbol{p}_k \end{pmatrix}, \quad R = \begin{pmatrix} 1 & {}^t\mathbf{0} \\ \mathbf{0} & R_1 \end{pmatrix}$$

で定める (ここで $\mathbf{0}$ は $\mathbb{R}^k$ のゼロベクトルである). $\{\boldsymbol{p}, \boldsymbol{p}_1, \boldsymbol{p}_2, \ldots, \boldsymbol{p}_k\}$ は $\mathbb{R}^{k+1}$ の正規直交基底であるから, Q は直交行列である. また, R_1 は直交行列なので

$${}^tRR = \begin{pmatrix} 1 & {}^t\mathbf{0} \\ \mathbf{0} & {}^tR_1 \end{pmatrix} \begin{pmatrix} 1 & {}^t\mathbf{0} \\ \mathbf{0} & R_1 \end{pmatrix} = \begin{pmatrix} 1 & {}^t\mathbf{0} \\ \mathbf{0} & {}^tR_1R_1 \end{pmatrix} = \begin{pmatrix} 1 & {}^t\mathbf{0} \\ \mathbf{0} & I_k \end{pmatrix} = I_{k+1}$$

となるから, R も直交行列である. よって, $P = QR$ とおくと P は直交行列である (命題 13.22).

$\boldsymbol{p}$ の固有値を α とおくと, $A\boldsymbol{p} = \alpha\boldsymbol{p}$ であり, $AQ_1 = Q_1B$ より

$$AQ = \begin{pmatrix} A\boldsymbol{p} & AQ_1 \end{pmatrix} = \begin{pmatrix} \alpha\boldsymbol{p} & Q_1B \end{pmatrix} = \begin{pmatrix} \boldsymbol{p} & Q_1 \end{pmatrix} \begin{pmatrix} \alpha & {}^t\mathbf{0} \\ \mathbf{0} & B \end{pmatrix} = Q \begin{pmatrix} \alpha & {}^t\mathbf{0} \\ \mathbf{0} & B \end{pmatrix}$$

となる. また, $BR_1 = R_1D_1$ であることから

$$\begin{aligned} \begin{pmatrix} \alpha & {}^t\mathbf{0} \\ \mathbf{0} & B \end{pmatrix} R &= \begin{pmatrix} \alpha & {}^t\mathbf{0} \\ \mathbf{0} & B \end{pmatrix} \begin{pmatrix} 1 & {}^t\mathbf{0} \\ \mathbf{0} & R_1 \end{pmatrix} = \begin{pmatrix} \alpha & {}^t\mathbf{0} \\ \mathbf{0} & BR_1 \end{pmatrix} \\ &= \begin{pmatrix} \alpha & {}^t\mathbf{0} \\ \mathbf{0} & R_1D_1 \end{pmatrix} = \begin{pmatrix} 1 & {}^t\mathbf{0} \\ \mathbf{0} & R_1 \end{pmatrix} \begin{pmatrix} \alpha & {}^t\mathbf{0} \\ \mathbf{0} & D_1 \end{pmatrix} = R \begin{pmatrix} \alpha & {}^t\mathbf{0} \\ \mathbf{0} & D_1 \end{pmatrix} \end{aligned}$$

であるので

$$AP = (AQ)R = Q \begin{pmatrix} \alpha & {}^t\mathbf{0} \\ \mathbf{0} & B \end{pmatrix} R = QR \begin{pmatrix} \alpha & {}^t\mathbf{0} \\ \mathbf{0} & D_1 \end{pmatrix} = P \begin{pmatrix} \alpha & {}^t\mathbf{0} \\ \mathbf{0} & D_1 \end{pmatrix}$$

となる. よって $P^{-1}AP = \begin{pmatrix} \alpha & {}^t\mathbf{0} \\ \mathbf{0} & D_1 \end{pmatrix}$ であり, D_1 は対角行列であるから右辺の行列も対角行列である.

以上より, $n = k+1$ の場合も示すべき定理は正しい. ■

与えられた実対称行列を対角化する直交行列は, 次の事実を使って計算できる.

命題 14.8 実対称行列の異なる固有値に対する固有ベクトルは直交する.

証明 実対称行列 A の異なる固有値 α, β に対する固有ベクトル $\boldsymbol{p}, \boldsymbol{q}$ をとる. A は実対称行列であるから $(A\boldsymbol{p}, \boldsymbol{q}) = (\boldsymbol{p}, A\boldsymbol{q})$ であり (命題 13.23), α, β は実数だか

ら (命題 13.25)

$$(A\boldsymbol{p}, \boldsymbol{q}) = (\alpha \boldsymbol{p}, \boldsymbol{q}) = \alpha(\boldsymbol{p}, \boldsymbol{q}), \quad (\boldsymbol{p}, A\boldsymbol{q}) = (\boldsymbol{q}, \beta \boldsymbol{q}) = \beta(\boldsymbol{p}, \boldsymbol{q})$$

である．よって $\alpha(\boldsymbol{p}, \boldsymbol{q}) = \beta(\boldsymbol{p}, \boldsymbol{q})$ であるので，$(\alpha - \beta)(\boldsymbol{p}, \boldsymbol{q}) = 0$ となる．$\alpha \neq \beta$ だから $(\boldsymbol{p}, \boldsymbol{q}) = 0$ である．したがって $\boldsymbol{p}$ と $\boldsymbol{q}$ は直交する． ■

実対称行列 A のそれぞれの固有空間に対し，グラム–シュミットの直交化を用いて正規直交基底を構成して，それらを並べた行列を P とする．命題 14.8 より，P は直交行列で $P^{-1}AP$ は対角行列となる．

例 14.9 実対称行列

$$A = \begin{pmatrix} 1 & 2 & 2 \\ 2 & 1 & 2 \\ 2 & 2 & 1 \end{pmatrix}$$

を対角化する直交行列を求めよう．行列 A の固有方程式は $F_A(x) = (x+1)^2(x-5) = 0$ であるから，A の固有値は (-1) と 5 である．固有空間を計算すると

$$W(-1) = \left\langle \begin{pmatrix} 1 \\ -1 \\ 0 \end{pmatrix}, \begin{pmatrix} 1 \\ 0 \\ -1 \end{pmatrix} \right\rangle, \quad W(5) = \left\langle \begin{pmatrix} 1 \\ 1 \\ 1 \end{pmatrix} \right\rangle$$

であることがわかる．そこで $\boldsymbol{v}_1 = {}^t(1, -1, 0)$, $\boldsymbol{v}_2 = {}^t(1, 0, -1)$, $\boldsymbol{w} = {}^t(1, 1, 1)$ とおく．$W(-1)$ の基底 $\{\boldsymbol{v}_1, \boldsymbol{v}_2\}$ に対してグラム–シュミットの直交化を行うと

$$\boldsymbol{b}_1 = \frac{1}{\sqrt{2}} \begin{pmatrix} 1 \\ -1 \\ 0 \end{pmatrix}, \quad \boldsymbol{b}_2 = \frac{1}{\sqrt{6}} \begin{pmatrix} 1 \\ 1 \\ -2 \end{pmatrix}$$

が得られる．これらのベクトルは $W(-1)$ の正規直交基底をなす．$W(5)$ については，$\boldsymbol{w}$ を正規化して

$$\boldsymbol{b}_3 = \frac{1}{\|\boldsymbol{w}\|} \boldsymbol{w} = \frac{1}{\sqrt{3}} \begin{pmatrix} 1 \\ 1 \\ 1 \end{pmatrix}$$

と定めれば，$\{\boldsymbol{b}_3\}$ は $W(5)$ の正規直交基底である．命題 14.8 より，$\boldsymbol{b}_3$ は $\boldsymbol{b}_1, \boldsymbol{b}_2$ と直交する．以上より，行列 P を

$$P = \begin{pmatrix} \boldsymbol{b}_1 & \boldsymbol{b}_2 & \boldsymbol{b}_3 \end{pmatrix} = \frac{1}{\sqrt{6}} \begin{pmatrix} \sqrt{3} & 1 & \sqrt{2} \\ -\sqrt{3} & 1 & \sqrt{2} \\ 0 & -2 & \sqrt{2} \end{pmatrix}$$

と定めれば，P は直交行列であり，A は次のように対角化される．

$$P^{-1}AP = \begin{pmatrix} -1 & 0 & 0 \\ 0 & -1 & 0 \\ 0 & 0 & 5 \end{pmatrix}$$

定理 14.7 の証明と同様にして，次のことも証明できる．

定理 14.10 A は n 次のエルミート行列であるとする．このとき，n 次のユニタリ行列 U であって，$U^{-1}AU$ が対角行列となるものが存在する．

証明 定理 14.7 と同様に，n に関する数学的帰納法で証明する．$n=1$ の場合は自明に成り立つ．k は正の整数であるとして，$n=k$ の場合に定理が正しいと仮定する．このとき，$(k+1)$ 次のエルミート行列 A に対して，ノルムが 1 の固有ベクトル $\boldsymbol{u}$ が取れる ($\boldsymbol{u}$ は複素数を成分とするベクトルでよい)．$W = \langle \boldsymbol{u} \rangle$ とおくと，W は L_A–不変な部分空間であり，A はエルミート行列であるから $W^{\perp}$ も L_A–不変である (このことは命題 13.23 (2) を使えば命題 14.5 の証明と同様にして示せる)．$W^{\perp}$ の正規直交基底 $\{\boldsymbol{u}_1, \boldsymbol{u}_2, \ldots, \boldsymbol{u}_k\}$ をとって，行列 $Q_1 = \begin{pmatrix} \boldsymbol{u}_1 & \boldsymbol{u}_2 & \cdots & \boldsymbol{u}_k \end{pmatrix}$ を考えると，命題 13.18 より $Q_1^* Q_1 = I_k$ が成り立つ．このとき，等式 $AQ_1 = Q_1 B$ によって k 次の正方行列 B を定めれば，A がエルミート行列であることから，B もエルミート行列となる．あとは数学的帰納法の仮定を適用して，定理 14.7 の証明と同様の変形を行えばよい． ■

定理 14.7 の証明の最後に行った行列の変形はいかにも技巧的である．この変形の意味を理解するには，抽象的に定義される「ベクトル空間」(数ベクトル空間ではない) の概念を導入して，数ベクトル空間の部分空間を一つのベクトル空間と見なす視点が必要となる．本書はここで幕を閉じるが，ここまでの内容を身につけたのなら，抽象的なベクトル空間の理論を学ぶ準備としては十分だろう．

演習問題

問 14.1.1　2 次の実対称行列 $A = \begin{pmatrix} 1 & 1 \\ 1 & 2 \end{pmatrix}$ の定める 2 次形式 $A[\boldsymbol{x}]$ について，$\boldsymbol{x}$ が $\mathbb{R}^2$ の $\mathbf{0}$ でないベクトルならば $A[\boldsymbol{x}] > 0$ が成り立つことを示せ．

問 14.2.1　次の実対称行列を直交行列で対角化せよ．

(1) $\begin{pmatrix} 0 & 1 & -1 \\ 1 & 0 & 1 \\ -1 & 1 & 0 \end{pmatrix}$　　(2) $\begin{pmatrix} 2 & -1 & 0 \\ -1 & 2 & -1 \\ 0 & -1 & 2 \end{pmatrix}$

付録

A　集合と論理

A.1　集合

本書では，一定の条件を満たす正の整数の組や列ベクトルを集めた集合を扱う．集合 A を構成する個々のものを A の**要素** (もしくは**元**) という．x が集合 A の要素であるとき，$x \in A$ と書き，x は集合 A に**属する**という．

集合を表すのには 二つの方法がある．第一に，その要素を列挙する方法である．たとえば，1 以上 5 以下の整数の集合なら

$$\{1, 2, 3, 4, 5\}$$

と表す．第二に「ある大きな集合の要素のうち特定の条件を満たすもの」として表す方法である．たとえば，1 以上の実数全体のなす集合は

$$\{x \in \mathbb{R} \mid x \geqq 1\}$$

と表す．縦棒の右側に条件を書く．

集合 A が有限個の要素からなるとき，A の要素の個数を $|A|$ もしくは $\#A$ で表す．本書では $|A|$ で表す．

二つの集合 A と X について，A の要素がすべて X の要素でもあるとき，A は X の**部分集合**であるといい，本書では $A \subset X$ と表す[1]．

1]　$A \subseteq X$ と表すこともある．

二つの集合 A と B について，$A \subset B$ かつ $B \subset A$ であるとき，集合 A と B は**等しい**という．この定義から，集合の等式 $A = B$ を証明するには，$A \subset B$ かつ $B \subset A$ であることを示せばよい．

二つの集合 A と B は (大きな) 集合 X の部分集合であるとする．このとき，A と B のいずれか (両方でもよい) に属する要素を集めた集合を $A \cup B$ で表す．また，A と B の両方に属する要素を集めた集合を $A \cap B$ で表す．この定義から

$$A \cap B \subset A \subset A \cup B, \quad A \cap B \subset B \subset A \cup B$$

である．

数学では便宜上「要素をまったくもたない集合」も考える．このような集合を**空集合**と呼び，記号 $\varnothing$ で表す．たとえば，自然数全体の集合の部分集合 $A = \{2, 3, 5\}, B = \{7, 11\}$ の両方に属する要素はない．このとき，集合 $A \cap B$ は存在しないと考えるのではなく，$A \cap B$ は空集合であると考える．ある集合 X が空集合ではない (つまり少なくとも一つの要素をもつ) ことを，X は**空でない**という．

A.2　論理

「n が偶数ならば n^2 も偶数である」のように，「P ならば Q」という形の命題を考える．「P ならば Q」と「Q ならば P」の両方が真であるとき，P と Q は**同値** (または**必要十分**) であるという．たとえば，整数の範囲では「n が偶数ならば n^2 も偶数である」と「n^2 が偶数ならば n も偶数である」の両方の命題が真であるから，「n が偶数であること」と「n^2 が偶数であること」は同値である．

複数の条件 $P_1, P_2, \ldots, P_r$ が同値であるとは，これらのどの二つも同値であるときにいう．いま 三つの条件 P, Q, R が同値であることを証明したいとしよう．「P ならば Q」と「Q ならば R」がともに真であることが分かれば，「P ならば R」も真である (三段論法)．このことから，P, Q, R が同値であることを示すには「P ならば Q」「Q ならば R」「R ならば P」が真であることを証明すればよい．なぜならば，最初の二つが真であることから「P ならば R」が真であり，これと「R ならば P」が真であることから，P と R は同値であると言える．P と Q, および Q と R の組み合わせについても同様である．

B 複素数と多項式

B.1 複素数

2 次方程式 $x^2+1=0$ は，実数の範囲では解をもたない．そこで，$i^2=-1$ を満たす数 i (これを**虚数単位**と呼ぶ) を導入して，集合

$$\mathbb{C}=\{a+bi\,|\,a,b\in\mathbb{R}\}$$

を考える．$\mathbb{C}$ の要素で $a+0i$ の形のものを実数 a と同一視すれば，$\mathbb{R}$ は $\mathbb{C}$ の部分集合と見なすことができる．

集合 $\mathbb{C}$ に加法と乗法を次で定義する．

$$(a+bi)+(c+di)=(a+c)+(b+d)i,$$
$$(a+bi)(c+di)=(ac-bd)+(ad+bc)i.$$

乗法の定義式は左辺を分配法則で展開して $i^2=-1$ を代入したものである．これらの演算については実数と同様に

- 交換法則: $z+w=w+z$, $zw=wz$
- 結合法則: $(z+w)+u=z+(w+u)$, $(zw)u=z(wu)$
- 分配法則: $(z+w)u=zu+wu$, $z(w+u)=zw+zu$

が成り立つ．さらに，$a\neq 0$ かつ $b\neq 0$ であれば

$$(a+bi)\left(\frac{a}{a^2+b^2}-\frac{b}{a^2+b^2}i\right)=1$$

であるから，$\mathbb{C}$ の 0 でない要素は逆数をもつ (つまり「割り算」ができる)．以上のようにして定まる四則演算つきの集合 $\mathbb{C}$ の要素を**複素数**と呼ぶ．

複素数 $z=a+bi$ $(a,b\in\mathbb{R})$ について，a を z の**実部**, b を z の**虚部**とよび，それぞれ $\mathrm{Re}z, \mathrm{Im}z$ で表す．$\mathrm{Re}z=0$ かつ $\mathrm{Im}z\neq 0$ を満たす複素数，つまり i の実数倍として表される 0 でない複素数を**純虚数**という．

複素数 $z=a+bi$ $(a,b\in\mathbb{R})$ に対して，複素数 $a-bi$ を z の**共役複素数**と呼ぶ[2]．複素数 z の共役複素数を $\overline{z}$ で表す．このとき，すべての複素数 z,w について

$$\overline{z+w}=\overline{z}+\overline{w},\quad \overline{zw}=\overline{z}\,\overline{w}$$

2] 「共役」は「きょうやく」と読む．

が成り立つ．また，共役複素数の共役複素数 $\overline{\overline{z}}$ は，もとの複素数 z と一致する．さらに次の同値性がある．

$$z \text{ は実数である．} \iff z = \overline{z} \text{ が成り立つ．}$$
$$z \text{ は純虚数である．} \iff z \neq 0 \text{ かつ } z = -\overline{z} \text{ が成り立つ．}$$

複素数 $z = a + bi$ $(a, b \in \mathbb{R})$ に対して，z の**絶対値** $|z|$ を

$$|z| = \sqrt{a^2 + b^2}$$

で定める．**複素数の絶対値は 0 以上の実数であること**に注意せよ．$|z| = 0$ となるのは $z = 0$ のときに限る．共役複素数と絶対値の定義から，すべての複素数 z, w について

$$|z|^2 = z\overline{z}, \quad |zw| = |z|\,|w|$$

が成り立つ．

B.2 多項式

以下，K は実数全体のなす集合 $\mathbb{R}$ か複素数全体のなす集合 $\mathbb{C}$ であるとする．非負整数 d と K の要素 $a_0, a_1, \ldots, a_d$ を使って

$$a_0 + a_1 x + a_2 x^2 + \cdots + a_d x^d$$

と書かれる対象を K 係数の**多項式**という．文字 x をこの多項式の**不定元** (もしくは**変数**), $a_0, a_1, \ldots, a_d$ を**係数**という．係数が 0 の項 $0x^k$ (k は非負整数) を含む多項式は，それを書かないものと同一視する．ただし，すべての係数が 0 である多項式は 0 と書く．また，$1x^k$ (k は非負整数) は単に x^k と書き，$(-a)x^k$ ($a \in K$, k は正の整数) の形の項の左にある記号 $+$ は省略して $-ax^k$ と書く．たとえば

$$2 + 1x + 0x^2 + (-1)x^3 = 2 + x - x^3$$

である．多項式 $P(x) = a_0 + a_1 x + \cdots + a_d x^d$ について，$a_d \neq 0$ であるとき，d を $P(x)$ の**次数**という．これにより 0 以外の多項式についてはその次数が定義される．0 の次数は定義しない[3]．中学校で学習するように，多項式には加法と乗法が定義される．

3] 0 の次数を $-\infty$ と定めることもある．

B.3 代数学の基本定理

次の定理は**代数学の基本定理**と呼ばれる.

定理 複素数係数の多項式 $F(x)$ が定める方程式 $F(x) = 0$ は,複素数の範囲で必ず解をもつ.

代数学の基本定理を証明するためには解析学の知識が必要となるので,本書では証明を省略する.代数学の基本定理から次の命題が得られる.この証明も本書では省略する.

命題 複素数係数の定数でない多項式は,1 次式 $x - \alpha$ $(\alpha \in \mathbb{C})$ と定数の積に分解できる.つまり,$\mathbb{C}[x]$ の要素 $F(x)$ が定数でないならば

$$F(x) = c(x - \alpha_1)(x - \alpha_2) \cdots (x - \alpha_d)$$

を満たす定数 $\alpha_1, \alpha_2, \ldots, \alpha_d$ が存在する.ここで d は $F(x)$ の次数で,c は $F(x)$ の x^d の係数である.さらに,$\alpha_1, \alpha_2, \ldots, \alpha_d$ は並び換えを除いてただ 1 通りに定まる.

C 数学的帰納法

数学的帰納法は「すべての正の整数について $\cdots$ が成り立つ」という命題を証明する際によく使われる論法である.例として次の問題を考える.

例題 n が正の整数のとき

$$1^2 + 2^2 + 3^2 + \cdots + (n-1)^2 + n^2 = \frac{1}{6}n(n+1)(2n+1)$$

が成り立つことを示せ.

この例題では $n = 1, 2, 3, \ldots$ とした等式がすべて成り立つことを示さなければならない.しかし,証明すべき等式は無限個あるのだから,n が 1 の場合から順に証明していっても,すべてを尽くすことはできない.そこで,次のように考える.まず,証明すべき等式に $P(1), P(2), P(3), \ldots$ と名前をつける.

$$
\begin{aligned}
P(1): \quad & 1^2 = \frac{1}{6}\cdot 1\cdot(1+1)\cdot(2\cdot 1+1) \\
P(2): \quad & 1^2+2^2 = \frac{1}{6}\cdot 2\cdot(2+1)\cdot(2\cdot 2+1) \\
P(3): \quad & 1^2+2^2+3^2 = \frac{1}{6}\cdot 3\cdot(3+1)\cdot(2\cdot 3+1) \\
& \vdots
\end{aligned}
$$

このとき，以下の二つのことを証明すれば，すべての等式は正しいと言える．

(1) $P(1)$ は正しい．

(2) k が正の整数のとき「もし $P(k)$ が正しければ，$P(k+1)$ も正しい」．

その理由を説明しよう．まず，(1) から

[a] $P(1)$ は正しい．

そして，(2) で $k=1$ とすれば

[b] もし $P(1)$ が正しければ，$P(2)$ も正しい．

したがって，[a] と [b] より

[c] $P(2)$ は正しい

と言える．さらに，(2) で $k=2$ とすれば

[d] もし $P(2)$ が正しければ，$P(3)$ も正しい．

よって，[c] と [d] より

[e] $P(3)$ は正しい．

続けて (2) で $k=3$ として

[f] もし $P(3)$ が正しければ $P(4)$ は正しい．

よって [e] と [f] から $P(4)$ は正しい．以上を繰り返せば $P(1), P(2), P(3), \ldots$ のすべてが正しいと言える．この論法を**数学的帰納法**と呼ぶ．数学的帰納法による証明の書き方の例として，先ほどの例題に対する解答を以下で示す．

解 n に関する数学的帰納法で証明する．$n=1$ のとき，示すべき等式の左辺は $1^2=1$ であり，右辺は $\frac{1}{6}\cdot 1\cdot(1+1)\cdot(2\cdot 1+1)=\frac{1}{6}\cdot 1\cdot 2\cdot 3=1$ であるから，$n=1$ のときに示すべき等式は成り立つ．

k を正の整数として，$n=k$ のときに示すべき等式が成り立つと仮定する．$n=k+1$ のとき，等式の左辺は

$$1^2+2^2+3^2+\cdots+k^2+(k+1)^2=\left(1^2+2^2+3^2+\cdots+k^2\right)+(k+1)^2$$

である．ここで数学的帰納法の仮定より[4]

$$1^2+2^2+3^2+\cdots+k^2=\frac{1}{6}k(k+1)(2k+1)$$

が成り立つ．したがって

$$1^2+2^2+3^2+\cdots+k^2+(k+1)^2=\frac{1}{6}k(k+1)(2k+1)+(k+1)^2$$

である．右辺を因数分解すると

$$\begin{aligned}\frac{1}{6}k(k+1)(2k+1)+(k+1)^2&=\frac{1}{6}(k+1)\left\{k(2k+1)+6(k+1)\right\}\\&=\frac{1}{6}(k+1)(2k^2+7k+6)=\frac{1}{6}(k+1)(k+2)(2k+3)\\&=\frac{1}{6}(k+1)(k+2)\{2(k+1)+1\}\end{aligned}$$

となるので，$n=k+1$ の場合にも示すべき等式は正しい．

以上より，すべての正の整数 n について示すべき等式は正しい． □

D グラスマン変数の性質

命題 4.4 の証明 n に関する数学的帰納法で証明する．$n=1$ のとき，$\boldsymbol{\alpha}=a_1\boldsymbol{\xi}_1, \beta=b_1\boldsymbol{\xi}_1$ と表される．$\boldsymbol{\xi}_1^2=0$ だから，$\boldsymbol{\alpha\beta}=a_1b_1\boldsymbol{\xi}_1^2=0$ である．同様にして $\boldsymbol{\beta\alpha}=0$ でもあるので，特に $\boldsymbol{\alpha\beta}=-\boldsymbol{\beta\alpha}(=0)$ が成り立つ．

k を正の整数として，$n=k$ のときに命題が正しいと仮定する．$n=k+1$ の場合を考える．このとき

$$\boldsymbol{\alpha}=a_1\boldsymbol{\xi}_1+\cdots+a_k\boldsymbol{\xi}_k+a_{k+1}\boldsymbol{\xi}_{k+1},\quad \boldsymbol{\beta}=b_1\boldsymbol{\xi}_1+\cdots+b_k\boldsymbol{\xi}_k+b_{k+1}\boldsymbol{\xi}_{k+1}$$

と表される．ここで $\boldsymbol{\alpha}',\boldsymbol{\beta}'$ を

$$\boldsymbol{\alpha}'=a_1\boldsymbol{\xi}_1+\cdots+a_k\boldsymbol{\xi}_k,\quad \boldsymbol{\beta}'=b_1\boldsymbol{\xi}_1+\cdots+b_k\boldsymbol{\xi}_k$$

とおくと，$\boldsymbol{\alpha}=\boldsymbol{\alpha}'+a_{k+1}\boldsymbol{\xi}_{k+1}, \boldsymbol{\beta}=\boldsymbol{\beta}'+b_{k+1}\boldsymbol{\xi}_{k+1}$ である．$\boldsymbol{\xi}_{k+1}^2=0$ だから

$$\boldsymbol{\alpha\beta}=(\boldsymbol{\alpha}'+a_{k+1}\boldsymbol{\xi}_{k+1})(\boldsymbol{\beta}'+b_{k+1}\boldsymbol{\xi}_{k+1})=\boldsymbol{\alpha}'\boldsymbol{\beta}'+a_{k+1}\boldsymbol{\xi}_{k+1}\boldsymbol{\beta}'+b_{k+1}\boldsymbol{\alpha}'\boldsymbol{\xi}_{k+1},$$

4] 「数学的帰納法の仮定」とは，「$n=k$ の場合に等式が成り立つこと」である．

$$\boldsymbol{\beta}\boldsymbol{\alpha} = (\boldsymbol{\beta}' + b_{k+1}\boldsymbol{\xi}_{k+1})(\boldsymbol{\alpha}' + a_{k+1}\boldsymbol{\xi}_{k+1}) = \boldsymbol{\beta}'\boldsymbol{\alpha}' + b_{k+1}\boldsymbol{\xi}_{k+1}\boldsymbol{\alpha}' + a_{k+1}\boldsymbol{\beta}'\boldsymbol{\xi}_{k+1}$$

である．数学的帰納法の仮定より $\boldsymbol{\alpha}'\boldsymbol{\beta}' = -\boldsymbol{\beta}'\boldsymbol{\alpha}'$ である．さらに，グラスマン変数の反可換性から

$$\begin{aligned}\boldsymbol{\xi}_{k+1}\boldsymbol{\beta}' &= \boldsymbol{\xi}_{k+1}(b_1\boldsymbol{\xi}_1 + \cdots + b_k\boldsymbol{\xi}_k)\\ &= b_1\boldsymbol{\xi}_{k+1}\boldsymbol{\xi}_1 + \cdots + b_k\boldsymbol{\xi}_{k+1}\boldsymbol{\xi}_k\\ &= b_1(-\boldsymbol{\xi}_1\boldsymbol{\xi}_{k+1}) + \cdots + b_k(-\boldsymbol{\xi}_k\boldsymbol{\xi}_{k+1})\\ &= -(b_1\boldsymbol{\xi}_1 + \cdots + b_k\boldsymbol{\xi}_k)\boldsymbol{\xi}_{k+1} = -\boldsymbol{\beta}'\boldsymbol{\xi}_{k+1}\end{aligned}$$

であり，同様に $\boldsymbol{\alpha}'\boldsymbol{\xi}_{k+1} = -\boldsymbol{\xi}_{k+1}\boldsymbol{\alpha}'$ である．したがって

$$\begin{aligned}\boldsymbol{\alpha}\boldsymbol{\beta} &= \boldsymbol{\alpha}'\boldsymbol{\beta}' + a_{k+1}\boldsymbol{\xi}_{k+1}\boldsymbol{\beta}' + b_{k+1}\boldsymbol{\alpha}'\boldsymbol{\xi}_{k+1}\\ &= (-\boldsymbol{\beta}'\boldsymbol{\alpha}') + a_{k+1}(-\boldsymbol{\beta}'\boldsymbol{\xi}_{k+1}) + b_{k+1}(-\boldsymbol{\xi}_{k+1}\boldsymbol{\alpha}') = -\boldsymbol{\beta}\boldsymbol{\alpha}\end{aligned}$$

である．よって $n = k+1$ のときにも示すべき命題は正しい．

演習問題の解答

第1章の解答

問 1.1.1 (1) $x_1 = 2,\ x_2 = 3,\ x_3 = -1.$ (2) $x_1 = -1,\ x_2 = 0,\ x_3 = 0,\ x_4 = 2.$

問 1.1.2 $x_1 = a^3,\ x_2 = -a(1+a+a^2),\ x_3 = 1+a+a^2.$

問 1.2.1 (1) $x_1 = \dfrac{4}{3} - 2t, x_2 = -\dfrac{1}{3}, x_3 = t.$ (t は任意定数) (2) 解なし. (3) $x_1 = 2 - 2s + 2t,\ x_2 = s,\ x_3 = -1 - 3t,\ x_4 = t.$ (s, t は任意定数) (4) $c \neq -3$ のとき解なし. $c = -3$ のとき $x_1 = \dfrac{7}{4}, x_2 = \dfrac{1}{8}, x_3 = -\dfrac{3}{8}.$

第2章の解答

問 2.1.1 (1) $a = -3,\ b = -4,\ c = 1.$ (2) $a = 3,\ b = -2,\ c = 1,\ d = -1.$

問 2.2.1 (1) $\begin{pmatrix} 2 \\ -4 \end{pmatrix}$ (2) $\begin{pmatrix} 7 \\ 8 \\ -10 \end{pmatrix}$ (3) $\begin{pmatrix} 0 \\ 3 \\ 0 \end{pmatrix}$ (4) $\begin{pmatrix} -8 & 3 \\ -6 & 13 \end{pmatrix}$ (5) $\begin{pmatrix} 2 & \frac{5}{2} & -5 \\ \frac{1}{2} & -1 & 0 \end{pmatrix}$

問 2.3.1 (1) $\begin{pmatrix} -5 & 6 & -1 \\ 6 & -8 & 1 \\ -6 & 4 & -2 \end{pmatrix}$ (2) $\begin{pmatrix} -8 & 3 \\ 12 & -7 \end{pmatrix}$ (3) 定義されない.

(4) $\begin{pmatrix} -5 & 6 & -1 \\ 8 & -4 & 3 \end{pmatrix}$ (5) 定義されない. (6) $\begin{pmatrix} -13 & 17 \\ 17 & -33 \end{pmatrix}$ (7) 定義されない.

(8) $\begin{pmatrix} 3 & -5 \\ 5 & 8 \end{pmatrix}$ (9) 定義されない. (10) $\begin{pmatrix} -6 & 2 \\ 13 & -4 \end{pmatrix}$

問 2.3.2 (1) $A = (a_{ij}), B = (b_{ij})$ とおく. $A + B$ の (i, i) 成分は $a_{ii} + b_{ii}$ だから, $\mathrm{tr}(A+B) = (a_{11} + b_{11}) + \cdots + (a_{nn} + b_{nn}) = (a_{11} + \cdots + a_{nn}) + (b_{11} + \cdots + b_{nn}) = \mathrm{tr}A + \mathrm{tr}B$ である. また, λA の (i, i) 成分は λa_{ii} だから $\mathrm{tr}(\lambda A) = \lambda a_{11} + \cdots + \lambda a_{nn} = \lambda(a_{11} + \cdots + a_{nn}) = \lambda\,\mathrm{tr}A$ である.

(2) $A = (a_{ij}), B = (b_{ij})$ とおく. AB の (i, i) 成分は $a_{i1}b_{1i} + a_{i2}b_{2i} \cdots + a_{in}b_{ni}$ であるから

$$\begin{aligned}\mathrm{tr}(AB) =& (a_{11}b_{11} + a_{12}b_{21} \cdots + a_{1n}b_{n1}) \\ &+ (a_{21}b_{12} + a_{22}b_{22} \cdots + a_{2n}b_{n2}) \\ &+ \cdots\end{aligned}$$

$$+ (a_{m1}b_{1m} + a_{m2}b_{2m} \cdots + a_{mn}b_{nm}).$$

この右辺は次のように変形できる (カッコを開いて縦に加える).

$$\begin{aligned}&(a_{11}b_{11} + a_{21}b_{12} + \cdots + a_{m1}b_{1m})\\&+ (a_{12}b_{21} + a_{22}b_{22} + \cdots + a_{m2}b_{2m})\\&+ \cdots\\&+ (a_{1n}b_{n1} + a_{2n}b_{n2} + \cdots + a_{mn}b_{nm})\end{aligned}$$

BA の (i,i) 成分は $b_{i1}a_{1i} + b_{i2}a_{2i} + \cdots + b_{im}a_{mi}$ だから，上の値は $\mathrm{tr}(BA)$ に等しい.

問 2.3.3 n 次の正方行列 A, B について，問 2.3.2 の結論から $\mathrm{tr}(AB - BA) = \mathrm{tr}(AB + (-1)BA) = \mathrm{tr}(AB) + \mathrm{tr}((-1)BA) = \mathrm{tr}(AB) - \mathrm{tr}(BA) = 0$ である．一方，$\mathrm{tr}I_n = n$ だから，$AB - BA = I_n$ となることはない.

第3章の解答

問 3.1.1 (1) $x_1 = -1, x_2 = -1, x_3 = 0$.　(2) 解なし.　(3) $x_1 = 2 - 2s + 4t, x_2 = s, x_3 = -3 - 2t, x_4 = t$. ($s, t$ は任意定数)　(4) $x_1 = 0, x_2 = 0, x_3 = 0$.　(5) $x_1 = -t,\ x_2 = 0,\ x_3 = t$. ($t$ は任意定数)

(注：(4), (5) では，拡大係数行列の右端の列の成分はすべて 0 である．行に関する基本変形でこの部分は変化しないから，方程式の係数を並べた行列 A だけを変形すればよい.)

問 3.2.1 (1) $\begin{pmatrix} 1 & 0 & 0 \\ 0 & 1 & 0 \\ 0 & 0 & 1 \end{pmatrix}$　(2) $\begin{pmatrix} 1 & 0 & -\frac{4}{5} & 4 \\ 0 & 1 & -\frac{2}{5} & -1 \\ 0 & 0 & 0 & 0 \end{pmatrix}$　(3) $\begin{pmatrix} 1 & 2 & 0 & 0 \\ 0 & 0 & 1 & 0 \\ 0 & 0 & 0 & 1 \\ 0 & 0 & 0 & 0 \end{pmatrix}$

問 3.3.1 順に $\begin{pmatrix} a_{11} & a_{12} \\ a_{21} & a_{22} \\ a_{31} + \lambda a_{11} & a_{32} + \lambda a_{12} \end{pmatrix}$, $\begin{pmatrix} a_{11} & a_{12} \\ \mu a_{21} & \mu a_{22} \\ a_{31} & a_{32} \end{pmatrix}$, $\begin{pmatrix} a_{11} & a_{12} \\ a_{31} & a_{32} \\ a_{21} & a_{22} \end{pmatrix}$ となる.

問 3.3.2 たとえば $Q = S_{32}(1)S_{31}(-2)S_{21}(1) = \begin{pmatrix} 1 & 0 & 0 \\ 1 & 1 & 0 \\ -1 & 1 & 1 \end{pmatrix}, QA = \begin{pmatrix} 1 & 2 & 0 & -1 \\ 0 & 4 & 3 & 1 \\ 0 & 0 & 2 & -2 \end{pmatrix}$.

第4章の解答

問 4.2.1 (1) 2　(2) $-a(1 + a)$　(3) 0

問 4.2.2 たとえば $\begin{pmatrix} 0 & 1 \\ 0 & 0 \end{pmatrix}, \begin{pmatrix} 1 & 2 \\ 1 & 2 \end{pmatrix}$ など.

問 4.2.3 たとえば $A = I, B = -I$ のとき $\det(A+B) = 0$, $\det A + \det B = 2$ である.

問 4.2.4 $\angle \mathrm{AOB} = \theta$ とおく.

$$\mathrm{OA} = \sqrt{x_1^2 + y_1^2},\ \mathrm{OB} = \sqrt{x_2^2 + y_2^2},\ \mathrm{AB} = \sqrt{(x_1 - x_2)^2 + (y_1 - y_2)^2}$$

であるから, 余弦定理より $\cos\theta = \dfrac{\mathrm{OA}^2 + \mathrm{OB}^2 - \mathrm{AB}^2}{2\mathrm{OA}\cdot\mathrm{OB}} = \dfrac{x_1x_2 + y_1y_2}{\sqrt{(x_1^2 + y_1^2)(x_2^2 + y_2^2)}}$. よって

$$\sin^2\theta = 1 - \cos^2\theta = 1 - \frac{(x_1x_2 + y_1y_2)^2}{(x_1^2 + y_1^2)(x_2^2 + y_2^2)} = \frac{(x_1y_2 - x_2y_1)^2}{(x_1^2 + y_1^2)(x_2^2 + y_2^2)}.$$

三角形 OAB の面積を S とおくと

$$S^2 = \frac{1}{4}\mathrm{OA}^2\mathrm{OB}^2\sin^2\theta = \frac{1}{4}(x_1y_2 - x_2y_1)^2$$

となり, $x_1y_2 - x_2y_1 = \det\begin{pmatrix} x_1 & x_2 \\ y_1 & y_2 \end{pmatrix}$ であるから, 示すべき等式が成り立つ. (なお, 結論の等式の右辺は, 3 点 O, A, B が同一直線上にあるとき 0 となる. このとき三角形 OAB は線分に退化して面積は 0 になると考えれば, この場合でも結論の等式は正しいと言える.)

問 4.2.5 (1) $\begin{pmatrix} 0 & 1 & 0 & 0 \\ 0 & 0 & 0 & 1 \\ 1 & 0 & 0 & 0 \\ 0 & 0 & 1 & 0 \end{pmatrix}$

(2) 行列式の定義から $\det P_\tau = \sum_{\sigma\in S_n} \mathrm{sgn}(\sigma) p_{\sigma(1)1}\cdots p_{\sigma(n)n}$ である. P_τ の定義から, 右辺の和をなす項のうち 0 でないのは $\sigma(1) = \tau(1), \ldots, \sigma(n) = \tau(n)$ の場合に限る. よって, $\sigma = \tau$ 以外の項は 0 であるから, $\det P_\tau = \mathrm{sgn}(\tau)$ である.

第5章の解答

問 5.1.1 A は (m, n) 型行列であるとすると, ${}^tA$ は (n, m) 型行列であるから, ${}^tAA$ は n 次の正方行列, $A\,{}^tA$ は m 次の正方行列として定義される. さらに命題 5.3 (2) より ${}^t({}^tAA) = {}^tA\,{}^t({}^tA) = {}^tAA$, ${}^t(A\,{}^tA) = {}^t({}^tA)\,{}^tA = A\,{}^tA$ であるから, ${}^tAA$, $A\,{}^tA$ は対称行列である.

問 5.1.2 $B = \dfrac{1}{2}(A + {}^tA)$, $C = \dfrac{1}{2}(A - {}^tA)$ と取れば, ${}^tB = \dfrac{1}{2}({}^tA + A) = B$, ${}^tC = \dfrac{1}{2}({}^tA - A) = -C$ であるから, B は対称行列で, C は交代行列である. さらに $B + C = A$ が成り立つ.

問 5.2.1 (1) A の列ベクトル表示を $\begin{pmatrix}\boldsymbol{a}_1 & \cdots & \boldsymbol{a}_n\end{pmatrix}$ とすると

$$\begin{aligned}\det(-A) &= \det(-\boldsymbol{a}_1, -\boldsymbol{a}_2, -\boldsymbol{a}_3, \dots, -\boldsymbol{a}_n) = (-1)\det(\boldsymbol{a}_1, -\boldsymbol{a}_2, -\boldsymbol{a}_3, \dots, -\boldsymbol{a}_n)\\ &= (-1)^2\det(\boldsymbol{a}_1, \boldsymbol{a}_2, -\boldsymbol{a}_3, \dots, -\boldsymbol{a}_n) = \cdots = (-1)^n\det(\boldsymbol{a}_1, \boldsymbol{a}_2, \boldsymbol{a}_3, \dots, \boldsymbol{a}_n)\end{aligned}$$

であるから，$\det(-A) = (-1)^n \det A$ である．

(2) A は交代行列であるから $\det A = \det({}^tA) = \det(-A)$ であり，A が奇数次であることと (1) の結果から $\det(-A) = -\det A$ である．よって $\det A = -\det A$ が成り立つので，$\det A = 0$ である．

問 5.2.2 (1) 公比を r とおく．このとき，X_n の第 1 列を r 倍して第 2 列から引くと，第 2 列の成分はすべて 0 になる．よって $\det X_n = 0$ である．

(2) 公差を d とおく．このとき，X_n の第 3 列から第 2 列を引くと，第 3 列の成分はすべて d となる．続けて，第 2 列から第 1 列を引くと，第 2 列の成分もすべて d となる．以上の変形で行列式の値は変わらず，第 2 列と第 3 列が等しくなるので，$\det X_n = 0$ である．

問 5.3.1 左辺の行列式において，第 n 行を第 $(n-1)$ 行，第 $(n-2)$ 行，…，第 1 行と次々に入れ換えると

$$(-1)^{n-1}\begin{vmatrix} 0 & \cdots & 0 & a_{nn} \\ a_{11} & \cdots & a_{1\,n-1} & a_{1n} \\ \vdots & \vdots & \vdots & \vdots \\ a_{n-1\,1} & \cdots & a_{n-1\,n-1} & a_{n-1\,n}\end{vmatrix}$$

となる．さらに第 n 列を第 $(n-1)$ 列，第 $(n-2)$ 列，…，第 1 列と入れ換えれば

$$(-1)^{n-1}\cdot(-1)^{n-1}\begin{vmatrix} a_{nn} & 0 & \cdots & 0 \\ a_{1n} & a_{11} & \cdots & a_{1\,n-1} \\ \vdots & \vdots & \vdots & \vdots \\ a_{n-1\,n} & a_{n-1\,1} & \cdots & a_{n-1\,n-1}\end{vmatrix}$$

となる．$(-1)^{n-1}(-1)^{n-1} = (-1)^{2(n-1)} = 1$ であるから，この行列式で次数下げを行えば，示すべき等式の右辺を得る．

問 5.4.1 (1) -11 (2) 1 (3) $-a^3(1+a+a^2)$

問 5.4.2 A の列ベクトル表示を $A = \begin{pmatrix}\boldsymbol{a}_1 & \boldsymbol{a}_2 & \boldsymbol{a}_3\end{pmatrix}$ として，3 次の列ベクトル $\boldsymbol{e}_1 = {}^t(1,0,0)$, $\boldsymbol{e}_2 = {}^t(0,1,0)$, $\boldsymbol{e}_3 = {}^t(0,0,1)$ と使うと

$$\begin{aligned}\det(I+A) &= \det(\boldsymbol{a}_1+\boldsymbol{e}_1, \boldsymbol{a}_2+\boldsymbol{e}_2, \boldsymbol{a}_3+\boldsymbol{e}_3)\\ &= \det(\boldsymbol{a}_1, \boldsymbol{a}_2, \boldsymbol{a}_3) + \det(\boldsymbol{e}_1, \boldsymbol{a}_2, \boldsymbol{a}_3) + \det(\boldsymbol{a}_1, \boldsymbol{e}_2, \boldsymbol{a}_3) + \det(\boldsymbol{a}_1, \boldsymbol{a}_2, \boldsymbol{e}_3)\end{aligned}$$

$$+\det(\boldsymbol{e}_1,\boldsymbol{e}_2,\boldsymbol{a}_3)+\det(\boldsymbol{e}_1,\boldsymbol{a}_2,\boldsymbol{e}_3)+\det(\boldsymbol{a}_1,\boldsymbol{e}_2,\boldsymbol{e}_3)+\det(\boldsymbol{e}_1,\boldsymbol{e}_2,\boldsymbol{e}_3).$$

右辺の八つの項をそれぞれ計算すると

$$\det(\boldsymbol{a}_1,\boldsymbol{a}_2,\boldsymbol{a}_3)=\det A,\quad \det(\boldsymbol{e}_1,\boldsymbol{a}_2,\boldsymbol{a}_3)=\begin{vmatrix}1 & a_{12} & a_{13}\\ 0 & a_{22} & a_{23}\\ 0 & a_{32} & a_{33}\end{vmatrix}=\begin{vmatrix}a_{22} & a_{23}\\ a_{32} & a_{33}\end{vmatrix},$$

$$\det(\boldsymbol{a}_1,\boldsymbol{e}_2,\boldsymbol{a}_3)=\begin{vmatrix}a_{11} & 0 & a_{13}\\ a_{21} & 1 & a_{23}\\ a_{31} & 0 & a_{33}\end{vmatrix}=-\begin{vmatrix}0 & a_{11} & a_{13}\\ 1 & a_{21} & a_{23}\\ 0 & a_{31} & a_{33}\end{vmatrix}=\begin{vmatrix}1 & a_{21} & a_{23}\\ 0 & a_{11} & a_{13}\\ 0 & a_{31} & a_{33}\end{vmatrix}=\begin{vmatrix}a_{11} & a_{13}\\ a_{31} & a_{33}\end{vmatrix},$$

$$\det(\boldsymbol{a}_1,\boldsymbol{a}_2,\boldsymbol{e}_3)=\begin{vmatrix}a_{11} & a_{12} & 0\\ a_{21} & a_{22} & 0\\ a_{31} & a_{32} & 1\end{vmatrix}=\begin{vmatrix}a_{11} & a_{12}\\ a_{21} & a_{22}\end{vmatrix},\quad \det(\boldsymbol{e}_1,\boldsymbol{e}_2,\boldsymbol{a}_3)=\begin{vmatrix}1 & 0 & a_{13}\\ 0 & 1 & a_{23}\\ 0 & 0 & a_{33}\end{vmatrix}=a_{33},$$

$$\det(\boldsymbol{e}_1,\boldsymbol{a}_2,\boldsymbol{e}_3)=\begin{vmatrix}1 & a_{12} & 0\\ 0 & a_{22} & 0\\ 0 & a_{32} & 1\end{vmatrix}=-\begin{vmatrix}1 & 0 & a_{12}\\ 0 & 0 & a_{22}\\ 0 & 1 & a_{32}\end{vmatrix}=-\begin{vmatrix}0 & a_{22}\\ 1 & a_{32}\end{vmatrix}=a_{22},$$

$$\det(\boldsymbol{a}_1,\boldsymbol{e}_2,\boldsymbol{e}_3)=\begin{vmatrix}a_{11} & 0 & 0\\ a_{21} & 1 & 0\\ a_{31} & 0 & 1\end{vmatrix}=a_{11},\quad \det(\boldsymbol{e}_1,\boldsymbol{e}_2,\boldsymbol{e}_3)=\det I=1.$$

となるので，示すべき等式を得る．

問 5.5.1 A の成分はすべて実数だから $\det A$ も実数である．よって $\det(A^2)=(\det A)^2\geqq 0$. 一方，$\begin{vmatrix}0 & 0 & 1\\ 0 & 1 & 0\\ 1 & 0 & 0\end{vmatrix}=-1<0$ であるから，問題の条件を満たす行列 A は存在しない．

問 5.5.2 A, B はともに n 次の正方行列であるとする．第 $(n+k)$ 行から第 k 行を引く操作を $k=1,2,\ldots,n$ について行うと $\begin{vmatrix}A & B\\ B & A\end{vmatrix}=\begin{vmatrix}A & B\\ B-A & A-B\end{vmatrix}$ となる．続いて，第 $(n+k)$ 列を第 k 列に加える操作を $k=1,2,\ldots,n$ について行えば $\begin{vmatrix}A & B\\ B-A & A-B\end{vmatrix}=\begin{vmatrix}A+B & B\\ O & A-B\end{vmatrix}$ を得る．右辺は $\det(A+B)\det(A-B)$ に等しいので，示すべき等式を得る．

第6章の解答

問 6.1.1 $X = \begin{pmatrix} x & y \\ z & w \end{pmatrix}$ に対して，$AX = \begin{pmatrix} x+2z & y+2w \\ 2x+4z & 2y+4w \end{pmatrix}$ となる．仮に $AX = I$ となったとすると，$(1,1)$ 成分と $(2,1)$ 成分を見比べて $x+2z = 1, 2x+4z = 0$ となる．しかし $2x+4z = 2(x+2z)$ であるから，このようなことはあり得ない．よって A は逆行列をもたない．

問 6.1.2 次の計算からわかる．

$$\begin{pmatrix} A & C \\ O & B \end{pmatrix}\begin{pmatrix} A^{-1} & -A^{-1}CB^{-1} \\ O & B^{-1} \end{pmatrix} = \begin{pmatrix} AA^{-1} & A(-A^{-1}CB^{-1}) + CB^{-1} \\ O & BB^{-1} \end{pmatrix} = \begin{pmatrix} I & O \\ O & I \end{pmatrix},$$

$$\begin{pmatrix} A^{-1} & -A^{-1}CB^{-1} \\ O & B^{-1} \end{pmatrix}\begin{pmatrix} A & C \\ O & B \end{pmatrix} = \begin{pmatrix} A^{-1}A & A^{-1}C + (-A^{-1}CB^{-1})B \\ O & B^{-1}B \end{pmatrix} = \begin{pmatrix} I & O \\ O & I \end{pmatrix}.$$

問 6.2.1 $b^4 - 3ab^2c + a^2c^2$.

問 6.2.2 (1) $p_2(x) = x^2 + a_1x + a_2$.　(2) (略解) $p_{n+1}(x)$ を定める行列式を第 1 列に関して展開すると $p_{n+1}(x) = xp_n(x) + (-1)^{n+2}a_{n+1}(-1)^n = xp_n(x) + a_{n+1}$ となる．

(3) $p_n(x) = x^n + a_1x^{n-1} + a_2x^{n-2} + \cdots + a_{n-1}x + a_n$. ((2) の漸化式を使って数学的帰納法により証明する．)

問 6.3.1 (1) $\frac{1}{5}\begin{pmatrix} 1 & -2 \\ 1 & 3 \end{pmatrix}$　(2) $\begin{pmatrix} -1 & 1 & 1 \\ 1 & 0 & -1 \\ 1 & -1 & 0 \end{pmatrix}$

問 6.3.2 $(n+1)$ 個の相異なる複素数 $z_1, z_2, \ldots, z_{n+1}$ を 1 組とると，すべての $k = 1, 2, \ldots, n+1$ について $P(z_k) = 0$ であるから

$$\begin{pmatrix} z_1^n & \cdots & z_1 & 1 \\ \vdots & \ddots & \vdots & 1 \\ z_n^n & \cdots & z_n & 1 \\ z_{n+1}^n & \cdots & z_{n+1} & 1 \end{pmatrix}\begin{pmatrix} c_0 \\ \vdots \\ c_n \\ c_{n+1} \end{pmatrix} = \begin{pmatrix} 0 \\ \vdots \\ 0 \\ 0 \end{pmatrix}.$$

左辺の $(n+1)$ 次の正方行列を X とすると，$\det X = \prod_{1 \leqq j < k \leqq n+1} (z_j - z_k)$ である (ヴァンデルモンドの行列式と同様に計算すればよい)．$z_1, z_2, \ldots, z_{n+1}$ は相異なるから，$\det X \neq 0$ である．よって X は正則だから，上式の両辺に左から X^{-1} を掛けて，$c_0, c_1, \ldots, c_n$ はすべて 0 であることがわかる．

問 6.3.3 $x_1 = \frac{5}{2}, x_2 = -\frac{1}{2}, x_3 = -1.$

問 6.4.1 (1) $\dfrac{1}{2}\begin{pmatrix} -1 & -1 & 3 \\ 1 & -1 & 1 \\ 1 & 3 & -5 \end{pmatrix}$ (2) $\begin{pmatrix} 1 & 0 & -1 & 1 \\ 0 & 0 & 1 & -1 \\ -1 & 1 & 0 & 0 \\ 1 & -1 & 0 & 1 \end{pmatrix}$

第7章の解答

問 7.1.1 (1) $\begin{pmatrix} 5 \\ 1 \\ 2i \end{pmatrix}$ (2) $\begin{pmatrix} \dfrac{3}{2} \\ -5 \\ -\dfrac{1+3i}{2} \end{pmatrix}$ (3) $\begin{pmatrix} \dfrac{1+i}{2} \\ 4(1+i) \\ 2i-1 \end{pmatrix}$

問 7.2.1 (1) 部分空間である (定義 7.5 の二つの条件は容易に確かめられる).

(2) $\boldsymbol{a} = \dfrac{1}{2}\begin{pmatrix} 1 \\ 0 \end{pmatrix}, \boldsymbol{b} = \begin{pmatrix} 2 \\ -1 \end{pmatrix}$ はともに W に属するが, $\boldsymbol{a}+\boldsymbol{b} = \begin{pmatrix} \dfrac{5}{2} \\ -1 \end{pmatrix}$ は W に属さないので, W は部分空間ではない.

問 7.2.2 (1) (略解) 定義 7.5 の条件 (1) を確かめる. $\boldsymbol{a}, \boldsymbol{b} \in W_1 \cap W_2$ とする. $\boldsymbol{a}, \boldsymbol{b}$ は W_1 に属し, W_1 は部分空間であるから $\boldsymbol{a}+\boldsymbol{b} \in W_1$ である. 同様に, $\boldsymbol{a}+\boldsymbol{b} \in W_2$ であることもわかる. 以上より $\boldsymbol{a}+\boldsymbol{b} \in W_1 \cap W_2$ である. 定義 7.5 の条件 (2) が成り立つことの証明も同様である.

(2) たとえば, $W_1 = \left\{ \begin{pmatrix} x_1 \\ x_2 \end{pmatrix} \in \mathbb{R}^2 \,\middle|\, x_1 = 0 \right\}, W_2 = \left\{ \begin{pmatrix} x_1 \\ x_2 \end{pmatrix} \in \mathbb{R}^2 \,\middle|\, x_2 = 0 \right\}$ と定めると, W_1, W_2 は $\mathbb{R}^2$ の部分空間である. $\boldsymbol{a} = \begin{pmatrix} 1 \\ 0 \end{pmatrix}, \boldsymbol{b} = \begin{pmatrix} 0 \\ 1 \end{pmatrix}$ はともに $W_1 \cup W_2$ に属するが, $\boldsymbol{a}+\boldsymbol{b} = \begin{pmatrix} 1 \\ 1 \end{pmatrix}$ は $W_1 \cup W_2$ に属さない. よって $W_1 \cup W_2$ は部分空間でない.

問 7.3.1 (1) 線形独立である. (2) 線形独立でない ($\sqrt{2}\,\boldsymbol{b}_1 - (\boldsymbol{b}_2 + \boldsymbol{b}_3) = \boldsymbol{0}$ である).

問 7.4.1 (略解) たとえば $\boldsymbol{w}_1 = {}^t(2, -1, 0), \boldsymbol{w}_2 = {}^t(3, 0, -1)$ とすると, $\{\boldsymbol{w}_1, \boldsymbol{w}_2\}$ は W の基底であることが, 例 7.19 と同様にして確認できる.

問 7.5.1 W の次元は d だから, W は d 個のベクトルで生成される. よって命題 7.24 より, W から $(d+1)$ 個以上のベクトルをとれば, それらは必ず線形従属である.

問 7.5.2 $A_1, \ldots, A_{n+1}$ の第 1 列の列ベクトルを順に $\boldsymbol{a}_1, \ldots, \boldsymbol{a}_{n+1}$ とおく. これらは K^n のベクトルで, K^n の次元 n よりも個数が大きいから, これらのベクトルは線形従属である (系 7.27). よって, 少なくとも一つは 0 でないスカラーの組 $\lambda_1, \ldots, \lambda_{n+1}$ であって, $\lambda_1 \boldsymbol{a}_1 + \cdots + \lambda_{n+1} \boldsymbol{a}_{n+1} = \boldsymbol{0}$ を満たすものがとれる. このとき, 行列 $B = \lambda_1 A_1 + \cdots + \lambda_{n+1} A_{n+1}$

の第 1 列の成分はすべて 0 であるから，B の行列式は 0 である (命題 4.15)．よって B は正則でない (命題 6.5 の対偶)．

問 7.6.1 $\mathbb{C}^4$ の次元は 4 であるから，命題 7.29 より，$\boldsymbol{v}_1, \boldsymbol{v}_2, \boldsymbol{v}_3, \boldsymbol{v}_4$ が線形独立であることを示せばよい．スカラー $\lambda_1, \lambda_2, \lambda_3, \lambda_4 \in \mathbb{C}$ について $\lambda_1\boldsymbol{v}_1 + \lambda_2\boldsymbol{v}_2 + \lambda_3\boldsymbol{v}_3 + \lambda_4\boldsymbol{v}_4 = \boldsymbol{0}$ が成り立つとする．左辺のベクトルの第 4 成分は $(20 + 15i)\lambda_4$ であるから，$\lambda_4 = 0$ である．これを代入して $\lambda_1\boldsymbol{v}_1 + \lambda_2\boldsymbol{v}_2 + \lambda_3\boldsymbol{v}_3 = \boldsymbol{0}$ を得る．この左辺のベクトルの第 3 成分は $i\lambda_3$ であるから，$\lambda_3 = 0$ である．よって $\lambda_1\boldsymbol{v}_1 + \lambda_2\boldsymbol{v}_2 = \boldsymbol{0}$ である．したがって $\lambda_1 + \lambda_2 = 0, \lambda_1 - \lambda_2 = 0$ であり，この連立方程式を解いて $\lambda_1 = 0$, $\lambda_2 = 0$ を得る．以上より，$\lambda_1, \lambda_2, \lambda_3, \lambda_4$ はすべて 0 となるので，$\boldsymbol{v}_1, \boldsymbol{v}_2, \boldsymbol{v}_3, \boldsymbol{v}_4$ は線形独立である．

第8章の解答

問 8.1.1 $\overrightarrow{\mathrm{AC}} = \overrightarrow{\mathrm{EG}}$, $\overrightarrow{\mathrm{DH}} = \overrightarrow{\mathrm{BF}}$, $\overrightarrow{\mathrm{DG}} = \overrightarrow{\mathrm{AF}}$.

問 8.2.1 (1) $\overrightarrow{\mathrm{AC}}$ もしくは $\overrightarrow{\mathrm{EG}}$ (2) $\overrightarrow{\mathrm{AG}}$ (3) $\overrightarrow{\mathrm{GA}}$ (4) $\overrightarrow{\mathrm{FD}}$ (5) $\overrightarrow{\mathrm{EG}}$ もしくは $\overrightarrow{\mathrm{AC}}$

問 8.3.1 xyz 空間の点 $\mathrm{A}(1,0,0), \mathrm{B}(1,1,0), \mathrm{C}(0,1,0)$ を取り，$\vec{a} = \overrightarrow{\mathrm{OA}}, \vec{b} = \overrightarrow{\mathrm{OB}}, \vec{c} = \overrightarrow{\mathrm{OC}}$ と定めれば，これらはいずれも $\vec{0}$ でない．また，どの二つも平行ではないが，$\vec{a} + (-1)\vec{b} + \vec{c} = \vec{0}$ が成り立つので，$\vec{a}, \vec{b}, \vec{c}$ は線形従属である．

問 8.4.1 x 軸を含み点 $(0, -1, 1)$ を通る平面．

第9章の解答

問 9.1.1 z は Z の要素であるとする．$g \circ f$ は全射だから，$(g \circ f)(x) = z$ を満たす X の要素 x が取れる．このとき，$g(f(x)) = (g \circ f)(x) = z$ であるから，Y の要素 $f(x)$ は g によって z に対応する．以上より g は全射である．

問 9.2.1 写像 f は線形写像であるから，$f = L_A$ を満たす n 次の正方行列 A が取れる (定理 9.13)．f は全単射であるから A は正則で，f^{-1} は $f^{-1} = L_{A^{-1}}$ と行列で表される (命題 9.7)．よって命題 9.9 より f^{-1} は線形写像である．

問 9.3.1 命題 9.18 より $L_A(\boldsymbol{x}) = \boldsymbol{0}$ を満たす K^3 のベクトル $\boldsymbol{x}$ は $\boldsymbol{0}$ のみであることを示せばよい．$\boldsymbol{x} = {}^t(x_1, x_2, x_3)$ とおくと，$L_A(\boldsymbol{x}) = A\boldsymbol{x} = \boldsymbol{0}$ より $x_1 + x_2 + x_3 = 0, x_1 + x_2 = 0, x_1 + x_3 = 0, x_2 + x_3 = 0$ である．この斉次連立 1 次方程式を解いて $x_1 = 0, x_2 = 0, x_3 = 0$ を得る．よって $L_A(\boldsymbol{x}) = \boldsymbol{0}$ を満たすベクトル $\boldsymbol{x}$ は $\boldsymbol{0}$ のみである．

問 9.3.2 $\boldsymbol{v}$ は $\mathrm{Im}f$ に属するベクトルであるとする．このとき，U のベクトル $\boldsymbol{u}$ で $\boldsymbol{v} = f(\boldsymbol{u})$ を満たすものがとれる．すると $g(\boldsymbol{v}) = g(f(\boldsymbol{u})) = (g \circ f)(\boldsymbol{u}) = \mathbf{0}$ となるので，$\boldsymbol{v} \in \mathrm{Ker}f$ である．以上より $\mathrm{Im}f \subset \mathrm{Ker}f$ である．

問 9.4.1 (1) 写像 $f : K^n \to K^m$ は線形写像であるとすると，次元定理より $\dim \mathrm{Im}f = n - \dim \mathrm{Ker}f \leqq n$ である．$n < m$ で $\dim K^m = m$ であるから $\dim \mathrm{Im}f < \dim K^m$ である．よって命題 7.28 より $\mathrm{Im}f \neq K^m$ であるので，f は全射でない．

(2) 写像 $f : K^m \to K^n$ は線形写像であるとすると，次元定理より $\dim \mathrm{Ker}f = m - \dim \mathrm{Im}f$ である．$\mathrm{Im}f$ は K^n の部分空間であるから $\dim \mathrm{Im}f \leqq n$ である．よって $\dim \mathrm{Ker}f \geqq m - n > 0$ であるから，$\mathrm{Ker}f \neq \{\mathbf{0}\}$ である．よって命題 9.18 より f は単射でない．

問 9.4.2 仮に AB が正則であるとする．このとき，線形写像 $L_{AB} : K^m \to K^m$ は全単射である (命題 9.24)．命題 9.2 より $L_{AB} = L_A \circ L_B$ であるので，命題 9.4 から L_A は全射で L_B は単射でなければならない．しかし，$L_A : K^n \to K^m$, $L_B : K^m \to K^n$ であり，仮定より $m > n$ であるから，L_A は全射でなく L_B は単射でない (問 9.4.1)．これは矛盾である．よって AB は正則でない．

第10章の解答

問 10.1.1 (略解) (1) $\boldsymbol{v} \in \mathrm{Ker}L_B$ のとき $L_{AB}(\boldsymbol{v}) = L_A(L_B(\boldsymbol{v})) = L_A(\mathbf{0}_{K^n}) = \mathbf{0}_{K^m}$ であるから $\boldsymbol{v} \in \mathrm{Ker}L_{AB}$ である．よって $\mathrm{Ker}L_B \subset \mathrm{Ker}L_{AB}$ である．

(2) $\boldsymbol{v} \in \mathrm{Im}L_{AB}$ のとき $L_{AB}(\boldsymbol{u}) = \boldsymbol{v}$ となる K^l のベクトル $\boldsymbol{u}$ が取れる．このとき $\boldsymbol{v} = L_A(L_B(\boldsymbol{u}))$ で $L_B(\boldsymbol{u}) \in K^n$ だから，$\boldsymbol{v} \in \mathrm{Im}L_A$ である．よって $\mathrm{Im}L_{AB} \subset \mathrm{Im}L_A$ である．

(3) (2) の結果から $\dim \mathrm{Im}L_{AB} \leqq \dim \mathrm{Im}L_A$ である．よって $\mathrm{rank}\,(AB) \leqq \mathrm{rank}\,A$ である．また，次元定理より $\mathrm{rank}\,(AB) = l - \dim \mathrm{Ker}L_{AB}$, $\mathrm{rank}\,B = l - \dim \mathrm{Ker}L_B$ である．(1) の結果から $\dim \mathrm{Ker}L_B \leqq \dim \mathrm{Ker}L_{AB}$ であるので，$\mathrm{rank}\,(AB) \leqq \mathrm{rank}\,B$ である．

問 10.2.1 (1) 2　(2) 3　(3) 2　(4) $a = 1$ のとき 1, $a = -\dfrac{1}{2}$ のとき 2, それ以外のとき 3.

問 10.2.2 3 個．(6 個のベクトルを並べてできる (4, 6) 型行列の階数を計算すればよい．)

問 10.3.1 解は $x_1 = 2 - s + 2t, x_2 = 1 + 3s - 2t, x_3 = s, x_4 = t$ (s, t は任意定数) となる．与えられた連立 1 次方程式を $A\boldsymbol{x} = \boldsymbol{b}$ の形で表す．まず，この連立 1 次方程式は解をもつので，定理 10.16 より，A の階数と拡大係数行列 $\begin{pmatrix} A & \boldsymbol{b} \end{pmatrix}$ の階数は等しいはずである．拡大係

数行列を簡約階段行列に変形すると $\begin{pmatrix} 1 & 0 & 1 & -2 & 2 \\ 0 & 1 & -3 & 2 & 1 \\ 0 & 0 & 0 & 0 & 0 \end{pmatrix}$ となる．この行列から右端の列ベクトルを除いた行列は，A の行に関する基本変形を行って得られる簡約階段行列であるから，$\operatorname{rank} A = 2$ である．一方，拡大係数行列の階数は上の計算から 2 であるので，確かに A の階数と $\begin{pmatrix} A & \boldsymbol{b} \end{pmatrix}$ の階数は等しい．次に，A は $(3,4)$ 型行列であるから，命題 10.18 より解の自由度は $4 - \operatorname{rank} A = 4 - 2 = 2$ となるはずであるが，上記のように解は確かに 2 個の任意定数を含んでいる．

第11章の解答

問 11.2.1 (1) $0, 1, 2$. 重複度はすべて 1． (2) $-1, 1$. 重複度はそれぞれ $1, 2$.
(3) $-3, -1, 1$. 重複度はそれぞれ $1, 2, 1$.

問 11.2.2 (略解) A が 0 を固有値としてもつことは，斉次連立 1 次方程式 $A\boldsymbol{x} = \boldsymbol{0}$ が $\boldsymbol{0}$ でない解をもつことと同値である．よって定理 10.15 より，二つの条件 (1), (2) は同値である．

問 11.2.3 A の固有値を重複度も込めて $\alpha_1, \ldots, \alpha_n$ とおくと，A の固有多項式は $F_A(x) = (x - \alpha_1) \cdots (x - \alpha_n)$ と因数分解される．この両辺に $x = 0$ を代入すると右辺は $(-1)^n \alpha_1 \cdots \alpha_n$ となる．左辺は $F_A(0) = \det(0I_n - A) = \det(-A) = (-1)^n \det A$ となるから，$\det A = \alpha_1 \cdots \alpha_n$ である．

問 11.2.4 (略解) (1) X の余因子は，X から一つの行と列を除いて得られる 2 次の正方行列の行列式の ± 1 倍である．この 2 次の正方行列の成分は，定数または x の 1 次式であるから，X の余因子は x について高々2 次の多項式である．したがって，$\tilde{X}$ の各成分は高々2 次の多項式であるから，各成分の x^p $(p = 0, 1, 2)$ の係数を並べて行列 B_p を定めれば，$\tilde{X} = x^2 B_2 + x B_1 + B_0$ が成り立つ．

(2) 系 6.17 より $X\tilde{X} = (\det X) I$ が成り立つ．$X = xI - A$ および (1) の結果と $\det X = F_A(x)$ を代入すると

$$(xI - A)(x^2 B_2 + x B_1 + B_0) = (x^3 + c_2 x^2 + c_1 x + c_0) I$$

を得る．この両辺を展開して，x^p $(p = 0, 1, 2, 3)$ の係数を比較すればよい．

(3) (2) で示した等式の両辺に，順に A^3, A^2, A, I を左から掛けて足し合わせれば

$$A^3 B_2 + A^2(-AB_2 + B_1) + A(-AB_1 + B_0) + I(-AB_0) = A^3 + c_2 A^2 + c_1 A + c_0 I$$

を得る．左辺は零行列に等しいから，示すべき等式が成り立つ．

問 11.3.1 問題の行列を A で表す．以下で挙げる P は一つの例である．

(1) $P = \begin{pmatrix} 2 & 1 & 1 \\ 1 & 1 & 2 \\ 3 & 1 & 1 \end{pmatrix}$ と取れば $P^{-1}AP = \mathrm{diag}(-1, 1, 2)$． (2) $P = \begin{pmatrix} 0 & 1 & 1 \\ 1 & 1 & 1 \\ -3 & 2 & 1 \end{pmatrix}$ と取れば $P^{-1}AP = \mathrm{diag}(-2, -1, 0)$． (3) $P = \begin{pmatrix} 1 & 5 & 6 & 1 \\ 1 & 5 & -1 & 1 \\ 1 & -3 & -1 & 1 \\ -2 & -3 & -1 & 1 \end{pmatrix}$ と取れば $P^{-1}AP = \mathrm{diag}(-3, -2, -1, 6)$．

第12章の解答

問 12.1.1 $W = \langle \boldsymbol{a}_1, \ldots, \boldsymbol{a}_m, \boldsymbol{b}_1, \ldots, \boldsymbol{b}_n \rangle$ とおく．線形結合の定義から W_1 と W_2 はともに W に含まれる．よって命題 12.4 (2) より $W_1 + W_2 \subset W$ である．$W \subset W_1 + W_2$ であることを示す．$\boldsymbol{w}$ は W のベクトルであるとする．W の定義から $\boldsymbol{w} = \sum_{j=1}^{m} \lambda_j \boldsymbol{a}_j + \sum_{j=1}^{n} \mu_j \boldsymbol{b}_j$ ($\lambda_1, \ldots, \lambda_m, \mu_1, \ldots, \mu_n$ はスカラー) と表される．このとき $\boldsymbol{w}_1 = \sum_{j=1}^{m} \lambda_j \boldsymbol{a}_j$, $\boldsymbol{w}_2 = \sum_{j=1}^{n} \mu_j \boldsymbol{b}_j$ とおけば，$\boldsymbol{w}_1 \in W_1, \boldsymbol{w}_2 \in W_2$ であり $\boldsymbol{w} = \boldsymbol{w}_1 + \boldsymbol{w}_2$ であるから $\boldsymbol{w} \in W_1 + W_2$ である．以上より $W \subset W_1 + W_2$ である．

問 12.1.2 (1) $S_1 \cap S_2 \subset W_1 \cap W_2 = \{\boldsymbol{0}\}$ であるが，S_1 は W_1 の基底であるから，$\boldsymbol{0} \notin S_1$ である．よって $S_1 \cap S_2 = \varnothing$ である．

(2) (略解) $S_1 = \{\boldsymbol{u}_1, \ldots, \boldsymbol{u}_{d_1}\}$, $S_2 = \{\boldsymbol{v}_1, \boldsymbol{v}_2, \ldots, \boldsymbol{v}_{d_2}\}$ とおく．

$S_1 \cup S_2$ が線形独立であること　スカラー $\mu_1, \mu_2, \ldots, \mu_{d_1}$ および $\nu_1, \nu_2, \ldots, \nu_{d_2}$ について $\sum_{j=1}^{d_1} \mu_j \boldsymbol{u}_j + \sum_{j=1}^{d_2} \nu_j \boldsymbol{v}_j = \boldsymbol{0}$ が成り立つとする．このとき $\boldsymbol{y} = \sum_{j=1}^{d_1} \mu_j \boldsymbol{u}_j$ とおけば，$\boldsymbol{y}_1$ は W_1 に属する．さらに $\boldsymbol{y} = -\sum_{j=1}^{d_2} \nu_j \boldsymbol{v}_j$ とも表されるので，$\boldsymbol{y}$ は W_2 にも属する．よって $\boldsymbol{y} \in W_1 \cap W_2$ であるから，仮定より $\boldsymbol{y} = \boldsymbol{0}$ である．したがって $\sum_{j=1}^{d_1} \mu_j \boldsymbol{u}_j = \boldsymbol{0}$ かつ $\sum_{j=1}^{d_2} \nu_j \boldsymbol{v}_j = \boldsymbol{0}$ となり，S_1, S_2 が線形独立であることから，係数のスカラーはすべて 0 となる．したがって $S_1 \cup S_2$ は線形独立である．

$S_1 \cup S_2$ が $W_1 + W_2$ を生成すること　$W_1 + W_2$ の要素は，W_1 のベクトルと W_2 のベクトルの和で表されるが，これらのベクトルはそれぞれ S_1, S_2 の要素の線形結合である．よってその和は $S_1 \cup S_2$ の要素の線形結合である．したがって $W_1 + W_2$ のどの要素も $S_1 \cup S_2$ の線形結合として表されるので，$S_1 \cup S_2$ は $W_1 + W_2$ を生成する．

(注: 以上の証明は定理 12.6 の証明で形式的に $r=0$ としたものと見なすことができる．確認してほしい．)

問 12.1.3 (1) $\boldsymbol{v} \in \mathrm{Im} L_{A+B}$ とする．このとき，K^n のベクトル $\boldsymbol{u}$ で $L_{A+B}(\boldsymbol{u}) = \boldsymbol{v}$ を満たすものがとれる．すると $\boldsymbol{v} = L_{A+B}(\boldsymbol{u}) = (A+B)\boldsymbol{u} = A\boldsymbol{u} + B\boldsymbol{u} = L_A(\boldsymbol{u}) + L_B(\boldsymbol{u})$ となり，$L_A(\boldsymbol{u}) \in \mathrm{Im} L_A$, $L_B(\boldsymbol{u}) \in \mathrm{Im} L_B$ であるから，$\boldsymbol{v} \in \mathrm{Im} L_A + \mathrm{Im} L_B$ である．以上より $\mathrm{Im} L_{A+B} \subset \mathrm{Im} L_A + \mathrm{Im} L_B$ である．

(2) (1) の結論から $\mathrm{rank}\,(A+B) = \dim \mathrm{Im} L_{A+B} \leqq \dim(\mathrm{Im} L_A + \mathrm{Im} L_B)$ である．系 12.7 より $\dim(\mathrm{Im} L_A + \mathrm{Im} L_B) \leqq \dim \mathrm{Im} L_A + \dim \mathrm{Im} L_B = \mathrm{rank}\, A + \mathrm{rank}\, B$ であるから，$\mathrm{rank}\,(A+B) \leqq \mathrm{rank}\, A + \mathrm{rank}\, B$ が成り立つ．

問 12.2.1 (略解) $W = W_1 + \cdots + W_r$ とおく．

(1) ならば (2) であること　$\boldsymbol{w} \in W$ とする．$\boldsymbol{w} = \sum_{j=1}^{r} \boldsymbol{w}_j$, $\boldsymbol{w} = \sum_{j=1}^{r} \boldsymbol{w}'_j$ $(\boldsymbol{w}_j, \boldsymbol{w}'_j \in W_j)$ と 2 通りに表されたとすると $\sum_{j=1}^{r} \boldsymbol{w}_j - \sum_{j=1}^{r} \boldsymbol{w}'_j = \sum_{j=1}^{r} (\boldsymbol{w}_j - \boldsymbol{w}'_j) = \mathbf{0}$ である．すべての j について $\boldsymbol{w}_j - \boldsymbol{w}'_j \in W_j$ であるから，(1) よりすべての j について $\boldsymbol{w}_j - \boldsymbol{w}'_j = \mathbf{0}$, すなわち $\boldsymbol{w}_j = \boldsymbol{w}'_j$ である．

(2) ならば (1) であること　$\sum_{j=1}^{r} \boldsymbol{w}_j = \mathbf{0}\,(\boldsymbol{w}_j \in W_j)$ であるとする．$\mathbf{0}$ は W に属し，$\mathbf{0} = \sum_{j=1}^{r} \mathbf{0}$ と表され，すべての j について $\mathbf{0} \in W_j$ である．よって (2) より，すべての j について $\boldsymbol{w}_j = \mathbf{0}$ である．したがって $W_1 + \cdots + W_r$ は直和である．

問 12.2.2 i, j を $1, 2, \ldots, r$ のなかから取る．ただし $i < j$ とする．このとき命題 12.4 (1) より $W_i \subset W_1 + \cdots + W_{j-1}$ である．よって $W_i \cap W_j \subset (W_1 + \cdots + W_{j-1}) \cap W_j$ であり，$W_1 + \cdots + W_r$ は直和だから命題 12.9 より右辺は $\{\mathbf{0}\}$ である．したがって $W_i \cap W_j \subset \{\mathbf{0}\}$ である．$W_i \cap W_j$ は部分空間だから (問 7.2.2 (1)), $\{\mathbf{0}\} \subset W_i \cap W_j$ である．以上より $W_i \cap W_j = \{\mathbf{0}\}$ である．

問 12.2.3 $\mathbb{R}^3$ の基本ベクトルを $\boldsymbol{e}_1, \boldsymbol{e}_2, \boldsymbol{e}_3$ とするとき，$W_1 = \langle \boldsymbol{e}_1 \rangle, W_2 = \langle \boldsymbol{e}_1 + \boldsymbol{e}_2 \rangle, W_3 = \langle \boldsymbol{e}_2 \rangle$ と取れば，$W_1 \cap W_2, W_2 \cap W_3, W_3 \cap W_1$ はいずれも $\{\mathbf{0}\}$ である．さらに $\boldsymbol{e}_1 + (-1)(\boldsymbol{e}_1 + \boldsymbol{e}_2) + \boldsymbol{e}_2 = \mathbf{0}$ であり，$\boldsymbol{e}_1, (-1)(\boldsymbol{e}_1 + \boldsymbol{e}_2), \boldsymbol{e}_2$ はそれぞれ W_1, W_2, W_3 の $\mathbf{0}$ でないベクトルであるから，$W_1 + W_2 + W_3$ は直和でない．

問 12.3.1 (1) 対角化可能である (固有値 $-1, 1$ の重複度はそれぞれ $1, 2$)．　(2) 対角化可能でない (固有値 3 の重複度は 3 だが固有空間 $W(3)$ の次元は 2 である)．　(3) 対角化可能である (固有値 $2, -1$ の重複度はともに 2)．　(4) 対角化可能でない (固有値 -1 の重複度は 2 だが固有空間 $W(-1)$ の次元は 1 である).

問 12.3.2　(略解) (1) B の固有値は $1, 2, 3$ で相異なるから対角化可能である．よって，正則行列 P で $P^{-1}BP = A$ となるものが存在するので，A と B は相似である．

(2) B, C の固有多項式はそれぞれ $F_B(x) = (x-1)(x-2)(x-3), F_C = (x-1)(x-2)^2$ となる．命題 11.8 より，B と C が相似であるとすると，$F_B(x) = F_C(x)$ でなければならないので，B と C は相似でない．

(3) D の固有値は $1, 2$ で，重複度はそれぞれ $1, 2$ であるから，D と C が相似であることは，D が対角化可能であることと同値である．しかし，D の固有値 2 に対する固有空間 $W(2)$ は 1 次元であるので，D は対角化可能でない．よって C と D は相似でない．

第13章の解答

問 13.1.1　(1) -5　(2) $1+2i$

問 13.1.2　(略解) (1) は行列式の交代性を，(2) は多重線形性を使えば簡単に証明できる．(3) は，まず $\boldsymbol{a}$ が基本ベクトル $\boldsymbol{e}_1, \boldsymbol{e}_2, \boldsymbol{e}_3$ の場合に正しいことを証明する．一般のベクトル $\boldsymbol{a}$ に対しては，$\boldsymbol{a} = \sum_{j=1}^{3} a_j \boldsymbol{e}_j$ と表せば，(1), (2) より

$$\begin{aligned}\boldsymbol{a} \times (\boldsymbol{b} \times \boldsymbol{c}) &= \sum_{j=1}^{3} a_j(\boldsymbol{e}_j \times (\boldsymbol{b} \times \boldsymbol{c})) = \sum_{j=1}^{3} a_j((\boldsymbol{e}_j, \boldsymbol{c})\boldsymbol{b} - (\boldsymbol{e}_j, \boldsymbol{b})\boldsymbol{c}) \\ &= \sum_{j=1}^{3} ((a_j\boldsymbol{e}_j, \boldsymbol{c})\boldsymbol{b} - (a_j\boldsymbol{e}_j, \boldsymbol{b})\boldsymbol{c}) = (\boldsymbol{a}, \boldsymbol{c})\boldsymbol{b} - (\boldsymbol{a}, \boldsymbol{b})\boldsymbol{c}\end{aligned}$$

となる．(4) は (3) の等式を使えば容易に証明できる．

問 13.1.3　(略解) 求める面積を S とし，$\angle \mathrm{AOB} = \theta$ とすると，$S = \|\overrightarrow{\mathrm{OA}}\|\,\|\overrightarrow{\mathrm{OB}}\| \sin\theta$ である．$\overrightarrow{\mathrm{OA}} \cdot \overrightarrow{\mathrm{OB}} = \|\overrightarrow{\mathrm{OA}}\|\,\|\overrightarrow{\mathrm{OB}}\| \cos\theta$ より $S^2 = \|\overrightarrow{\mathrm{OA}}\|^2 \|\overrightarrow{\mathrm{OB}}\|^2 \sin^2\theta = \|\overrightarrow{\mathrm{OA}}\|^2 \|\overrightarrow{\mathrm{OB}}\|^2 (1-\cos^2\theta) = \|\overrightarrow{\mathrm{OA}}\|^2 \|\overrightarrow{\mathrm{OB}}\|^2 - (\overrightarrow{\mathrm{OA}} \cdot \overrightarrow{\mathrm{OB}})^2$ である．右辺を計算すると

$$\begin{aligned}&(x_1^2 + x_2^2 + x_3^2)(y_1^2 + y_2^2 + y_3^2) - (x_1y_1 + x_2y_2 + x_3y_3)^2 \\ &= (x_1y_2 - x_2y_1)^2 + (x_2y_3 - x_3y_2)^2 + (x_3y_1 - x_1y_3)^2 = \|\overrightarrow{\mathrm{OA}} \times \overrightarrow{\mathrm{OB}}\|^2\end{aligned}$$

となる．$S \geqq 0, \|\overrightarrow{\mathrm{OA}} \times \overrightarrow{\mathrm{OB}}\| \geqq 0$ であるから，$S = \|\overrightarrow{\mathrm{OA}} \times \overrightarrow{\mathrm{OB}}\|$ である．

問 13.1.4　$\boldsymbol{x} = \boldsymbol{0}$ のときは $(\boldsymbol{x}, \boldsymbol{y}) = 0, \|\boldsymbol{x}\| = 0$ であるから自明に成り立つ．$\boldsymbol{x} \neq \boldsymbol{0}$ の場合を考える．$\boldsymbol{z} = \boldsymbol{y} - \dfrac{(\boldsymbol{x}, \boldsymbol{y})}{\|\boldsymbol{x}\|^2}\boldsymbol{x}$ について，$\|\boldsymbol{x}\|$ は実数であることに注意して計算すると

$$\|\boldsymbol{z}\|^2 = \left(\boldsymbol{y} - \frac{(\boldsymbol{x}, \boldsymbol{y})}{\|\boldsymbol{x}\|^2}\boldsymbol{x}, \boldsymbol{y} - \frac{(\boldsymbol{x}, \boldsymbol{y})}{\|\boldsymbol{x}\|^2}\boldsymbol{x}\right)$$

$$
\begin{aligned}
&= (\boldsymbol{y},\boldsymbol{y}) - \frac{\overline{(\boldsymbol{x},\boldsymbol{y})}}{\|\boldsymbol{x}\|^2}(\boldsymbol{x},\boldsymbol{y}) - \frac{(\boldsymbol{x},\boldsymbol{y})}{\|\boldsymbol{x}\|^2}(\boldsymbol{y},\boldsymbol{x}) + \frac{\overline{(\boldsymbol{x},\boldsymbol{y})}}{\|\boldsymbol{x}\|^2}\frac{(\boldsymbol{x},\boldsymbol{y})}{\|\boldsymbol{x}\|^2}(\boldsymbol{x},\boldsymbol{x}) \\
&= \|\boldsymbol{y}\|^2 - \frac{\overline{(\boldsymbol{x},\boldsymbol{y})}}{\|\boldsymbol{x}\|^2}(\boldsymbol{x},\boldsymbol{y}) - \frac{(\boldsymbol{x},\boldsymbol{y})}{\|\boldsymbol{x}\|^2}\overline{(\boldsymbol{x},\boldsymbol{y})} + \frac{\overline{(\boldsymbol{x},\boldsymbol{y})}}{\|\boldsymbol{x}\|^2}\frac{(\boldsymbol{x},\boldsymbol{y})}{\|\boldsymbol{x}\|^2}\|\boldsymbol{x}\|^2 \\
&= \|\boldsymbol{y}\|^2 - \frac{|(\boldsymbol{x},\boldsymbol{y})|^2}{\|\boldsymbol{x}\|^2}
\end{aligned}
$$

となる．$\|\boldsymbol{z}\|^2$ は 0 以上であるから，$\|\boldsymbol{y}\|^2\|\boldsymbol{x}\|^2 \geqq |(\boldsymbol{x},\boldsymbol{y})|^2$ である．$\|\boldsymbol{x}\|\|\boldsymbol{y}\|$ と $|(\boldsymbol{x},\boldsymbol{y})|$ は 0 以上であるから，$\|\boldsymbol{x}\|\|\boldsymbol{y}\| \geqq |(\boldsymbol{x},\boldsymbol{y})|$ である．

問 13.1.5 $\|\boldsymbol{x}\| + \|\boldsymbol{y}\|$ と $\|\boldsymbol{x}+\boldsymbol{y}\|$ はともに 0 以上であるから，両辺を 2 乗した不等式 $\|\boldsymbol{x}+\boldsymbol{y}\|^2 \leqq (\|\boldsymbol{x}\| + \|\boldsymbol{y}\|)^2$ を示せばよい．左辺を計算すると

$$
\begin{aligned}
\|\boldsymbol{x}+\boldsymbol{y}\|^2 &= (\boldsymbol{x}+\boldsymbol{y},\boldsymbol{x}+\boldsymbol{y}) = \|\boldsymbol{x}\|^2 + (\boldsymbol{x},\boldsymbol{y}) + (\boldsymbol{y},\boldsymbol{x}) + \|\boldsymbol{y}\|^2 \\
&= \|\boldsymbol{x}\|^2 + (\boldsymbol{x},\boldsymbol{y}) + \overline{(\boldsymbol{x},\boldsymbol{y})} + \|\boldsymbol{y}\|^2 \\
&= \|\boldsymbol{x}\|^2 + 2\mathrm{Re}(\boldsymbol{x},\boldsymbol{y}) + \|\boldsymbol{y}\|^2
\end{aligned}
$$

となる．ここで，すべての複素数 z について $\mathrm{Re}z \leqq |z|$ であることと，コーシー–シュワルツの不等式より，$\mathrm{Re}(\boldsymbol{x},\boldsymbol{y}) \leqq |(\boldsymbol{x},\boldsymbol{y})| \leqq \|\boldsymbol{x}\|\|\boldsymbol{y}\|$ である．したがって $\|\boldsymbol{x}+\boldsymbol{y}\|^2 \leqq \|\boldsymbol{x}\|^2 + 2\|\boldsymbol{x}\|\|\boldsymbol{y}\| + \|\boldsymbol{y}\|^2 = (\|\boldsymbol{x}\| + \|\boldsymbol{y}\|)^2$ が成り立つ．

問 13.2.1 $\boldsymbol{w}$ は K^n のベクトルとする．$\{\boldsymbol{b}_1, \boldsymbol{b}_2, \ldots, \boldsymbol{b}_n\}$ は K^n の基底であるから，スカラー $\lambda_1, \lambda_2, \ldots, \lambda_n$ であって $\boldsymbol{w} = \sum\limits_{j=1}^{n} \lambda_j \boldsymbol{b}_j$ を満たすものが取れる．このとき，すべての $k = 1, 2, \ldots, n$ について $\lambda_k = (\boldsymbol{b}_k, \boldsymbol{w})$ であることを示せばよい．k は $1, 2, \ldots, n$ のいずれかとすると $(\boldsymbol{b}_k, \boldsymbol{w}) = \left(\boldsymbol{b}_k, \sum\limits_{j=1}^{n} \lambda_j \boldsymbol{b}_j\right) = \sum\limits_{j=1}^{n} \lambda_j (\boldsymbol{b}_k, \boldsymbol{b}_j) = \sum\limits_{j=1}^{n} \lambda_j \delta_{kj} = \lambda_k$ となる．したがって，すべての $k = 1, 2, \ldots, n$ について $\lambda_k = (\boldsymbol{b}_k, \boldsymbol{w})$ である．

問 13.2.2 $\boldsymbol{b}_1 = \dfrac{1}{\sqrt{2}}\begin{pmatrix}1\\1\\0\end{pmatrix}$, $\boldsymbol{b}_2 = \dfrac{1}{\sqrt{6}}\begin{pmatrix}-1\\1\\2\end{pmatrix}$, $\boldsymbol{b}_3 = \dfrac{1}{\sqrt{3}}\begin{pmatrix}1\\-1\\1\end{pmatrix}$.

問 13.2.3 U はユニタリ行列であるとし，α は U の固有値であるとする．ユニタリ行列は正則であるから，問 11.2.2 の結論より $\alpha \neq 0$ である．α に対する固有ベクトル $\boldsymbol{p}$ をとると，$U\boldsymbol{p} = \alpha\boldsymbol{p}$ であるから，$U^{-1}\boldsymbol{p} = \alpha^{-1}\boldsymbol{p}$ である．いま，$(\boldsymbol{p}, U\boldsymbol{p}) = \alpha(\boldsymbol{p},\boldsymbol{p})$ であり，命題 13.23 より左辺は $(\boldsymbol{p}, U\boldsymbol{p}) = (U^*\boldsymbol{p}, \boldsymbol{p}) = (U^{-1}\boldsymbol{p}, \boldsymbol{p}) = (\alpha^{-1}\boldsymbol{p}, \boldsymbol{p}) = \overline{\alpha^{-1}}(\boldsymbol{p},\boldsymbol{p})$ となる．したがって $\alpha(\boldsymbol{p},\boldsymbol{p}) = \overline{\alpha^{-1}}(\boldsymbol{p},\boldsymbol{p})$ である．$\boldsymbol{p} \neq \boldsymbol{0}$ だから $\alpha = \overline{\alpha^{-1}}$ である．$\overline{\alpha^{-1}} = \overline{\alpha}^{-1}$ なので $\alpha\overline{\alpha} = 1$ となる．よって $|\alpha|^2 = 1$ であり，$|\alpha| \geqq 0$ であるから $|\alpha| = 1$ である．

問 13.2.4 (略解) A は歪エルミート行列であるとし，α は A の固有値であるとする．α に対する固有ベクトル $\boldsymbol{p}$ を取り，命題 13.25 の証明と同様に計算すると $\overline{\alpha} = -\alpha$ を得る．よって α は 0 または純虚数である．

問 13.3.1 (略解) (1) ならば (2) であることは，$\boldsymbol{b}_1, \ldots, \boldsymbol{b}_d \in W$ であることから明らか．(2) ならば (1) であることを示す．ベクトル $\boldsymbol{x}$ が (2) の条件を満たすとする．$\boldsymbol{w}$ が W のベクトルであるとき，$\boldsymbol{w} = \sum_{j=1}^{d} \lambda_j \boldsymbol{b}_j$ ($\lambda_1, \ldots, \lambda_d$ はスカラー) と表せば，条件 (2) より $(\boldsymbol{w}, \boldsymbol{x}) = \sum_{j=1}^{d} \overline{\lambda_j} (\boldsymbol{b}_j, \boldsymbol{x}) = 0$ となる．よって $\boldsymbol{x} \in W^{\perp}$ である．

問 13.3.2 (略解) (1) $W^{\perp}$ も部分空間であるから系 13.31 を適用できて，$\dim (W^{\perp})^{\perp} = n - \dim W^{\perp} = \dim W$ となる．

(2) $W \subset (W^{\perp})^{\perp}$ であることを示す．$\boldsymbol{w} \in W$ とする．$W^{\perp}$ のどのベクトル $\boldsymbol{v}$ についても，$(\boldsymbol{w}, \boldsymbol{v}) = \overline{(\boldsymbol{v}, \boldsymbol{w})} = 0$ であるから，$\boldsymbol{w} \in (W^{\perp})^{\perp}$ である．以上より $W \subset (W^{\perp})^{\perp}$ である．(1) より $\dim W = \dim (W^{\perp})^{\perp}$ であるから，命題 7.28 より $W = (W^{\perp})^{\perp}$ である．

第14章の解答

問 14.1.1 (略解) $A[\boldsymbol{x}] = (x_1 + x_2)^2 + x_2^2$ と変形できるから，$\mathbb{R}^2$ のすべてのベクトル $\boldsymbol{x}$ について $A[\boldsymbol{x}] \geqq 0$ である．$A[\boldsymbol{x}] = 0$ となるのは $x_1 + x_2 = 0$ かつ $x_2 = 0$ のときであり，この条件を満たすベクトルは $\boldsymbol{x} = \boldsymbol{0}$ に限るから，$\boldsymbol{x} \neq \boldsymbol{0}$ であれば $A[\boldsymbol{x}] > 0$ である．

問 14.2.1 問題の行列を A で表す．以下で挙げる直交行列 P は一つの例である．

(1) $P = \dfrac{1}{\sqrt{6}} \begin{pmatrix} \sqrt{2} & \sqrt{3} & 1 \\ -\sqrt{2} & 0 & 2 \\ \sqrt{2} & -\sqrt{3} & 1 \end{pmatrix}$ と取れば $P^{-1}AP = \mathrm{diag}(-2, 1, 1)$.

(2) $P = \dfrac{1}{2} \begin{pmatrix} 1 & \sqrt{2} & 1 \\ \sqrt{2} & 0 & -\sqrt{2} \\ 1 & -\sqrt{2} & 1 \end{pmatrix}$ と取れば $P^{-1}AP = \mathrm{diag}(2 - \sqrt{2}, 2, 2 + \sqrt{2})$.

参考文献

この本を書くにあたって特に参照したもののみを挙げる.

[1] 永田雅宜ほか『理系のための線型代数の基礎』紀伊國屋書店 (1987)

[2] 松坂和夫『線型代数入門』岩波書店 (1980)

[3] 遠山 啓『数学入門 (上)』岩波新書 (1959)

[4] 日本数学会 (編)『岩波 数学辞典 第 4 版』岩波書店 (2007)

[5] 嘉田 勝『論理と集合から始める数学の基礎』日本評論社 (2008)

[1] は著者が大学生のときに線形代数を学んだ教科書であり, もっとも強く影響を受けている本である. [2] は本格的な線形代数の教科書で, 予備知識はほとんど仮定されていないが, かなり高度なことまで書かれている名著である. 本書で扱う題材を選択するのに [1] と [2] を参考にした. [3] は一般の読者向けの啓蒙書でありながら, 行列の基礎について簡潔かつ明快に解説されている. グラスマン変数による連立 1 次方程式の解法を通じて行列式を導入するという方針は [3] に従った. 数学用語は原則として [4] に掲載されているものを使った. 集合の表記や論理の表現については [5] を参考にした.

索引

数字

1 次結合……108
1 次独立……111
2 次形式……228

あ行

跡……29
上三角行列……58
エルミート行列……221

か行

階数……151
外積……225
階段行列……35, 37
ガウスの消去法……8
可換……22
核……142
拡大係数行列……32
型 (行列の)……13
簡約階段行列……35, 37
幾何ベクトル……123
基底の拡張……147
基本行列……39
基本ベクトル……85, 118
基本変形 (行に関する)……32
基本変形 (列に関する)……156
逆行列……82
逆写像……136
行ベクトル……14
共役複素数……239
行列……13
行列式……56
行列単位……39
虚数単位……239
虚部……239
空間ベクトル……124
空集合……238
空でない……238
グラスマン変数……45
グラム–シュミットの直交化……215
クラメールの公式……92
クロネッカーのデルタ記号……88
係数……240
元……237
後退代入……8
合成写像……133
交代行列……80
恒等写像……133
恒等置換……54
コーシー–シュワルツの不等式……226
固有空間……200
固有多項式……177
固有値……176
固有ベクトル……176
固有方程式……177

さ行

サラスの公式……57
三角不等式……226
次元定理……146
次数 (多項式の)……240
下三角行列……59
実行列……13
実対称行列……221
実部……239
写像……132
自由度……164
純虚数……239
随伴行列……218
数ベクトル……103
数ベクトル空間……102
スカラー……103
正規化 (数ベクトルの)……210
正規直交基底……213
正規直交系……212
斉次連立 1 次方程式……105
生成する……109
正則行列……82
正値……230

正定値……230
成分 (行列の)……13
成分表示……128
正方行列……22
絶対値 (複素数の)……240
零行列……16
ゼロベクトル……103
線形結合……108
線形従属……111
線形性……139
線形独立……111
線形変換……148
全射……134
前進消去……8
全単射……134
像……142
相似……206
属する……237

た 行

対角化可能……183
対角行列……24
対角成分……24
対称行列……80
代数学の基本定理……241
多項式……240
単位行列……24
単射……134
置換……54
重複度……181
直和 (部分空間の)……196
直交……209, 211
直交行列……220
直交補空間……223
転置行列……61
転倒数……55
同値……238
特性多項式……177
特性方程式……177
トレース……29

な 行

任意定数……10
ノルム……210

は 行

掃き出し法……8
ハミルトン–ケーリーの定理……188
非可換……22
必要十分……238
等しい (集合が)……238
標準基底……118
標準内積……209, 211
ファンデルモンドの行列式……76
複素行列……13
複素数……239
符号 (置換の)……56
不定元……240
部分空間……106
部分集合……237
不変 (な部分空間)……230
ブロック分解……79
平行 (空間ベクトルの)……126
平面ベクトル……124
ベクトル……103
ベクトル積……225
ヘッセ行列……229
変数……240

や 行

有向線分……123
ユニタリ行列……220
余因子……86
余因子行列……90
余因子展開……86
要素……237

ら 行

零因子……22
列ベクトル……14

わ 行

和 (部分空間の)……190
歪エルミート行列……226

竹山 美宏（たけやま・よしひろ）

1976年　大阪府生まれ.

2002年　京都大学大学院理学研究科博士後期課程修了.

現　在　筑波大学数理物質系准教授. 博士(理学).
専門は数理物理学.

著　書　『日常に生かす数学的思考法 —— 屁理屈から数学の論理へ』(化学同人, 2011)
『微積分学入門 —— 例題を通して学ぶ解析学』(共著, 培風館, 2008)

NBS Nippyo Basic Series　日本評論社ベーシック・シリーズ＝NBS

線形代数（せんけいだいすう）　**行列と数ベクトル空間**（ぎょうれつとすうべくとるくうかん）

2015年7月25日　第1版第1刷発行

著　者——竹山美宏
発行者——串崎　浩
発行所——株式会社 日本評論社
〒170-8474 東京都豊島区南大塚3-12-4
電　話——(03) 3987-8621 (販売) (03) 3987-8599 (編集)
印　刷——三美印刷
製　本——難波製本
装　幀——図エファイブ
イラスト——オビカカズミ

ISBN 978-4-535-80628-3